Christian Synwoldt
Alles über Strom

Weitere Titel aus der Reihe Erlebnis Wissenschaft

Groß, M.
9 Millionen Fahrräder am Rande des Universums
Obskures aus Forschung und Wissenschaft
2011
ISBN: 978-3-527-32917-5

Will, Heike
„Sei naiv und mach' ein Experiment"
Feodor Lynen
Biographie des Münchner Biochemikers und Nobelpreisträgers
2011
ISBN: 978-3-527-32893-2

Schatz, G.
Feuersucher
Die Jagd nach den Rätseln der Zellatmung
2011
ISBN: 978-3-527-33084-3

Köhler, M.
Vom Urknall zum Cyberspace
Fast alles über Mensch, Natur und Universum
2011
ISBN: 978-3-527-32739-3

Gross, M.
Der Kuss des Schnabeltiers
und 60 weitere irrwitzige Geschichten aus Natur und Wissenschaft
2011
ISBN: 978-3-527-32738-6

Hüfner, J., Löhken, R.
Physik ohne Ende
Eine geführte Tour von Kopernikus bis Hawking
2010
ISBN: 978-3-527-40890-0

Roloff, E.
Göttliche Geistesblitze
Pfarrer und Priester als Erfinder und Entdecker
2010
ISBN: 978-3-527-32578-8

Zankl, H.
Kampfhähne der Wissenschaft
Kontroversen und Feindschaften
2010
ISBN: 978-3-527-32579-5

Ganteför, G.
Klima – Der Weltuntergang findet nicht statt
2010

Schwedt, G.
Chemie und Literatur – ein ungewöhnlicher Flirt
2009
ISBN: 978-3-527-32481-1

Christian Synwoldt
Alles über Strom

So funktioniert Alltagselektronik

WILEY-VCH Verlag GmbH & Co. KGaA

Alle Bücher von Wiley-VCH werden sorg-
fältig erarbeitet. Dennoch übernehmen
Autoren, Herausgeber und Verlag in
keinem Fall, einschließlich des vor-
liegenden Werkes, für die Richtigkeit von
Angaben, Hinweisen und Ratschlägen
sowie für eventuelle Druckfehler
irgendeine Haftung

Autor

Christian Synwoldt
ing@synwoldt.de

**Bibliografische Information der Deutschen
Nationalbibliothek**
Die Deutsche Nationalbibliothek
verzeichnet diese Publikation in der
Deutschen Nationalbibliografie; detaillierte
bibliografische Daten sind im Internet über
http://dnb.d-nb.de abrufbar.

© 2011 Wiley-VCH Verlag & Co. KGaA,
Boschstr. 12, 69469 Weinheim, Germany

Printed in the Federal Republic of Germany

Gedruckt auf säurefreiem Papier

Satz TypoDesign Hecker GmbH, Leimen
Druck und Bindung Ebner & Spiegel
GmbH, Ulm
Umschlaggestaltung Bluesea Design,
Vancouver Island BC

ISBN 978-3-527-32741-6

Christian Synwoldt studierte Elektrotechnik an der Technischen Universität Berlin. Zu seinen beruflichen Stationen zählen die Entwicklung elektronischer Präzisionsmessgeräte so wie Positionen in der Industrie und Beratung.

Seit einer Reihe von Jahren ist er selbstständiger Consultant und Dozent im Bereich Regenerative Energien.

In seinen Sachbüchern erläutert er verständlich und unterhaltsam die Elektronik im Alltag und Fragen der Energieversorgung. Von Christian Synwoldt ist außerdem bei Wiley-VCH erschienen: „Mehr als Sonne, Wind und Wasser".

Inhalt

Vorwort

Man kennt die Geräte, möchte kaum eines missen, und doch stellt sich immer wieder die Frage: Muss das alles so kompliziert sein? – Muss es nicht, ist es auch gar nicht! Die elektrischen Gebrauchsgegenstände und elektronischen Verlockungen der Gegenwart verstehen, erspart zuweilen sogar das Studium der Betriebsanleitung, erweist sich doch gerade Letztere nicht immer als wirklich aufschlussreich. Aus Sorge vor abstrakten Formeln wird der Griff zum Physikbuch meist noch mehr gescheut. Und schon fängt das große Rätselraten an: Wie dick muss das Kabel für die Waschmaschine sein, wie viel Kilowatt – oder waren es doch Kilowattstunden? – beträgt die zulässige Anschlussleistung einer Steckdose und wieso passt der Reiseföhn ausgerechnet im sonnigen Süden nicht in die verflixte Hotelsteckdose?

Rot ist schwarz und plus ist minus – oder wie war das? Welches Kabel für welche Verbindung, welcher Stecker für welchen Zweck und wie funktioniert das nun tatsächlich mit dem Föhn im Ausland? Fragen, die einem nicht alltäglich begegnen und noch lieber vor sich her geschoben werden. Schade eigentlich, denn entsprechend vorbereitet, ist das Zusammenstöpseln eines Computers gar nicht so schwer und auch der deutsche Föhn leistet in Italien und der Schweiz gute Dienste – nur in den USA wird es problematisch. Dabei sind in den Tourismushochburgen zwischen Niagara Falls und Florida noch nicht einmal die restriktiven Bestimmungen zur Terrorismusabwehr dafür verantwortlich! Den tatsächlichen Grund erfahren Sie auf Seite 11.

Wie gelangt der Strom in die Steckdose? Wie funktioniert ein drahtloses Telefon? Was verbirgt sich hinter dem Internet? Kann ein Computer wirklich nur Nullen und Einsen addieren? Das *Wie* oder *Warum* zu verstehen ist einfacher, als sich die Meisten vorstellen:

Durch anschauliche Erklärungen, zahlreiche Bilder und Analogien verliert nicht nur die Physik ihren Schrecken, sondern sie erfüllt ihren eigentlichen Zweck – zu verstehen, wie die Dinge funktionieren. Ich lade Sie zu einem Streifzug durch die Welt der Elektrotechnik und Elektronik ein, zu einem Rundgang durch Haushalt und Büro, zu ganz alltäglichen Plätzen. – Und ohne jegliche Formeln, die gibt's erst im Glossar, versprochen!

Mandern im Frühjahr 2009 *Christian Synwoldt*

Bei uns kommt der Strom aus der Steckdose

Elektrische Energie ist für die zivilisatorischen Errungenschaften der Wohlstandsgesellschaft so unabdingbar wie die Luft zum Atmen. Bereits ein kurzzeitiges Aussetzen der Versorgung führt zu zahlreichen Beeinträchtigungen des wirtschaftlichen und privaten Lebens. Denn in solchen Fällen gehen nicht nur die sprichwörtlichen Lichter aus, sondern es werden genauso auch Kommunikationsverbindungen und Datenverarbeitungssysteme lahm gelegt, Industrieanlagen, Bahnen und Ampelanlagen fallen aus, der Inhalt von Kühlschränken und Gefriertruhen droht zu verderben.

Elektrische Energie gilt als besonders *edel*, da sie für alle denkbaren Anwendungsfälle eingesetzt werden kann: Mit ihr lassen sich Maschinen antreiben, Licht erzeugen, Kälte und Wärme bereitstellen. Über Kabelverbindungen ist sie an jedem Ort verfügbar und damit einfacher zu transportieren als jeder andere Energieträger. Elektrische Energie – insbesondere in Form der in den Versorgungsnetzen üblichen Wechselspannung – ist jedoch nur bedingt speicherfähig. Sie kann daher nur in dem Moment genutzt werden, in dem sie auch bereitgestellt wird. Damit besteht die Notwendigkeit, zu jedem Zeitpunkt mindestens die aktuell gerade benötigte Abnahmeleistung kraftwerksseitig vorzuhalten – andernfalls träte der oben beschriebene Fall der Abschaltung von Verbrauchern ein, die ultima ratio, um Versorgungsinfrastrukturen vor dauerhaften Schäden zu bewahren.

Grund genug also, sich über die Bereitstellung elektrischer Energie und deren Weg zum Verbraucher ein genaueres Bild zu verschaffen.

Elektrischer Strom aus dem Kraftwerk

In Deutschland dominiert, wie weltweit in anderen Industriege-sellschaften auch, die zentrale Bereitstellung von Elektrizität in Kraft-werken. Kraftwerkskomplexe mit einer Leistung von bis zu 1 GW oder mehr sind in der Lage, ganze Großstädte und Industrieregionen zu versorgen. In Deutschland handelt es sich dabei in erster Linie um thermische Kraftwerke: Anlagen, die mit Braun- oder Steinkohle, aber auch durch eine nukleare Kettenreaktion Wasserdampf erzeu-gen, der dann über Turbinen geleitet wird und Generatoren antreibt. Mehr als die Hälfte der installierten Leistung wird durch diese Art von Kraftwerken repräsentiert. Ebenfalls zur Gruppe der thermischen Kraftwerke zählen Gasturbinenkraftwerke; hier werden typischerwei-se Erdöl oder Erdgas als Brennstoff eingesetzt. Sie tragen zu rund ei-nem Sechstel der installierten Leistung bei. Über einen ähnlichen Ausbaustand verfügt in Deutschland auch die Windenergie. Alle an-deren Arten von Kraftwerken – inklusive Wasserkraftwerke – machen das letzte Sechstel der installierten Leistung aus.

Dabei muss allerdings berücksichtigt werden, dass die produzierte Elektrizitätsmenge nicht notwendiger Weise mit der installierten Leistung einhergeht. Ein thermisches Kraftwerk kann nicht einfach ein- oder ausgeschaltet werden, diese Anlagen laufen möglichst un-unterbrochen mit hoher Leistung. Im günstigsten Fall werden sie dauernd mit ihrer Nennleistung betrieben, dann ist die Energieeffi-zienz – das Verhältnis aus dem Einsatz von Kohle, Öl oder Kern-brennstoff zur daraus gewonnenen Elektrizität – am höchsten.

Gasturbinen benötigen einen kostspieligeren Brennstoff. Sie sind jedoch innerhalb weniger Minuten nach einem Kaltstart betriebsbe-reit. Hier spielt der Gedanke der Versorgungsreserve bei Spitzenlast-bedingungen eine wesentliche Rolle – weniger der kontinuierliche Betrieb. Beim Betrieb mit natürlichen Ressourcen wie bei Wind- oder Solaranlagen hängt der Beitrag zur Elektrizitätsversorgung im We-sentlichen vom aktuellen Angebot der natürlichen Ressourcen wie Wind- und Einstrahlungsbedingungen ab; ohne geeignete Speicher-oder/und Reservekapazitäten ist eine kontinuierliche Versorgung nicht möglich. Dies stellt sicherlich die einstweilen größte – jedoch keineswegs unüberwindliche – Hürde für einen umfassenderen Einsatz dar.[1]

Weniger bekannt ist die Tatsache, dass auch der Betrieb anderer Kraftwerke – Wasserkraftwerke, aber insbesondere auch sämtlicher Typen von thermischen Kraftwerken – von natürlichen Ressourcen abhängt: dem Wasserstand der Flüsse und auch deren Wassertemperatur. Wer sich einmal die Mühe macht, die Standorte von Kraftwerken näher zu analysieren, wird zweifellos feststellen, dass alle größeren Anlagen unmittelbar an wasserreichen Flüssen oder in Küstennähe errichtet worden sind: Die Kraftwerke benötigen enorme Mengen an Kühlwasser. Ist der Wasserpegel im Sommer zu niedrig oder die Wassertemperatur zu hoch, müssen thermische Kraftwerke entsprechend gedrosselt werden – ausgerechnet dann, wenn Klimaanlagen für Rekordbelastungen in den Netzen sorgen.

Dezentrale Kleinanlagen für die Versorgung einzelner Häuser, Siedlungen oder Gewerbebetriebe sind bislang eher noch die Ausnahme. Dabei verfügen Blockheizkraftwerke über eindeutige Vorzüge: Kurze Wege zum Verbraucher reduzieren die Übertragungsverluste erheblich, die Abwärme kann für Heiz- und Warmwasserzwecke – inklusive der gewerblichen Nutzung – sinnvoll herangezogen werden. Als Fazit ist einerseits eine deutlich höhere Energieeffizienz zu verzeichnen, andererseits wird sogar eine verbesserte Ausfallsicherheit erzielt: Durch Fernsteuerung arbeiten zahlreiche dezentrale Anlagen kleinerer oder mittlerer Leistung im Verbund wie ein *virtuelles Großkraftwerk* – nur führt der Ausfall einer oder mehrerer dieser Kleinanlagen nicht mehr zum Komplettausfall der gesamten Leistung! Dass es sich dabei keineswegs um eine Utopie handelt, belegt ein Blick über die Grenze nach Dänemark: Rund 50 % der Elektrizität und 80 % der Fernwärme werden dort bereits heute durch Blockheizkraftwerke mit Kraft-Wärme-Kopplung bereitgestellt.

Der weite Weg zur Steckdose

Solange eine autonome Versorgung mit Windrotor, Solaranlage und Brennstoffzellen-Heizkessel oder Biogasanlage noch nicht realisiert ist, muss die elektrische Energie vom Kraftwerk zum Hausan-

[1] Mehr als Sonne, Wind und Wasser – Energie für eine neue
Ära, Ch. Synwoldt, Wiley-VCH, 2008.

schluss und von dort weiter zu den einzelnen Steckdosen gelangen – ein weiter Weg.

Da jedes elektrisch leitfähige Material – alleinige Ausnahme: Supraleiter – dem elektrischen Strom einen mehr oder weniger großen Widerstand entgegensetzt, ist es nicht zweckmäßig und auch technisch kaum realisierbar, eine direkte Verbindung zwischen Kraftwerk und Haushalten herzustellen. Die Höhe des zu übertragenden elektrischen Stroms ist, wie noch gezeigt wird, prohibitiv.

Bereits mit einem einfachen Experiment ist dies nachvollziehbar: Man fühle den Mantel einer elektrischen Zuleitung von einem Wäschetrockner oder einem anderen Großverbraucher wie Waschmaschine, Staubsauger etc. an, nachdem das Gerät für einige Zeit eingeschaltet und in Betrieb ist. Die Leitung ˇwird sich in der Regel (hand)warm anfühlen, ein Indiz für die durch den elektrischen Strom im Kabel verursachte Wärme. Ist der Kupferquerschnitt der Adern zu niedrig gewählt, kann die Erwärmung auch deutlicher spürbar sein; hier ist dringend Abhilfe geboten! Ganz in Analogie zum Wasserrohr gilt auch hier: je größer der Querschnitt, desto geringer der Widerstand für den elektrischen Strom. Im Umkehrschluss machen also höhere Ströme einen größeren Leiterquerschnitt erforderlich. Eine Vertiefung der Themen Widerstand und Supraleitung findet sich im Glossar ab Seite 242.

Die wichtigsten Werkstoffe für elektrische Leiter sind Kupfer und Aluminium – Ersteres für Kabel, Letzteres für Freileitungen und Kabel. Die elektrische Leitfähigkeit von Aluminium ist 35 % geringer als die von Kupfer. Dennoch verfügt Aluminium über einen entscheidenden Vorteil: Es ist – selbst unter Berücksichtigung der geringeren Leitfähigkeit – bedeutend leichter und auch kostengünstiger als Kupfer.

Doch zurück zur Anbindung der Elektrizitätsverbraucher an das Kraftwerk. Das folgende Gedankenexperiment soll die Problematik beim Transport der elektrischen Energie vom Kraftwerk zu den Haushalten verdeutlichen: Die Leistung eines Großkraftwerks würde – bezogen auf die Spannung am Haushaltsanschluss von 230 V bzw. 400 V (Volt) – einen elektrischen Strom mit der enormen Stärke von ca. 2,5 Mio. A (Ampere) bedingen. Dafür wäre ein Kupferquerschnitt von mehr als 2 m² erforderlich! Derartige Kabel wären nicht nur ausgesprochen unhandlich und enorm schwer – der laufende Meter hätte eine Masse von 18 t, allein die Menge an Kupfer würde zu einem

Kostenbeitrag in der Größenordnung von 100.000 € pro Meter führen. Weiterhin ist zu bedenken, dass die weltweiten Kupfervorkommen einem derartigen Vorhaben enge Grenzen auferlegen würden. Auch für die Alternative, Aluminium, sieht es nicht wesentlich anders aus: Da Aluminium einen höheren Widerstand besitzt, muss der Querschnitt entsprechend größer gewählt werden, im oben genannten Beispiel würde der Aluminiumquerschnitt mehr als 3 m² betragen. Der laufende Meter hätte eine Masse von mehr als 8 t. Auf Grund von hier nicht weiter vertieften Zusammenhängen (u. a. Skineffekt, Wärmeableitung) ist zudem die technische Realisierung von Leitern für derart hohe Ströme weitaus komplexer und würde noch sehr viel höhere Leiterquerschnitte erforderlich machen.

Folglich bedient man sich eines Tricks: Die Grundlage liefert dafür die Beschreibung der zu übertragenden elektrischen Leistung als das mathematische Produkt aus Spannung und Stromstärke; der in Wechselstromnetzen ebenfalls zu berücksichtigende Leistungsfaktor $\cos \varphi$ soll an dieser Stelle nur der Vollständigkeit halber erwähnt werden – mehr Details zu diesem Thema im Glossar ab Seite 236. Für die Übertragung über größere Distanzen wird ein möglichst hohes Spannungsniveau gewählt (bis zu 400.000 V = 400 kV), damit die Stromstärke durch die Freileitungen und Kabelverbindungen deutlich geringer ausfällt und die Leiterquerschnitte entsprechen niedriger gewählt werden können. Die Obergrenze für die Spannung wird lediglich durch den Aufwand zur Beherrschung sehr hoher Spannungen begrenzt. Dennoch erwärmen sich Freileitungen bei maximal zulässiger Stromstärke auf bis zu 85 °C. Dies erklärt, weshalb die Verlustleistung in den Übertragungsnetzen für das Hoch- und Abspannen, vor allem aber den Übertragungsweg, sich auf 10–15 % der Kraftwerksleistung addiert.

Für das Umspannen – das kraftwerksseitige Erzeugen einer Hochspannung wie auch das verbraucherseitige Bereitstellen einer Niederspannung – werden Transformatoren eingesetzt. Dies bedingt einen Betrieb der Versorgungsnetze mit Wechselspannung: Transformatoren können keine Gleichströme übertragen! Letztere stellen sogar eine Gefahr für den Betrieb von Transformatoren dar, da sie zu hoher Erwärmung führen. Dieser Effekt ist bei ausgedehnten Ost-West-Verbindungen beispielsweise in Nordamerika oder der Russischen Föderation zu berücksichtigen; durch das Erdmagnetfeld werden in den mehrere 1.000 km langen Leitungen durchaus beachtliche Gleichströme induziert.

Ende des 19. Jahrhunderts waren erste elektrische Netze mit Gleichspannung betrieben worden. Die zunächst nur für eine elektrische Beleuchtung ausgelegten Infrastrukturen (Generatoren, Übertragungsleitungen) stießen jedoch rasch an technische Grenzen, so dass das oben beschriebene Prinzip der Wechselspannung sich durchsetzte. Dennoch gibt es auch in neuerer Zeit Einsatzszenarien, die sich vorteilhaft mit Gleichspannung realisieren lassen: Bei der Übertragung über sehr weite Entfernungen treten in Wechselspannungssystemen neben der Erwärmung der Leitungen noch weitere Verluste auf. Hier kann durch moderne Halbleitertechnik eine Umformung der Wechselspannung in Gleichspannung – und umgekehrt am anderen Ende der Verbindung – die technisch und kommerziell attraktivere Lösung sein. Hochspannungs-Gleichstrom-Übertragungen (HGÜ) spielen bei Transkontinentalverbindungen ebenso eine Rolle wie bei Überlegungen zur regenerativen Energieversorgung Mitteleuropas durch Windkraftwerke an der nordafrikanischen Atlantikküste oder Solaranlagen in der Sahara[2].

Doch wie gelangt der elektrische Strom nun zum Verbraucher? Nur in Ausnahmefällen wie industriellen Großanlagen wird es eine direkte Anbindung an das Kraftwerk geben! Der Optimierungskonflikt aus ökonomischem Betrieb und zuverlässiger Versorgung wird mit mehr oder weniger eng vermaschten Netzstrukturen beantwortet. So existieren auf höchster Spannungsebene nationale und internationale Verbundnetze und auf regionaler und lokaler Ebene Mittel- und Niederspannungsnetze für die Verteilung der Elektrizität.

Dabei ist die im Sprachgebrauch eingebürgerte Bezeichnung *Netz* durchaus auch auf die Struktur der Verbindungen zu beziehen. Durch den maschenförmigen Aufbau von Versorgungsnetzen wird ein hohes Maß an Ausfallsicherheit gewährleistet. Störungen wirken sich im Normalfall nur lokal aus und beeinträchtigen nicht die flächendeckende Versorgung. Erst wenn einzelne Übertragungswege oder Verbindungsknoten an ihre Kapazitätsgrenzen stoßen, wirken sich Störungen im größeren Rahmen aus. Letzteres war in der jüngeren Vergangenheit durchaus der Fall, da die Auslegung der Netze (Versorgungssicherheit) und die in den letzten Jahren verstärkt

2) Mehr als Sonne, Wind und Wasser – Energie für eine neue
Ära, Ch. Synwoldt, Wiley-VCH, 2008.

durchgeführte Art der Nutzung (Durchleitung überregionaler und teils internationaler Kraftwerkskapazität) nur bedingt miteinander zu vereinbaren sind. Im November 2006 waren Teile von Deutschland, Frankreich, Belgien, Italien, Österreich und Spanien bis zu zwei Stunden von der Stromversorgung abgetrennt. Die Ursache lag nach Angaben der UCTE (*Union for the Co-ordination of Transmission of Electricity*, Betreiber des europäischen Verbundnetzes) in einer unzureichend geplanten Abschaltung einer Hochspannungsleitung in Norddeutschland. Andere Kraftwerks- und Netzbetreiber waren über die Maßnahme nicht informiert, so dass es zu einer Überlastung weiterer Leitungskapazitäten kam. In der Folge mussten rund 10 Millionen Haushalte von der Energieversorgung getrennt werden.

Besonders gefährlich erweisen sich in einem solchen Zusammenhang Kernkraftwerke. Denn auch im Falle einer Abschaltung und Trennung vom Netz müssen dort über lange Zeiträume die Kühl- und Steuereinrichtungen zuverlässig arbeiten. Die hierfür benötigte elektrische Energie wird in der Regel durch hausinterne Diesel-Notstromaggregate gesichert. Wenn – wie beispielsweise im Sommer 2006 in der schwedischen Anlage Forsmark – die Notstromversorgung zeitweise oder sogar vollständig ausfällt, droht höchste Gefahr bis hin zu einer Kernschmelze – wie 1979 in der Anlage Three Mile Island bei Harrisburg (USA), wo es zu einer teilweisen Kernschmelze kam – oder einer Reaktorexplosion – wie bei dem Unglück in Tschernobyl (Ukraine) im Jahre 1986.

Wie weit eine maschenförmige Netzstruktur zur Versorgungssicherheit beiträgt, zeigt die folgende Abbildung. Erst bei einer über die Auslegung hinausgehenden Nutzung kann eine zuverlässige Versorgung nicht mehr sichergestellt werden. Konsequent wäre in diesem Fall ein der veränderten Nutzung angepasster Ausbau der Netzinfrastrukturen.

In den Knotenpunkten der Netze befinden sich Schaltanlagen, die ein Abschalten von Leitungen oder Transformatoren zur Verbindung mit anderen Netzebenen erlauben. Auf diese Weise ist eine gefahrlose Wartung sämtlicher Anlagen möglich. Bei Betriebsstörungen oder Überlast können Verbindungen auch unter Volllast getrennt werden, um weitere Schäden zu vermeiden. Dieses Modell setzt sich vom transkontinentalen Übertragungsnetz auf der Ebene von 230 und 400 kV über Hochspannungsnetze (110 kV), Mittelspannungs-

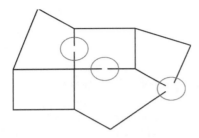

(10–60 kV) und Niederspannungsnetze (230–1.000 V) zur Verteilung der elektrischen Energie bis hin zu den Haushalten fort.

Im Kleinen dient der häusliche Sicherungskasten als Schaltanlage: Leitungsschutzschalter und Schmelzsicherungen dienen zur sicheren Trennung der einzelnen Stromkreise im Haushalt – beispielsweise bei Malerarbeiten oder dem Anschluss neuer Steckdosen und Lichtschalter. Bei Überlastung eines Stromkreises lösen die Sicherungen automatisch aus und trennen den Stromkreis. Schmelzsicherungen müssen nach dem Auslösen ersetzt werden, bei Leitungsschutzschaltern reicht ein Zurücksetzen des Stellhebels – in beiden Fällen natürlich erst *nach* Beheben der Fehlerursache.

Eine weitere Form der Sicherung ist der Fehlerstromschalter (FI-Schalter). Er löst aus, wenn ein Fehlerstrom fließt. Ursache für einen

Bild 2 145 kV gasisolierte Schaltanlage (gekapselte
Anlage); (Quelle: Siemens AG).

Bild 3 110 kV Freiluft-Schaltanlage und Umspannwerk
(Quelle: Thomas Schichel).

Fehlerstrom kann beispielsweise eine defekte Isolierung, ein feuchtigkeitsbedingter Kriechstrompfad – oder auch der sprichwörtliche und niemals nachzuvollziehende Föhn in der Badewanne – sein. Für Anschüsse in Badezimmern oder anderen Feuchträumen ist ein Fehlerstromschutz vorgeschrieben, ebenso für alle Anschlüsse im Freien. Gemäß VDE-Normen ist seit 2007 auch eine entsprechende Absicherung aller anderen Haushaltsstromkreise erforderlich. Das Abschalten erfolgt bei einer Stromstärke von maximal 30 mA, um einen sicheren Schutz für Personen zu gewährleisten.

Die folgenden Abbildungen zeigen gängige Sicherungen aus Haushaltsverteilerkästen sowie deren Schaltplansymbole.

Bild 4 Einsatz für Schmelzsicherung.

Bild 5 Leitungsschutzschalter (Quelle: Hager).

Bild 6 Fehlerstromschalter (Quelle: Hager).

Spannung ist gefährlich, Strom verrichtet Arbeit

Unter welchen Bedingungen fließt nun aber ein Strom – und wo liegt Spannung an? Anders ausgedrückt: Was ist die Ursache, was ist die Wirkung? Die umgangssprachliche Verwendung der Begriffe Strom und Spannung führt in der Regel eher zu einem Mehr an Verwirrung, dabei ist für ein grundlegendes Verständnis keinesfalls der Griff zum Physikbuch erforderlich.

In der Analogie des Wasserstrommodells entspricht die elektrische Spannung der Fallhöhe eines Wasserfalls oder dem Niveauunterschied längs des Flusslaufs. Die Spannung ist die Ursache für den Stromfluss, die Spannung *treibt* einen Strom durch den elektrischen Leiter. An den Kontakten einer Steckdose liegt also eine *Spannung* an. Erst durch einen Verbraucher wie eine Lampe oder einen Ventilator kommt ein Stromkreis zu Stande, der durch das Schließen des Schalters am Gerät geschlossen wird. Nun fließt ein elektrischer Strom, der eine elektrische Leistung umsetzt: In der Glühlampe wird der Glühfaden aufgeheizt und zum Aussenden einer Wärmestrahlung veranlasst, im Ventilator wird ein Elektromotor angetrieben. Solange ein Strom fließt, wird im physikalischen Sinne Arbeit verrichtet.

Die Spannung an den Klemmen der Steckdose ist – nahezu – konstant. Das heißt, dass allein über den elektrischen Widerstand des Verbrauchers die Höhe des elektrischen Stroms bestimmt wird; so ist der Strom durch eine 100 W Glühlampe genau das 5-fache dessen, was an Strom durch eine 20 W Lampe fließt. Ähnlich verhält es sich mit der Dimensionierung von Heizkörpern (Wasserkocher, Kaffeemaschine, Bügeleisen) und Motoren (Ventilator, Staubsauger, Bohrmaschine). Der Auslegung von Elektrogeräten für den Betrieb mit einer bestimmten Spannung ist noch auf eine weitere Art Rechnung zu tragen: Ein Betrieb europäischer Geräte in den USA (Netzspannung: 110–120 V) würde den Stromfluss halbieren, also nur ein Viertel der Nennleistung umsetzen.

Regelrecht gefährlich wäre hingegen der umgekehrte Fall, der Betrieb eines US-amerikanischen Elektrogeräts an europäischen Steckdosen. Ein Betrieb mit der doppelten Nennspannung dürfte in vielen Fällen nicht nur aus Sicherheitsgründen bedenklich sein, sondern häufig auch zur Zerstörung des Geräts führen. Das Vierfache der konstruktiv vorgesehenen Leistung und den daraus abgeleiteten Größen – also zum Beispiel Erwärmung, Drehmoment – überleben weder Glühlampen noch Heizwicklungen oder Motoren. Auch wenn in vielen Fällen Urlauber und Geschäftsreisende zu Recht über die zahlreichen Varianten von Steckern und Steckdosen verärgert sind, an dieser Stelle tragen die unterschiedlichen mechanischen Abmessungen auch zu einem besseren Schutz vor elektrischen Pannen bei – und nicht zu vergessen: der eigenen Gesundheit! Vor dem Einsatz universeller Steckeradapter sei also insbesondere bedacht, ob die Geräte auch an der fremden Spannung betrieben werden können: Elektrorasierer sind häufig umschaltbar, Netzteile für Laptop-Computer sogar meist Alleskönner, die an praktisch jeder Steckdose weltweit angestöpselt werden dürfen. Aber bereits der Haarföhn verlangt zwingend nach seiner Nennspannung. Diverse Abbildungen und weitere Details zu den verschiedenen Steckernormen finden sich im Abschnitt *Special: Stecker* ab Seite 202.

Noch gravierender wird der Unterschied, wenn Niedervoltglühlampen, wie sie beispielsweise in PKWs zum Einsatz kommen, direkt an eine Haushaltssteckdose angeschlossen werden. Die Nennspannung im PKW-Netz beträgt 12 V, bei LKWs sind es 24 V. Damit werden PKW-Glühlampen beim Betrieb im LKW unmittelbar zerstört. Die 4-fache Leistung führt zur sofortigen Überhitzung des Glühfadens. Die noch einmal um den Faktor 10 höhere Spannung an der Haushaltssteckdose würde eine Leistung entsprechend der 400-fachen Nennleistung umsetzen – es leuchtet ein, dass keine Glühlampe eine solche Tortur auch nur für Sekundenbruchteile überstehen kann. Hier ist insbesondere bei Halogenlampen zwischen Niedervolt-

Bild 7 Halogenglühlampen für 230 V; Sockeltypen von links nach rechts: G9, GU10, R7s; (Quelle: OSRAM).

Bild 8 Halogenglühlampen für 12 V; Sockeltypen von
links nach rechts: G4; GU5,3; GY6,35; GZ6,35;
(Quelle: OSRAM).

und Hochvolt-Typen zu unterscheiden. Die verschiedenen Sockel-
und Kontaktformen helfen, die richtige Wahl zu treffen und folgen-
schwere Verwechslungen zu vermeiden. Die dabei in den Typenbe-
zeichnungen enthaltenen Ziffern geben typischerweise Geometrie-
daten wie den Kontaktabstand oder Sockeldurchmesser in Millime-
tern an.

Und es lässt sich noch ein zweiter Gedanke ableiten. Wenn die
Spannung die Ursache für den Stromfluss ist, dann muss auch die
elektrische Isolierung abhängig von der Betriebsspannung sein.
Denn je höher die Spannung ist, desto eher können sich parasitäre
Strompfade bilden, die zu technischem Versagen, vor allem aber auch
zu Schäden an Leib und Leben führen können. Sind Kleinspannun-
gen wie bei Taschenlampenbatterien, Autobatterien oder Telefonen
selbst unter widrigen Umständen unbedenklich, so ist bei der im

Bild 9 Kfz-Glühlampen (12 V); Typen von links nach
rechts: H4 (Abblendlicht, 60/55 W); BA15s (Bremsleuch-
ten, 21 W); BA15s (Begrenzungsleuchten, 5 W);
(Quelle: OSRAM).

Haushalt üblichen Spannung von 230 V für einen hinreichenden Berührschutz zu sorgen. Werden entsprechende Geräte in feuchten Räumen betrieben oder ist ein Betrieb im Freien vorgesehen, muss auch das Eindringen von Feuchtigkeit wirksam unterbunden werden. Ein Feuchtigkeitsfilm – insbesondere mit Salz- oder Seifenresten – kann auch *auf* der Isolierung zu gefährlichen Spannungen führen. Ohne Fehlerstromschutzschalter droht hier höchste Gefahr!

Wie viele Geräte an einer Steckdose?

Die Sicherungen im Haushalt erfüllen die Funktion eines Leitungsschutzschalters: Damit die in den Wänden und Decken verlegten Kupferkabel nicht zu heiß werden – und gegebenenfalls Brände auslösen können – wird je nach Kabelquerschnitt für 1,0 mm² Kupferadern eine 10-A- bzw. für 1,5 mm² Kupferadern eine 16 A Sicherung verwendet. In Summe können also an jedem Stromkreis elektrische Geräte mit einer Gesamtleistung von maximal 2.300 W bzw. 3.680 W gleichzeitig betrieben werden. Dies gilt auch dann, wenn mehrere Steckdosen und Deckenanschlusspunkte für Leuchten an einem Strang angeschlossen sind! Werden an einem Stromkreis mehrere Verbraucher betrieben (z. B. Kaffeemaschine, Toaster und Wasserkocher), so kann die zulässige Last dabei durchaus überschritten werden – die Sicherung trennt die Leitung vom Netz, alle Geräte bleiben kalt. Abhilfe

schafft das zeitversetzte Betreiben: Erst den Wasserkocher – der Tee muss sowieso einige Minuten ziehen – danach können Kaffeemaschine und Toaster für das Frühstück um die Wette eifern. Optimal wäre hingegen eine separate Absicherung einzelner Steckdosenstromkreise, wie es für die Großverbraucher Geschirrspüler, Waschmaschine und Wäschetrockner längst üblich ist.

Auch Vielfachsteckdosen bergen die Gefahr, mehr Geräte anzuschließen, als gleichzeitig betrieben werden dürfen. Drei, sechs oder zwölf Anschlüsse sollten nicht dazu verleiten, eine entsprechende Anzahl an Geräten mit hohem Strombedarf hier anzuschließen – vor allem jedoch nicht, diese auch gleichzeitig zu betreiben. Dies gilt umso mehr, wenn das Zuleitungskabel zur Steckdose verdächtig dünn wirkt und gar mehr als handwarm wird.

Glühlampe, Föhn und Staubsauger

Gerade weil wir sie ständig handhaben, macht sich kaum jemand darüber Gedanken: Wie funktionieren eigentlich die täglich genutzten Geräte im Haushalt? Wie wird aus elektrischem Strom Licht, Wärme und Bewegung?

Das Phänomen der Erwärmung von Strom durchflossenen elektrischen Leitern wurde bereits weiter oben erwähnt. Es lässt sich anschaulich durch die Reibung im Draht beschreiben, die der elektrische Strom überwinden muss. Genauer: Die Elektronen treffen auf ihrem Weg durch das Kristallgitter immer wieder gegen Atome und regen damit das Gitter zu einem thermischen Schwingen, der Brown'schen Molekularbewegung, an. Dass der Elektronenfluss dennoch nicht zum Stillstand kommt, hängt mit der Spannung – z. B. zwischen den Klemmen der Steckdose – zusammen. Durch die Spannung herrscht im Draht ein elektrisches Feld, das auf die beweglichen Elektronen kontinuierlich eine Kraft ausübt und überhaupt erst die Ursache für den Stromfluss ist. Mit zunehmender Stromstärke und abnehmendem Leiterquerschnitt werden die Berührungen zwischen Elektronen und Kristallgitter wahrscheinlicher; die Folge, der Draht wird heißer und heißer. Bei vorgegebener Spannung wird der Strom nur durch den elektrischen Widerstand des Drahtes begrenzt.

Genau dieser Effekt wird nicht nur in Heizelementen für Toaster, Wasserkocher und Elektroherde genutzt, sondern findet auch in konventionellen Glühlampen Anwendung. Ein auch bei hohen Temperaturen beständiger Draht – die Glühwendel besteht meist aus Wolfram – wird auf Fadentemperaturen von bis zu 2.900 °C aufgeheizt. Glühlampen gehören somit zur Gruppe der Temperaturstrahler. Um bei derart hohen Betriebstemperaturen ein sofortiges Verbrennen zu vermeiden, darf der Glühfaden nicht mit Luftsauerstoff in Kontakt kommen. Aus diesem Grund ist er von einem Glaskolben umgeben, der entweder evakuiert ist oder eine Gasfüllung – Edelgase oder Halogene – enthält. Letzteres verringert eine Ablagerung von abgedampften Metallpartikeln an der Innenseite des Glaskolbens. Zum Ende der Lebensdauer einer Glühlampe ist dieses Phänomen deutlich zu beobachten: Der Glaskolben wirkt in einigen Bereichen grau. Dabei handelt es sich um nichts Anderes als Teile des immer dünner werdenden Glühfadens, die verdampft sind und sich an der Innenseite des Glaskolbens abgesetzt haben.

Das größte Manko der Glühlampe als Leuchtmittel ist die mit maximal 5 % recht bescheiden ausfallende Lichtausbeute – die übrigen 95 % sind Abwärme, für das menschliche Auge unsichtbare Strahlung im infraroten Bereich. Nur eine noch höhere Temperatur der Glühwendel kann den Wirkungsgrad erhöhen – dieses Prinzip wird in Halogenlampen verfolgt.

Jetzt wird noch deutlicher, aus welchem Grund eine Glühlampe oder ein Gerät, das für den Einsatz bei 120 V z. B. in den USA ausge-

Bild 10 Glühlampen für 230 V; von links nach rechts:
E27, E27 (Typ R63), E14; (Quelle: OSRAM).

legt ist, nicht an einem 230 V Anschluss in Europa betrieben werden darf: Das elektrische Feld ist nahezu doppelt groß. Da der Widerstand für den elektrischen Strom herstellungsbedingt jedoch einen festen Wert hat, würde beim Anschluss in Europa ein gegenüber der Auslegung beinahe doppelt so hoher Strom fließen. Als Resultat würde die in Form von Wärme umgesetzte Leistung um den Faktor vier höher liegen – mit fatalen Konsequenzen für die Temperatur der Heizwendel. Bezogen auf eine Glühlampe reduziert bereits eine 10 %ige Erhöhung der Spannung die Betriebsdauer um ca. 80 %. Hingegen führt eine 10 %ige Reduzierung der Betriebsspannung zu einer um mehr als den Faktor vier erhöhten Lebenserwartung.

Leuchtmittel wie beispielsweise Energiesparlampen oder Leuchtdioden arbeiten nach vollkommen anderen Verfahren, bei denen weit weniger Wärme freigesetzt wird. Im ersteren Fall handelt es sich um eine Gasentladung[3], bei der zunächst UV-Strahlung entsteht, die dann mittels Leuchtstoffen in sichtbares Licht umgewandelt wird (Leuchtstofflampen) – derselbe Effekt, wie er auch in Kathodenstrahlröhren von Farbfernsehern und Monitoren angewendet wird.

Bei Leuchtdioden wird durch Elektrolumineszenz Licht erzeugt. Durch Anlegen eines elektrischen Feldes treffen Ladungsträger in einem Halbleitermaterial aufeinander und werden dabei auf ein höheres Energieniveau angehoben. Beim Zurückfallen in den Grundzu-

---

3) Durch Anlegen eines starken elektrischen Feldes wird ein Gas elektrisch leitfähig gemacht (Stoßionisation). Durch die dabei auftretende Anregung von Elektronen wird Strahlung einer bestimmten Wellenlänge freigesetzt. – Dabei muss es sich nicht zwangsläufig um Strahlung im sichtbaren Bereich (Licht) handeln. Blitze während eines Gewitters sind ebenfalls Gasentladungen.

stand wird die Energie in Licht umgewandelt. Prinzipbedingt kann es sich dabei nur um einen jeweils engen Wellenlängenbereich handeln, so dass Leuchtdioden farbiges Licht – rot, gelb, grün, blau – oder auch infrarote Strahlung abgeben. Durch das Zusammensetzen aus mehreren Einzelkomponenten lässt sich schließlich auch weißes Licht bereitstellen, genau wie bei Entladungslampen eine Kombination verschiedener Leuchtstoffe benötigt wird.

Fleischtheke oder Eissalon?

Über die Anzahl und Kombination der Leuchtstoffe lässt sich in weiten Bereichen die Lichtfarbe einstellen, selbst weiß ist nicht gleich weiß: Neutralweiß, Warmweiß oder Tageslicht stehen als genormte Kategorien zur Auswahl.

Der Farbton Warmweiß ist dem Licht von Glühlampen soweit möglich angenähert, gegenüber Neutralweiß tendenziell mit einem Stich ins Rötliche. Mit Tageslicht existiert eine eher kühlere, leicht ins Bläuliche neigende Farbvariante, die der Lichtfarbe der Sonne ähnelt. Der bläuliche Ton lässt den Eissalon auch ohne Klimaanlage als angenehm kühle Umgebung bei hochsommerlichen Temperaturen erscheinen – zumindest für das Unterbewusstsein. Anders verhält es sich bei Fleisch- und Obsttheken: Damit das Schnitzel und die Äpfel noch frischer erscheinen, wird hier zuweilen mit Leuchtstofflampen gearbeitet, die den roten Spektralbereich hervorheben, auch wenn dies nicht statthaft ist.

Generell ist die Farbwiedergabe eng mit den zum Einsatz kommenden Leuchtstoffen verknüpft. Dies wird weniger durch den visuellen Eindruck der Lichtfarbe als vielmehr durch davon angestrahlte, farbige Objekte deutlich. Das T-Shirt, das auf der Straße ganz anders wirkt als im Geschäft, hat dies sicher den Meisten schon einmal buchstäblich vor Augen geführt – auch wenn die Ursache bis eben unbekannt war.

Sowohl Energiesparlampen als auch Leuchtdioden verfügen über einen deutlich höheren Wirkungsgrad als Glühlampen. Dabei liegen moderne Leuchtdioden inzwischen auf dem gleichen Niveau wie Leuchtstofflampen: Beide Technologien sind damit in der Lage, mit derselben elektrischen Leistung 4–6-mal soviel Licht zu erzeugen wie eine herkömmliche Glühlampe. Auch Halogenlampen reichen mit einem gegenüber der Glühlampe um den Faktor 1,5–2 höheren Wirkungsgrad nicht an dieses Niveau heran. Prinzipbedingt benötigen Leuchtstofflampen ein Vorschaltgerät (*Starter*), um die Gasentladung in Gang zu setzen. Bei Kompaktleuchtstofflampen (*Energiesparlampen*) ist dieses in den Schraubsockel integriert. Halogenlampen werden zwischen Hochvolt- und Niedervolt-Typen unterschieden: Erstere können unmittelbar an die Stromversorgung im

Bild 11 Halogenlampen; Niedervolt (links), Hochvolt (rechts); (Quelle: OSRAM).

Haushalt angeschlossen werden. Die Zweiten benötigen einen Transformator oder ein Netzteil, um die 230 V vom Lampenanschluss auf 12 V herabzusetzen. – Wie weiter unten ausgeführt wird, ist trotz des erhöhten Aufwands die damit verbundene Investition dennoch lohnend. Daneben spielt zudem die Betriebsdauer eine wichtige Rolle. Leuchtstofflampen – zu denen auch die Energiesparlampen zählen – können für ca. 10.000 Stunden genutzt werden; das entspricht der 10-fachen Nutzungsdauer einer Glühlampe. Zum Vergleich: Ein Jahr Dauerbetrieb entspricht 8.760 Stunden; eine Nutzungsdauer von 10.000 Stunden kommt einem Betriebszeitraum von 10 Jahren im Haushalt gleich. Ähnlich wie für Glühlampen ist der Einschaltmoment auch bei Leuchtstofflampen mit einer starken Materialbeanspruchung verbunden. Neuere Typen profitieren hier deutlich von der technischen Weiterentwicklung, bei älteren Leuchtstofflampen ist es hingegen zweckmäßig, sie gegebenenfalls über längere Zeiträume eingeschaltet zu lassen, anstelle sie im Minutenrhythmus der tatsächlichen Notwendigkeit zu schalten. Ein entsprechendes Negativbeispiel wäre der Betrieb über Kurzzeitschalter in Treppenhäusern. Bei Glühlampen kann der im Einschaltmoment sehr hohe Strom durch den Einsatz eines Dimmers wirkungsvoll reduziert werden. Damit erhöht sich die Lebensdauer der Glühlampe deutlich und es besteht zudem die Möglichkeit, je nach Bedarf durch Herabsetzen der Helligkeit elektrische Energie zu sparen.

Der im Vergleich zur Glühlampe höhere Preis für eine Leuchtstofflampe amortisiert sich bereits über die vielfach längere Nut-

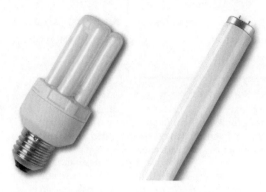

Bild 12 Leuchtstofflampen; Kompaktleuchtstofflampe (links), Langfeld-Leuchtstofflampe (rechts); (Quelle: OSRAM).

zungsdauer – nicht mit eingerechnet die Reduzierung des Elektrizitätsbedarfs um ca. 80 %. Das summiert sich über die 10-jährige Lebensdauer einer 20 W Energiesparlampe (gleiche Lichtausbeute wie eine 100 W Glühlampe) auf 800 kWh; bei aktuellen Elektrizitätskosten von ca. 0,20 Euro/kWh resultiert daraus eine zusätzliche Ersparnis in Höhe von 160 Euro. Beim Einsatz einer Halogenlampe mit vergleichbarer Leistung (70 W) verringert sich die Elektrizitätsrechnung im Vergleichszeitraum immerhin noch um 60 Euro.

Leuchtdioden erreichen mit mehr als 100.000 Stunden sogar eine noch wesentlich längere Betriebsdauer. Auch dann fallen sie in der Regel nicht abrupt aus, lediglich die Lichtausbeute lässt fortlaufend nach. Sie sind unempfindlich gegenüber Erschütterungen oder häufigem Ein- und Ausschalten. Lediglich auf starke Erwärmung, wie sie beispielsweise aus einem Betrieb mit Überspannung – und infolge

Bild 13 Leuchtdioden (Quelle: Thomas Schichel).

dessen zu hohen Strömen im Halbleiter – resultiert, reagieren Leuchtdioden empfindlich. Dies kann die Lebensdauer stark reduzieren oder gar frühzeitig beenden.

Glühlampe defekt durch Kurzschluss?

Mit größter Wahrscheinlichkeit ist das »Durchbrennen« einer Glühlampe im Einschaltmoment zu beobachten. Der niedrige Widerstand der kalten Glühwendel lässt einen wesentlichen höheren Strom zu als im normalen Betrieb. Dadurch erreicht der Glühdraht sehr schnell seine Betriebstemperatur. Andererseits kann diese enorme Belastung dazu führen, dass der in des Wortes Sinne haarfeine Glühdraht reißt – insbesondere wenn nach längerer Betriebsdauer Teile des Drahtes bereits verdampft sind und sich an der Innenseite des Glaskolbens als silber-grauer Niederschlag abgesetzt haben.

Häufig ist in diesem Moment auch ein Ansprechen der Sicherung für den entsprechenden Stromkreis zu beobachten. Dies legt die Vermutung nahe, ein Kurzschluss habe den Defekt in der Glühlampe ausgelöst. In der Realität verhält es sich jedoch genau anders herum: Beim Reißen der Glühwendel kann es zu einem elektrischen Lichtbogen innerhalb der Glühlampe kommen. Die Stromstärke steigt dabei kurzfristig stark an, was zum Auslösen der Sicherung führt. – Ursache für den Kurzschluss ist also der Defekt in der Glühlampe.

Doch Licht und Wärme sind nur einige Möglichkeiten von vielen, elektrische Energie zu nutzen. Das Umsetzen in eine Bewegung, in mechanische Energie, ist von genauso großer Bedeutung im Alltag: Motoren, Antriebe, Pumpen und Gebläse sind sowohl in der Industrie als auch in privaten Haushalten allgegenwärtig.

Ein Blick in die Vergangenheit führt zu aufschlussreichen Einsichten: In den Fabriken des 19. Jahrhunderts lieferten Dampfmaschinen die benötigte Antriebsenergie. Diese wurde über Transmissionsriemen – Leder- und Textilbänder – zu den einzelnen Maschinen übertragen. Ein unfallträchtiges und nur bedingt zuverlässiges Konzept, das für den Einsatz im Haushalt keineswegs geeignet erschien und auch für handwerkliche Tätigkeiten nicht nutzbar war. Über lange Zeiträume war hier ausschließlich die Muskelkraft verfügbar. Ob Säge, Bohrer, Schleifstein oder Nähmaschine: Allein Hand- und Fußkurbeln lieferten die zum Antrieb notwendige Energie. Gleiches galt für das Weben von Tüchern, das Dreschen von Getreide oder das Drucken von Büchern und Zeitschriften. Der Leistungsfähigkeit derart betriebener Geräte sind enge Grenzen gesetzt, mehr als Kraft und Ausdauer der Bediener es zulassen, können sie nicht leisten.

Die Energie für Licht und Wärme wurde – soweit vorhanden – über städtische Gasnetze bezogen, andernorts dienten Petroleumleuchten und Kerzen bzw. Holz- und Kohleöfen als Licht- und Wärmespender. Bereits zu Beginn des 19. Jahrhunderts war mit der *Volta'schen Säule* die elektrische Batterie – und damit ein Lieferant für elektrische Energie – bekannt. Für den Betrieb von Antrieben und Leuchten waren diese Batterien jedoch zu leistungsschwach, so dass erst die allgemeine Versorgung mit elektrischer Energie am Anfang des 20. Jahrhunderts die Basis für den weit verbreiteten Einsatz von Elektromotoren und elektrischem Licht bot. Ein durchaus gegenwärtiger Konflikt, denn erst der Auf- und Ausbau spezifischer Infrastrukturen erlaubt die Verbreitung der jeweiligen Technologien. Vor dem massenhaften Einsatz müssen die entsprechenden Vorraussetzungen erfüllt sein. Dem stehen jedoch häufig wirtschaftliche Erwägungen entgegen, wird doch zunächst eine gewisse Nachfrage erwartet – die ohne die betreffenden Infrastrukturen allerdings nicht zu Stande kommen kann. Ein Beispiel: In Deutschland können bislang nur wenige Fahrzeuge mit Erdgas betrieben werden. Das Tankstellennetz für Erdgas ist in Deutschland weithin lückenhaft, obwohl sich durch den Einsatz dieses Kraftstoffs eine deutliche Abgasreduktion erzielen lässt. Ganz anders in Italien oder den Niederlanden: hier existieren flächendeckende Versorgungsnetze. So verwundert es nur wenig, wenn 80 % aller in Europa betriebenen Erdgas-Fahrzeuge in Italien zugelassen sind.[4] Letztlich handelt es sich bei dieser Situation um eine Abwandlung des bekannten Henne-/Ei-Problems: wer war zuerst da – oder in diesem Fall: wer wird zuerst benötigt.

Die in der Überschrift genannten Haushaltsgeräte Föhn und Staubsauger verfügen beide über einen Elektromotor. Bohrmaschine, Waschmaschine, Mixer sind andere prominente Beispiele, ja sogar in elektrischen Zahnbürsten sowie den meisten Kühl- und Gefrierschränken findet sich ein Elektromotor.

Wie aber wird nun elektrische Energie in eine Bewegung umgesetzt? Konkret: Wie arbeitet ein Elektromotor und setzt das Gebläse im Föhn in Bewegung?

Die technische Grundlage wurde bereits Mitte des 19. Jahrhunderts entdeckt und kurze Zeit später in den – auch heute noch gültigen –

4) Mehr als Sonne, Wind und Wasser – Energie für eine neue Ära, Ch. Synwoldt, Wiley-VCH, 2008.

Maxwell'schen Gleichungen festgehalten.[5] Das Verständnis der Elektrodynamik ermöglicht die Berechnung elektrischer Hochspannungsanlagen zur Energieübertragung gleichermaßen wie die Beschreibung der Vorgänge in einem Waschmaschinenmotor oder einer Fernsehantenne, ja selbst den Entwurf mikroelektronischer Schaltkreise!

Mit einfachen Worten lässt sich die Kernaussage auch ohne physikalische Details und Kenntnisse der Vektoranalysis wie folgt ausdrücken: *Ein von einem elektrischen Strom durchflossener Draht erfährt in einem Magnetfeld eine Kraft.* Diese Kraft bewegt den Draht, genauer: sie beschleunigt ihn. Im technischen Sinn bedeutet eine *Beschleunigung* die Änderung der Geschwindigkeit – das kann sowohl die Höhe der Geschwindigkeit als auch die Richtung des bewegten Körpers betreffen. Ein sich auf einer Kreisbahn bewegender Gegenstand erfährt kontinuierlich eine Beschleunigung – selbst wenn die Rotation mit gleich bleibender Drehzahl stattfindet. Bei jeder Kurvenfahrt in einem Fahrzeug lässt sich dies nachvollziehen: Die Fahrgäste werden zur kurvenäußeren Seite gedrückt – obwohl die Fahrzeuggeschwindigkeit laut Tachometer konstant bleibt, erfahren wir eine Kraftwirkung. Verliert das Fahrzeug auf einer Eisfläche seine Bodenhaftung, rutscht es geradeaus in den Fahrbahnrand, weil die Haftreibung der Reifen auf der Eisfläche stark nachlässt und die Führung quer zur Bewegungsrichtung damit verloren geht.

Elektromotorisches Prinzip

Ein Magnetfeld übt auf einen Draht, der von einem elektrischen Strom durchflossenen wird, eine Kraft aus. Voraussetzung dafür ist, dass das Magnetfeld und der elektrische Strom im Draht einen rechten Winkel bilden.

Elektromotoren wie auch Generatoren arbeiten nach dieser Methode. Damit es zu einer fortlaufenden Rotation kommen kann, muss jedoch – synchron zur Rotation – entweder der Stromfluss durch den Draht umgepolt (»kommutiert«) oder ein rotierendes Magnetfeld aufgebaut werden.

Der wesentliche Unterschied zwischen Elektromotor und Generator: Während beim Elektromotor ein elektrischer Strom für das Bereitstellen von mechanischer Leistung erforderlich ist, wird in Generatoren durch die mechanische Bewegung innerhalb eines Drahtes ein elektrischer Strom induziert. Ursache und Wirkung verhalten sich in beiden Fällen genau spiegelbildlich.

---

5) Der sich aus den Maxwell'schen Gleichungen ergebende Widerspruch zur Newton'schen Mechanik und zum Galilei'schen Relativitätsprinzip wurde erst im Jahre 1905 von Albert Einstein durch die spezielle Relativitätstheorie aufgelöst.

Die Schlüsselfrage für eine technische Realisierung lautet jedoch, wie wird ein hinreichend starkes Magnetfeld aufgebaut, damit die elektromotorischen Kräfte eine technisch nutzbare Größenordnung erreichen? Hochleistungsfähige Permanentmagneten waren über lange Zeit – sofern überhaupt – nur im Labormaßstab, nicht jedoch für industrielle Zwecke verfügbar.

Elektrodynamisches Prinzip

Ein von einem elektrischen Strom durchflossener Draht erzeugt ein Magnetfeld.

Dies ist die Basis für den Aufbau von Elektromagneten und eine wichtige Voraussetzung für den Aufbau von leistungsstarken Elektromotoren und Generatoren. Da das Magnetfeld für den Antrieb des Elektromotors beziehungsweise für die Stromerzeugung im Generator ursächlich ist, wird allgemein von einer Erregerwicklung gesprochen.

Erst in den letzten Jahren kommen vermehrt auch durch Permanentmagneten erregte Maschinen zum Einsatz.

Je nachdem, wie das Magnetfeld erzeugt wird, spielt der elektrische Strom in einem Elektromotor also gleich an mehreren Stellen eine entscheidende Rolle: in jedem Fall im Strom durchflossenen Leiter – in der Regel in Form einer oder mehrerer Spulen, die auf einen Anker gewickelt sind (*Rotor*) – sowie gegebenenfalls auch für das Bereitstellen des erforderlichen Magnetfeldes durch eine Erregerwicklung (*Stator*) .

Bezogen auf das Ausgangsbeispiel, unseren Föhn, wird die elektrische Energie auf zweierlei Weise umgesetzt, zum Heizen und für den Betrieb des Gebläsemotors. Das Prinzip der elektrischen Heizung wurde bereits eingangs dieses Abschnitts näher betrachtet. Der wesentliche Unterschied zur Heizwendel in der Glühlampe betrifft das Temperaturniveau, das beim Haartrockner deutlich niedriger ist. Dennoch sollte unbedingt beachtet werden, dass ein Blockieren des Lüftergebläses fatale Folgen haben kann: Ohne den Luftstrom fehlt der Heizwendel die notwendige Kühlung, sie würde innerhalb weniger Sekunden überhitzen und es besteht Brandgefahr. Eine solche Situation kann nicht nur aus einer absichtlichen Manipulation herrühren, sondern beispielsweise auch durch fliegende Haare, die durch den Lufteinlass angesaugt wurden, oder einen verschleißbedingten Lagerschaden des Lüfterrads entstehen. – In allen Fällen heißt es: Dreht der Motor nach dem Einschalten nicht wie gewohnt hoch, ist der Föhn sofort abzuschalten!

Und noch eine Vorsichtsmaßnahme sei erwähnt: Auch wenn der Föhn ein Kunststoffgehäuse besitzt, das den direkten Kontakt mit spannungsführenden Teilen verhindert, so ist indirekt über den Ansaug- und Auslasskanal ein mittelbarer Zugang möglich. Dies betrifft nicht nur eine mutwillige mechanische Berührung durch Werkzeuge, sondern vor allem auch den eher unbeabsichtigten Kontakt mit Wasser und Feuchtigkeit! Bei Letzteren handelt es sich durchaus um gute elektrische Leiter, insbesondere wenn Seifen, Salze und dergleichen im Spiel sind. Der Anschluss und Betrieb auch anderer Elektrogeräte im Badezimmer wie Lampen, elektrische Rasierer oder Zahnbürsten sollte daher stets außerhalb des Spritzwasserbereichs erfolgen und immer mit einem Fehlerstromschalter (siehe Seite 8) abgesichert sein.

Beim Staubsauger spielt ein Elektromotor die Hauptrolle. Er erzeugt – im Gegensatz zum Föhn – jedoch einen in die entgegengesetzte Richtung gerichteten Luftstrom. In der Regel ist die Motordrehzahl elektronisch einstellbar und auf diesem Weg eine Leistungsregelung der Saugkraft möglich.

Da im Einschaltmoment der Motor praktisch ohne mechanischen Widerstand arbeitet – eine nennenswerte Saugwirkung entsteht erst bei höheren Motordrehzahlen – kam es gerade bei älteren Modellen häufig zu einem Auslösen der betreffenden Sicherung im Haushaltsanschlusskasten. Dies lässt sich bei in der Drehzahl regelbaren Geräten jedoch wirkungsvoll verhindern, wenn vor dem Einschalten eine niedrigere oder mittlere Drehzahl eingestellt wird.

Das in modernen Gebäudeinstallationen aufgegriffene Konzept eines Zentralstaubsaugers ist technisch gesehen übrigens keine wirkliche Innovation: Als Ende des 19. Jahrhunderts die ersten Staubsauger aufkamen, handelte es sich dabei um alles andere als handliche Geräte. Über lange Schlauchleitungen wurden die Saugdüsen an manuell oder motorisch betriebenen Luftpumpen angeschlossen. Bis weit ins 20. Jahrhundert dominierten Hausstaubsauger den Markt: Über ein weit verzweigtes Rohrsystem standen in praktisch jedem Raum Anschlusspunkte für die Saugdüsen zur Verfügung. Als Antrieb arbeitete im Keller ein leistungsfähiges Aggregat. Ein Luxus, der wenigen Wohlhabenden und einer gewerblichen Nutzung vorbehalten blieb.

Die Vorteile liegen auch 100 Jahre später klar auf der Hand: Bei herkömmlichen Geräten wird zwangsläufig durch den Luftaustritt eine starke Luftströmung in Bodennähe erzeugt. Auf der einen Seite wird der Staub gesaugt, während er auf der anderen aufgewirbelt wird – ein selten beachteter Interessenkonflikt! Zudem ist der Betrieb des leistungsstarken Elektromotors (1.000–2.000 W) mit einer mehr oder weniger großen Geräuschentwicklung verbunden; beide Probleme lassen sich durch den Betrieb eines Zentralstaubsaugers wirkungsvoll vermeiden. Neben der aufwändigeren Wartung sei jedoch insbesondere auf den Aspekt der benötigten Leistung hingewiesen. Je nach Länge des Rohrleitungssystems kommt es zwangsläufig zu Einbußen bei der Saugkraft, hier kann nur ein stärkerer Antrieb Abhilfe leisten.

Ein weiterer, in privaten Haushalten meist zu vernachlässigender Effekt besteht zudem im erhöhten Staubeintrag. Durch den Betrieb der Saugdüse entsteht im jeweiligen Raum zwangsläufig ein, wenn auch geringer, Unterdruck – schließlich befindet sich der Luftauslass in einem anderen Raum und kann zu keinem direkten Ausgleich führen. Durch Türen und Fenster, aber auch durch Ritzen und andere Öffnungen ist daher eine vermehrte Luftzufuhr und in der Konsequenz ein erhöhter Staubeintrag zu beobachten. Industrielle Reinräume werden aus diesem Grund mit einem gewissen Überdruck gegenüber der Umgebung betrieben.

Mikrowelle und Induktionsherd – Wärme einmal anders

Wenn von elektrisch betriebenen Geräten zur Wärmeerzeugung gesprochen wird, fällt der Blick sofort auf das Prinzip der Widerstandsheizung, wie es in Föhn, Wasserkocher, Heizlüfter, Bügeleisen, Herd und Backofen üblicherweise angewandt wird. Doch es gibt zwei wichtige Ausnahmen, den Mikrowellenofen (*Mikrowelle*) und den Induktionsherd. Beide Geräte unterscheiden sich grundlegend von den oben genannten Wärmegeräten.

Anders als bei einem konventionellen Elektroherd, der das zu garende Gut nur indirekt über das Heizelement in der Herdplatte und den Kochtopf erwärmt, wird Wasser oder eine Wasser enthaltende Speise im Mikrowellenofen direkt erhitzt. Wie die Bezeichnung bereits andeutet, wird dafür Mikrowellenstrahlung eingesetzt. Als Strahlungsquelle dient ein mit Hochspannung betriebenes Magnetron mit einer Frequenz von 2,45 GHz. Dessen Strahlung wird von Wassermolekülen aufgenommen (*absorbiert*) und in Wärme umgesetzt – verantwortlich dafür sind dielektrische Verluste im Wasser, nicht, wie häufig vermutet wird, Resonanzerscheinungen. Letztere würden erst bei deutlich höheren Frequenzen auftreten.

Die Eindringtiefe der Mikrowellenstrahlen – Wellenlänge: 12 cm – beträgt nur wenige Zentimeter. Sie erhitzen ausschließlich Wasser, andere Bestandteile des Garguts werden nur durch das umgebende beziehungsweise enthaltene Wasser erwärmt. Für eine gleichmäßige Erwärmung ist es daher erforderlich, dass sich das Strahlungsfeld im Mikrowellenofen gleichmäßig verteilt. Dies kann sowohl durch einen Drehteller, auf dem die zu erwärmende Speise platziert wird, als auch durch einen innerhalb des Gerätes angebrachten Metallrotor erfolgen. Andernfalls könnte es zu lokal sehr starker Erhitzung oder sogar Verbrennungen kommen; ein Betrieb mit leerem Garraum ist unbedingt zu vermeiden. Da die Absorbtion der Mikrowellenstrahlen stark von den einzelnen Bestandteilen des Gargutes abhängt, kann es zu nennenswerten Temperaturunterschieden innerhalb des Gargutes und somit unvollständigem Durchgaren kommen. Abhilfe ist durch längeres Garen bei reduzierter Leistung und unter Nutzung einer geeigneten Abdeckung möglich. Analoges gilt auch für das Auftauen von Gefrorenem; die Absorbtion der Mikrowellenstrahlung durch Eis ist bedeutend niedriger als durch flüssiges Wasser, so dass sich ein Mikrowellenofen nur bedingt zum Auftauen eignet. Vorsicht ist bei einigen, porösen Geschirrteilen geboten: Dringt Feuchtigkeit in die Poren, kann sich das Geschirr gegebenenfalls stärker erwärmen, als das Gargut! In jedem Fall sind flache, möglichst runde Gefäße zu bevorzugen.

Die Abwärme des Magnetrons wird zusätzlich dem Garraum zugeführt, dennoch liegt der Wirkungsgrad lediglich in der Größenordnung von 50–60 %. Der Vorteil der direkten Heizung kommt insbesondere beim Erwärmen kleiner Mengen Wasser – eine Tasse Milch, Tee oder Kaffee – zur Wirkung und trägt hier zu einer Reduzierung des Energiebedarfs bei. Auch für das Erwärmen bereits gegarter Speisen ist ein Mikrowellenofen zweckmäßig.

Um die Umgebung vor der Strahlung des Magnetrons zu schützen, wird ein geschlossenes Metallgehäuse verwendet. Das spezielle Profil der Tür und lediglich kleine Öffnungen im Gitter hinter der Frontscheibe stellen eine wirkungsvolle Abschirmung dar. Durch einen Sicherheitsmechanismus wird gewährleistet, dass bei geöffneter Tür ein Einschalten unmöglich ist. Diese Vorsichtsmaßnahmen sind erforderlich, da nach außen dringende Mikrowellenstrahlung zur Erwärmung von menschlichem Gewebe, schlimmstenfalls auch Verbrennungen führen kann. Mikrowellengeräte mit beschädigter Tür sollten unbedingt außer Betrieb genommen werden.

Strahlende Nahrung? – Strahlende Umgebung?

Um die Antwort gleich vorweg zu nehmen: Nein – Mikrowellengeräte haben nichts mit ionisierender Strahlung, wie sie von Röntgenapparaten oder kerntechnischen Anlagen ausgeht, zu tun. Weder vom Innenraum des Mikrowellenofens noch vom Gargut geht eine[6) gefährdende Strahlung aus; ist das Gerät ausgeschaltet, existiert keine Mikrowellenstrahlung mehr.

Größere Sorge wäre in diesem Zusammenhang bei typischen Mikrowellengerichten angebracht: Fertiggerichte sind aus ernährungsphysiologischer Sicht selten als besonders wertvoll einzustufen. Ein weiterer Aspekt ist die ungleichmäßige Erwärmung innerhalb des Garguts: Mageres Fleisch erwärmt sich stärker als fettes Fleisch oder Knochen – daraus resultiert die Gefahr, das gegebenenfalls vorhandene Keime nicht vollständig abgetötet werden.

In wie weit eine chemische Veränderung von Nahrungsmittelsubstanzen durch das Erwärmen in Mikrowellenöfen möglich ist oder tatsächlich stattfindet, wird in entsprechenden Studien sehr unterschiedlich bewertet. Grundsätzlich ist die Problematik jedoch beim konventionellen Kochen oder Backen ebenfalls nicht auszuschließen.

Ein Betrachten des Geschehens im Mikrowellenofen aus kurzer Distanz und für längere Zeit sollte hingegen vermieden werden: Gerade die Augen sind gegenüber der aus der Tür und Fensterblende austretenden Reststrahlung besonders empfindlich, da hier die geringe Durchblutung keinen hinreichenden Abtransport der Wärme ermöglicht. Im Extremfall könnte es zu einer Erblindung kommen. Dazu sei angemerkt, dass Mobiltelefone, die in einem ähnlichen Frequenzbereich (D-Netz: 0,9 GHz; E-Netz: 1,8 GHz; Mikrowellengerät: 2,45 GHz) arbeiten und direkt an den Kopf gehalten werden, eine ähnliche Leistungsdichte wie die Reststrahlung unmittelbar vor der Tür eines Mikrowellenofens aufweisen. Mehr zu diesem Thema im Abschnitt *Warme Ohren* ab Seite 85.

Der Vollständigkeit halber seien an dieser Stelle noch Radargeräte erwähnt, die ebenfalls mit Mikrowellenstrahlung arbeiten. Radargeräte senden jedoch notwendigerweise ohne Abschirmung und mit wesentlich höheren Leistungen als Mikrowellenöfen, so dass ein Aufenthalt in ihrer Nähe unbedingt vermieden werden muss. Zusätzlich entsteht durch die zum Betrieb dieser Anlagen erforderliche Hochspannung auch UV-Strahlung, von der ein weitaus höheres Gesundheitsrisiko ausgeht.

---

6) Genau genommen geht von jedem Körper, der wärmer als seine Umgebung ist, eine Wärmestrahlung im Infrarotbereich aus – aber dies gilt beispielsweise auch für Heizkörper oder Kaminfeuer. Strahlung im Infrarotbereich hat eine höhere Frequenz als Mikrowellenstrahlung und verfügt daher – bei gleicher Feldstärke – über eine höhere Energie.

Auch die Funktionsweise eines Induktionsherds beruht auf elektromagnetischen Feldern, jedoch in einem wesentlich niedrigeren Frequenzbereich. Typischerweise arbeiten Induktionsherde nur knapp oberhalb der Hörschwelle, in einem Bereich von 25–50 kHz. Die Wärme wird hier nicht in der Herdplatte erzeugt, sondern direkt im Boden des Kochtopfes. Voraussetzung dafür ist, dass der Kochtopf – oder zumindest dessen Boden – aus einem ferromagnetischen und elektrisch leitfähigen Material besteht. Glas, Keramik, Aluminium und auch einige Edelstähle kommen daher nicht in Frage, Eisen und die meisten Stahlkochtöpfe sind hingegen für den Einsatz auf einem Induktionsherd geeignet.

Ist der Kochtopf für den Induktionsherd geeignet?

Ein einfacher Test erlaubt die Einstufung in geeignet oder ungeeignet. Bleibt ein beliebiger Magnet am Topf- oder Pfannenboden haften, so kann das Kochgeschirr auf einem Induktionsherd zum Einsatz kommen.

Das Prinzip des Induktionsherds ist einfach erklärt, eine Spule unterhalb der Herdplatte sendet ein starkes elektromagnetisches Wechselfeld, das im Boden des Kochtopfes einen Wirbelstrom erzeugt und dadurch zu einer sofortigen und starken Erwärmung führt. Das Kochen auf einem Induktionsherd ist eher mit einem Gasherd vergleichbar, wo ein Nachregeln der Flamme auch unmittelbar zu einer Temperaturänderung führt. Demgegenüber zeigen konventionelle Elektroherde ein wesentlich trägeres Verhalten, da zunächst die Kochplatte sich erwärmen bzw. abkühlen muss. Ebenfalls vorteilhaft ist die Tatsache, dass Topfboden und Sendespule keinesfalls dieselbe Größe haben müssen: Der ferromagnetische Topfboden führt zu einer Konzentration des von der Sendespule ausgehenden Felds, die elektromagnetische Abstrahlung an die Umgebung ist minimal. Ansonsten unerwünschte Verluste durch die Ummagnetisierung sind im Topfboden durchaus willkommen – auch sie führen zu einer Erwärmung.

Die Herdplatte selber wird nicht geheizt; nur durch den heißen Topfboden erfährt sie eine mittelbare Erwärmung. Das Berühren einer eingeschalteten Kochstelle, auf der kein Topf steht, ist also ungefährlich. Allerdings kann das Betriebsgeräusch von Lüfter (für die Leistungselektronik in der Herdplatte) und durch leichte Schwingungen des Kochtopfes lästig sein.

Es ist jedoch zu beachten, dass in der näheren Umgebung des Induktionsherds starke magnetische Felder existieren, was bei empfindlichen Geräten wie beispielsweise Herzschrittmachern zu Beeinträchtigungen der Funktion führen kann. Letztlich können durch das vergleichsweise starke magnetische Wechselfeld auch im menschlichen Organismus Wirbelströme induziert werden – wenn auch viel kleinere als im Boden des Kochtopfes. Dadurch kann sich Gewebe erwärmen und es ist – zumindest theoretisch – nicht auszuschließen, dass Zellen dadurch beeinflusst werden. Auf Grund der niedrigeren Frequenz ist die Absorbtion in menschlichem Gewebe jedoch wesentlich geringer als beispielsweise bei Mikrowellenstrahlung. Im Abschnitt *Warme Ohren* werden ab Seite 89 die REFLEX-Studie und deren Ergebnisse vorgestellt. – Es ist dabei jedoch unbedingt zu beachten, dass diese Studie *hoch*frequente Felder von Mobiltelefonen (1,8 GHz) als Untersuchungsgegenstand hatte und nicht *nieder*frequente Felder von Induktionsherden (30 kHz); eine direkte Übertragung der Ergebnisse also wissenschaftlich nicht haltbar ist.

Magnetische Felder

Generell gilt, ist der Herd ausgeschaltet, gibt es auch kein magnetisches Wechselfeld. Bei eingeschaltetem Herd konzentriert sich die meiste Energie des magnetischen Feldes auf den Boden des Kochtopfs, so dieser über einen geeigneten Boden verfügt!

Nur wenn bei eingeschaltetem Herd *kein* Topf auf der Herdplatte steht, verteilt sich das Feld um das Kochfeld. Die Abnahme der Feldstärke ist dabei proportional zum Quadrat der Entfernung – einfacher ausgedrückt, viel Abstand hilft besonders viel. Moderne Herde schalten beim Entfernen des Topfes automatisch ab.

Netzgeräte – Strom für jeden Zweck

Bei den bislang betrachteten Beispielen für Elektrogeräte standen ausschließlich *große Verbraucher* im Mittelpunkt. Sie alle werden direkt mit der an den Klemmen der Steckdose anliegenden Wechselspannung von 230 V (Europa) oder 120 V (USA) betrieben.

Gerade elektronische Schaltungen benötigen jedoch eine weitaus niedrigere Betriebsspannung, ein direkter Anschluss an die Haushaltsspannung würde regelmäßig zur unmittelbaren Zerstörung führen. Zudem ist in der Regel eine Gleichspannungsversorgung erforderlich. Beispiele für entsprechende Geräte sind Computer ebenso wie Radios, Uhrenwecker, Hifi-Anlagen, Telefone und elektrische Zahnbürsten.

Dabei fallen zwei, sich überschneidende Gruppen von Geräten in dieser Aufzählung auf: zum einen diejenigen, die auch drahtlos – also mit einer gegebenenfalls wiederaufladbaren Batterie – betrieben werden können, und auf der anderen Seite jene, die elektronische Komponenten beinhalten. Hier wird die Funktion des Netzgeräts besonders augenscheinlich: Es formt die gefährlich hohe Wechselspannung in eine niedrigere Gleichspannung um – sei es zum Aufladen von Batterien oder dem Betrieb elektronischer Schaltungen.

Bei einigen der oben genannten Geräte ist das Netzteil ausgelagert und befindet sich in einem separaten Gehäuse, meist direkt mit dem Anschlussstecker für die Haushaltssteckdose versehen – das *Steckernetzteil*. Es erlaubt die sichere und auch räumliche Trennung von Hochspannung und Niederspannung, was unter anderem bedingt, dass das Anschlusskabel zum Gerät nur noch eine Niederspannung führt und entsprechend geringeren Ansprüchen bezüglich der Isolierung genügen muss.

Andererseits befindet sich in den seltensten Fällen ein Ein- und Ausschalter im Steckernetzteil. Das führt dazu, dass auch bei ausgeschaltetem Gerät das Steckernetzteil immer eingeschaltet ist. Hier muss klar zwischen dem Nutzen – beispielsweise dem sporadischen Aufladen der Batterie eines drahtlosen Telefons oder einer elektrischen Zahnbürste – und dem permanenten Energiebedarf differenziert werden. Bereits wenig mehr als 1 W Leistungsaufnahme summieren sich zu einem jährlichen Energiebedarf von 10 kWh. Bei einer Hand voll kleiner Steckernetzteile kommen so schnell einige Hundert Kilowattstunden jährlich zusammen. Anstelle eines kontinuierlichen Betriebs ist das zeitlich begrenzte Aufladen – in der Regel nur wenige Stunden pro Woche – also durchaus in Erwägung zu ziehen. Anders verhält es sich mit tatsächlich dauernd zu betreibenden Geräten wie beispielsweise einer Telefonanlage oder einem Faxgerät. Hier ist ein Abschalten nur in wenigen Fällen zweckmäßig.

Und in noch einer weiteren Kategorie von Geräten spielt das Konzept des *always on* eine wichtige Rolle: Ob Fernseher, Videorekorder, DVD-Player oder Hifi-Anlage, alle verfügen über eine Fernbedienung – nicht nur für die Wahl des Programms und der Lautstärke, sondern auch zum Ein- und Ausschalten.

Bild 14 Steckernetzteil (Quelle: Thomas Schichel).

Zum Ausschalten? – Nicht wirklich! Denn ansonsten wäre ein Einschalten über die Fernbedienung nicht mehr möglich. Alle entsprechenden Geräte bleiben also permanent eingeschaltet, lediglich einige Komponenten werden intern abgeschaltet. Dies führt je nach Art der Optimierung – Aufwand aus Herstellersicht beziehungsweise Energiebedarf im Ruhezustand aus Konsumentensicht – zu einem Ruhebedarf von 1–10 W. Pro Gerät! Spätestens jetzt lässt sich erahnen, dass eine Steckdosenleiste mit integriertem Schalter eine überaus lohnende Investition darstellt.

Volkswirtschaftlich betrachtet sind die Zahlen noch beeindruckender. Die Gesellschaft für Unterhaltungs- und Kommunikationselektronik (GfU) rechnet mit insgesamt 55 Millionen Fernsehgeräten in deutschen Haushalten. Bei einem konservativ geschätzten Ruhebedarf von durchschnittlich 5 W sind dafür jährlich 2,4 Mrd. kWh Elektrizität bereitzustellen. Werden außerdem noch Hifi-Anlagen, Videorekorder, DVD-Player, Ladestationen für Mobiltelefone und dergleichen mit berücksichtigt, so sind allein in Deutschland zwei Großkraftwerke erforderlich, um die 17 Mrd. kWh[7] für den Stand-by-Betrieb aller dieser Geräte bereitzustellen. Dass es auch anders geht, zeigen getaktete Netzgeräte mit einem Ruhebedarf im Milliwatt-Bereich. Obwohl sie längst Stand der Technik sind, haben sie bei weitem noch nicht überall Einzug gehalten. Die Internationale Energieagentur IEA rechnet, dass 5–10 % des Elektrizitätsbedarfs in privaten Haushalten

7) Umweltbundesamt (UBA), Wie private Haushalte die Umwelt nutzen – höherer Energieverbrauch trotz Effizienzsteigerungen, 2006.

der westlichen Welt auf das Konto von bis zu 20 verschiedenen Geräten (pro Haushalt!) mit Stand-by-Funktion geht. Hinzu kommen zahllose Geräte in Büros und Industrie. Daher schlug die IEA bereits 1999 vor, die Ruheleistung für den Stand-by-Betrieb grundsätzlich auf 1 W zu begrenzen.[8]

8) Mehr als Sonne, Wind und Wasser – Energie für eine neue Ära, Ch. Synwoldt, Wiley-VCH, 2008.

Telefon, die Erste – das normale Telefon

Die Erfindung des Telefons hat wie kaum eine andere die Wahrnehmung unserer Umgebung verändert. Solange Entfernungen stets nur physisch überwunden werden konnten, war auch das Übersenden von Nachrichten ein zeitraubendes Unterfangen. Der Transport eines Briefes oder die mündliche Übermittlung konnte immer nur mit dem Reisetempo einer Postkutsche, bestenfalls einer Reiterstafette erfolgen. So erkannten bereits die Herrscher des Römischen Imperiums die strategische Bedeutung eines wohl organisierten Nachrichtenwesens und bauten – nicht nur für den Warentransport und Truppenbewegungen – systematisch ein Fernstraßennetz aus. Damit rückten auch die weit entfernten Provinzen ein Stück dichter an die politische Zentralgewalt in Rom.

Das Telefon sowie sein Vorläufer, die Telegrafie, ließ nun erstmals die Überwindung größerer Entfernungen ohne einen physischen Transport zu: Optische Signalverbindungen – dazu zählen neben Rauchzeichen und Fackelsignalen auch Flügeltelegrafen – waren schon seit der Antike bekannt, konnten aber nur entlang festgelegter Routen Botschaften übermitteln. Einzelnen Zeichen wurde eine zuvor festgelegte Bedeutung zugeordnet. Diese Art der Übermittlung weist bereits Merkmale – wie beispielsweise die *Codierung* von Inhalten – von neuzeitlichen digitalen Übertragungssystemen auf, doch dazu später mehr.

Grundsätzlich waren diese Kommunikationseinrichtungen jedoch nur wenigen Personen, in Preußen ausschließlich militärischen und staatlichen Stellen, vorbehalten. Die Art der Nachrichtenübermittlung durch zuvor festgelegte Signale ließ zudem keinen freien Dialog im Sinne eines Gesprächs zu. Immerhin erreichte die Übertragungsgeschwindigkeit längs der Kette von Telegrafenstationen beachtliche Werte. Auf der rund 550 km langen optischen Telegrafenlinie Berlin-

Koblenz wurde um 1860 ein einfaches Signal bereits nach wenigen Minuten am anderen Ende empfangen – ein ansehnlicher Fortschritt gegenüber Reisezeiten von ein bis zwei Wochen! Bereits zur Mitte des 18. Jahrhunderts waren elektrische Telegrafiesysteme und auch Übertragungsverfahren wie der Morsecode, der nun auch eine Übertragung freier Texte zuließ, bekannt. Diese Netze wurden ab der zweiten Hälfte des 19. Jahrhundertes – zusammen mit dem Aufbau der Eisenbahnnetze – systematisch und über Kontinente hinweg ausgebaut. Führte bereits die Reisegeschwindigkeit der Eisenbahn zu einer beträchtlichen Verringerung des Zeitaufwandes für die Überwindung von längeren Distanzen, so ermöglichte die Telegrafie erstmals eine Übertragung von Telegrammen im modernen Stil.

Zum Ende des 19. Jahrhunderts kommen schließlich die ersten Telefone auf. Anders als für die Interpretation der Signale des optischen Flügeltelegrafen oder des Morsecodes der elektrischen Telegrafie sind nunmehr keine Spezialkenntnisse erforderlich, es kann ohne technische Umwege direkt kommuniziert werden. Auch ist im Gegensatz zu Sprechrohrleitungen, wie sie beispielsweise zwischen Maschinenraum und Kommandobrücke eines Schiffs eingesetzt werden, die Überwindung größerer Distanzen möglich. Dafür wird beim Telefon ein akustisches Signal zunächst in ein elektrisches Signal umgewandelt. Am Ende des elektrischen Übertragungswegs – drahtgebunden oder per Funk, inzwischen auch mittels optischer Übertragung über Lichtwellenleiter – erfolgt die Rückwandlung in ein akustisches Signal. Damit kann mit Gesprächspartnern an jedem Ort auf der Erde praktisch wie mit dem Gegenüber gesprochen werden.

Sprache wird elektrisch

Eine der wichtigsten Voraussetzungen für die Telefonie ist das Umsetzen des akustischen Signals vom Sprecher in ein elektrisches Signal – und der Rückwandlung in ein akustisches Signal am Ende des Übertragungswegs beim Gesprächspartner. Dazu werden jeweils ein Mikrofon und ein Lautsprecher benötigt. Das Mikrofon erzeugt aus dem akustischen Signal eine elektrische Schwingung, die im Lautsprecher der Gegenstelle wieder hörbar gemacht wird. Je nach Verbindungslänge und Übertragungsmedium kann es erforderlich sein, dass das Signal längs des Leitungswegs verstärkt werden muss. Wenn es dabei zu spürbaren Signallaufzeiten und in der Folge zu Leitungsechos kommt, so sind dafür weniger die eigentliche Übertragungsgeschwindigkeit als viel mehr die notwendigen Verstärker entlang des Signalwegs verantwortlich.

Das Übertragungsverhalten ist – gerade auch aus Wirtschaftlichkeitserwägungen – für den Bereich der typischen Sprachfrequenzen der menschlichen Stimme (300 Hz bis 3.400 Hz) optimiert. Gesang oder Musik, insbesondere hohe Töne, werden mehr oder weniger stark verzerrt.

Der Anschluss konventioneller Telefone erfolgt mit einer einfachen Zwei-Drahtleitung, die die Sprachsignale – in beiden Richtungen! – überträgt und zudem auch für die Stromversorgung des Apparats sorgt. In Deutschland erfolgt der Anschluss meist über TAE-Steckverbinder, in weiten Teilen der Welt über die amerikanische Steckernorm (Western-Stecker, RJ11). Im *Special: Stecker* findet sich ab Seite 199 ein eigener Abschnitt zum Thema *Telefonie* und gibt einen Überblick über diese und weitere Telefonstecker.

Auch die Datenübertragung erfolgte zunächst auf derselben Basis: Die zu übertragenden Daten werden durch akustische Signale mit unterschiedlicher Tonhöhe (*Frequenz*) zwischen entsprechend ausgerüsteten Geräten ausgetauscht. Für den Aufbau einer Verbindung wird dasselbe Wahlverfahren genutzt wie für die übliche Sprachtelefonie. Das Thema Datentransfer über Telefonverbindungen wird im Abschnitt *Fax und Modem* weiter unten noch vertieft.

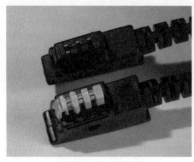

Bild 15 Telefonstecker; TAE (links) und RJ11 (rechts);
(Quelle: Thomas Schichel).

Wie kommt die Verbindung zu Stande?

War die Anzahl der Telefonanschlüsse am Beginn des 20. Jahrhunderts noch sehr begrenzt, so reichte zunächst eine manuelle Vermittlung der Gespräche aus. Über eine kleine Kurbel wurde dem »Fräulein vom Amt« ein Gesprächswunsch signalisiert. Die gewünschte Rufnummer wurde zunächst verbal geäußert. Durch das Stöpseln von Kabeln stellte die Telefonistin dann eine direkte Verbindung zwischen den Gesprächspartnern her. Prinzipiell war damit der Kreis der Gesprächsteilnehmer auf die von diesem Anschlussschrank bedienten *Teilnehmer* – die fachsprachlich verwendete Bezeichnung für Nutzer eines Kommunikationsdienstes – begrenzt. Erst nach und nach wuchsen die einzelnen Ortsnetze zu einem landesweiten Fernsprechnetz und schließlich einem länderübergreifenden Interkontinentalnetz zusammen.

Einhergehend mit der rasanten Zunahme der Teilnehmeranschlüsse wurden bereits 1908, keine 30 Jahre nach dem Aufbau erster Fernsprechnetze im Deutschen Reich, auch erste automatische Vermittlungen in Betrieb genommen. Zu diesem Zeitpunkt existierten im Ortsnetz von Berlin bei rund zwei Millionen Einwohnern bereits 100.000 Anschlüsse! Dennoch wurde erst knapp 80 Jahre später die letzte Handvermittlung in Deutschland außer Betrieb genommen.

Damit ein Selbstwählbetrieb zu Stande kommen konnte, war zunächst eine wichtige Vorraussetzung zu erfüllen: Die Telefone mussten mit einer Wähleinrichtung, zunächst einer Wählscheibe, später meist mit einem Tastenwahlblock, ausgerüstet werden! Doch wie kommt die Verbindung zwischen den Gesprächspartnern zu Stande?

Am anschaulichsten kann dies mit dem über Jahrzehnte gebräuchlichen Impulswahlverfahren (IWV) beschrieben werden. Durch das Abheben des Hörers von der Gabel wird zunächst eine Verbindung zur Vermittlungsstelle aufgebaut – erkennbar daran, dass das Freizeichen ertönt. Nun kann mit der Nummernscheibe eine Ziffer vorgewählt werden. Beim selbsttätigen Zurückdrehen der Wählscheibe wird dann eine der gewählten Ziffer entsprechende Anzahl von Impulsen zur Vermittlungsstelle (bei der Ziffer 0 sind es 10 Impulse) übertragen. Kurze Pausen zwischen den einzelnen Impulsfolgen signalisieren der Vermittlungsstelle den Beginn einer neuen Ziffer. Diese Wählimpulse steuern in der Vermittlungsstelle die automatischen Wähler (Schrittschaltwähler) an.

Beginnt die Impulsfolge mit der Ziffer o (Terminus technicus: *Verkehrsausscheidungsziffer*), handelt es sich um eine Vorwahl für ein Ortsnetz oder – bei zwei führenden Nullen – die Vorwahl für ein ausländisches Netz. Über die Vorwahlziffern werden in hierarchischer Folge das Landesnetz und anschließend die Ortsnetzvorwahl vorgenommen. Die Einleitung der Vorwahl entspricht in den meisten Ländern diesem Muster. Eine Ausnahme von dieser Regel stellen die USA dar: ein Ferngespräch aus den USA ins Ausland wird mit der Ziffernfolge 011 eingeleitet. Für ein Gespräch aus den USA nach Deutschland muss daher nicht mit der Ziffernfolge 0049, sondern mit 01149 begonnen werden.

Tabelle 1 Wichtige Ländervorwahlen (aus Deutschland).

Land	Vorwahl
Deutschland	0049
Österreich	0043
Schweiz	0041
Italien	0039
Frankreich	0033
USA	001

Ist die erste gewählte Ziffer *keine* Null, so handelt es sich per Definition um eine Rufnummer im selben Ortsnetz. In einigen Ländern, darunter Frankreich, Italien und die Schweiz, ist abgesehen von Sonderrufnummern wie beispielsweise für Notrufzwecke generell – also auch bei Gesprächen im selben Ortsnetz – die Ortsnetzvorwahl zu benutzen.

Das inländische Verbindungsnetz stellt die hierarchisch gegliederte Struktur zwischen den Ortsnetzen her. Innerhalb der Ortsnetzvorwahl findet sich diese Hierarchie von Vermittlungsstellen wieder.

Entsprechend dem Stand der Technik zum Zeitpunkt der Einführung waren zunächst alle Komponenten im Telefon wie auch in der Vermittlungsstelle mit elektromechanischen Bauteilen oder einfachen elektronischen Schaltungen realisiert. Ab den 1970er Jahren kamen in Deutschland Tastentelefone auf, die das schnellere Mehrfrequenzwahlverfahren (MFV) unterstützten. Anstelle einer Folge von Impulsen treten hier Signale unterschiedlicher Tonhöhe, die jeweils

Tabelle 2 Hierarchie der Ortsnetzvorwahl in der Gasse 05xx.

Geografischer Bereich	Ebene	Vorwahl
Niedersachsen	1	05
Nienburg, Wunstorf	2	050
Nienburg	3	0502
Nienburg (Stadt)	4	05021
Hannover, Hildesheim	2	051
Hannover (Stadt)	3	0511
Hildesheim (Stadt)	4	05121
Bielefeld	2	052
Bielefeld (Stadt)	3	0521
Braunschweig	2	053
Braunschweig (Stadt)	3	0531
Osnabrück	2	054
Göttingen	2	055
Göttingen (Stadt)	3	0551
Herzberg	3	0552
Holzminden	3	0553
Hannoversch Münden	3	0554
Northeim	3	0555
Northeim (Stadt)	4	05551
Einbeck	3	0556
Uslar	3	0557
Hochharz	3	0558
Südniedersachsen	3	0559
Kassel	2	056
Minden	2	057
Uelzen	2	058
Lingen/Ems	2	059

Exemplarische Auswahl, unvollständig
Ebene 1 Zentralvermittlungsstelle (ZVSt)
Ebene 2 Hauptvermittlungsstelle (HVSt)
Ebene 3 Knotenvermittlungsstelle (KVSt)
Ebene 4 Ortsvermittlungsstelle (OVSt)

durch eine Taste auf dem Tastenwahlblock des Telefons repräsentiert werden. Durch die breite Verfügbarkeit kostengünstiger elektronischer Schaltkreise, vor allem deren Vorteile für den Betrieb wie kleinere Abmessungen, geringerer Energiebedarf und vor allem die Wartungsfreiheit, wurden die Vermittlungsstellen nach und nach von den elektromechanischen Schrittschaltwerken auf Digitalelektronik umgestellt. Die eigentliche technische Revolution blieb den meisten Telefonbenutzern dabei verborgen. Mit der Einführung der digitalen

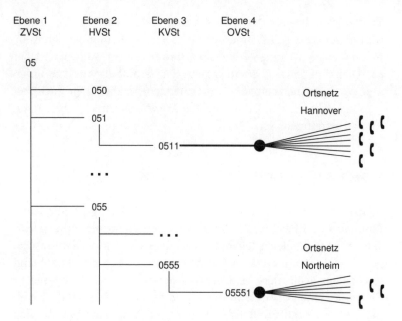

Ebene 1	Ebene 2	Ebene 3	Ebene 4
ZVSt	HVSt	KVSt	OVSt

Bild 16 Hierarchie der Vermittlungsstellen.

ISDN-Vermittlungstechnik in den 1980er Jahren wurde nun nicht mehr eine physische Verbindung zwischen den beiden Gesprächspartnern hergestellt, sondern eine Leitung kann für mehrere Gespräche gleichzeitig genutzt werden. Wie das funktioniert? – Der folgende Abschnitt gibt Auskunft.

Mit der Privatisierung der Telekom-Märkte etablierten sich ab 1999 auch in Deutschland private Netzbetreiber. Bis auf wenige Ausnahmen handelt es sich dabei um Verbindungsnetz-Betreiber, da sie nur in wenigen Fällen den Teilnehmern einen direkten Zugang im Ortsnetz bieten können; die »letzte Meile« wird im Wesentlichen von der Deutschen Telekom betrieben. Über spezielle Vorwahlnummern (010## und 0100##) vor der eigentlichen Länder- oder Ortsnetzvorwahl kann dennoch jedes einzelne Gespräch über ein beliebiges Verbindungsnetz der verschiedenen Betreiber geleitet werden (*Call-by-Call*) . *Least Cost Router* wählen anhand von hinterlegten Tariftabellen sogar automatisch das für die jeweilige Vorwahl zur aktuellen Tageszeit günstigste Netz aus. Sie sind häufig Bestandteil von Telefonanlagen – auch von einfacheren Modellen für den privaten Bedarf. Allerdings sei darauf hingewiesen, dass nur bei regelmäßiger Pflege der

Tariftabellen die erwarteten Einsparungen auch tatsächlich realisiert werden können: Auf Grund der Wettbewerbssituation variieren die Netzbetreiber in kurzen Intervallen ihre jeweiligen Angebote. Über das Dienstmerkmal *Preselection* kann der Verbindungsaufbau mit einem vom Ortsnetzbetreiber abweichenden Netzbetreiber auch fest voreingestellt werden. Die zusätzliche Vorwahlnummer entfällt dann für das betreffende Netz.

DECT, GAP und ISDN

Spätestens beim Blick in die Auslagen von Telefongeschäften oder Kaufhäusern für technische Artikel wird dem Betrachter schnell klar: Telefon ist nicht gleich Telefon. Neben dem konventionellen – analogen – Telefon zum direkten Anschluss an die Telefonsteckdose sind es vor allem schnurlose Modelle. Daneben finden sich, insbesondere für professionelle Zwecke in Büros und Firmen ISDN-Geräte mit einer großen Anzahl zusätzlicher Funktionen. Und dann sind da noch reihenweise Mobiltelefone (*Handy*), bei denen zahllose Zusatzfunktionen schon beinahe vergessen lassen, dass es sich hierbei um Geräte zum Telefonieren handelt. Aber immer der Reihe nach.

Herkömmliche Telefone besitzen eine selten als elegant empfundene Kabelverbindung zum häuslichen Telefonanschluss. Dieses Kabel ist nicht nur zur Übertragung der Gesprächsinformationen, sondern zu allererst einmal für die Energieversorgung des Telefons erforderlich! Dafür wird aus der Vermittlungsstelle eine Niederspannung (typisch: 12 V Gleichspannung) geliefert. Zur Signalisierung eines Anrufs wird der Versorgungsspannung ein 60 V Wechselspannungssignal überlagert – damit wurde in älteren Apparaten direkt die Klingel (fachsprachlich: *Wecker*) betrieben.

Bei mobilen Telefonen muss zwischen zwei Varianten unterschieden werden: Die eine Gruppe ist lediglich für den Einsatz in der näheren Umgebung der häuslichen Basisstation geeignet. Diese Basisstation stellt das Bindeglied zwischen dem drahtgebundenen Telefonnetz und einem Mobilteil her (DECT-Telefon, siehe weiter unten). Die Reichweite der Basisstation beträgt je nach Umgebung (freies Gelände oder innerhalb eines Hauses) einige 10 m bis maximal 300 m. Dem gegenüber stehen die »echten« Mobiltelefone, die über Funknetze mehr oder weniger weltweit genutzt werden können. Entsprechend dem technischen Standard ist hier auch von GSM-Telefonen die Rede; mehr dazu im Abschnitt *GSM und Co.* ab Seite 63. Bleiben wir zunächst beim Telefon für das häusliche Umfeld. Für die Realisierung eines schnurlosen Telefons ist also nicht allein eine drahtlose Verbindung – in der Regel per Funk – zur Übertragung der Gesprächsinformationen erforderlich, sondern auch ein lokaler Energiespeicher in Form eines Akkumulators. Um Letzteren immer wieder Aufladen zu können, aber auch für den Betrieb der Basisstation, ist eine zusätzliche Stromversorgung erforderlich (siehe auch *Netzgeräte – Strom für jeden Zweck*, ab Seite 29).

In den 1980er Jahren wurde für die Funkverbindung zunächst ein analoges Übertragungsverfahren gewählt. In der Basisstation werden die über das Telefonnetz empfangenen Gesprächsinformationen zur Modulation einer Radiowelle herangezogen – und im Mobilteil wieder zurückgewandelt. Dabei handelt es sich um dieselbe Technik im Kleinen, die auch für UKW-Radiosender und den Rundfunkempfang benutzt wird. Um eine Beeinträchtigung von Radio- oder Fernsehempfang auszuschließen, wurden Sendefrequenzen weit außerhalb der für die Rundfunkübertragung üblichen Bereiche festgelegt.

Der wesentliche Unterschied zwischen Rundfunk und Telefonie: Beim schnurlosen Telefon ist das Mobilteil gleichermaßen Empfänger wie auch Sender, denn es wird ja nicht nur dem Gesprächspartner zugehört, sondern es soll auch selber gesprochen werden können. Genauso wie die Worte des Gesprächspartners über die Basisstation per Funkverbindung zum Lautsprecher am Mobilteil gelangen, soll auch das eigene Sprachsignal aus dem Mikrofon seinen Weg über eine Funkverbindung zur Basisstation und von dort weiter über das Telefonnetz nehmen. Daraus folgt unmittelbar, dass auch die Basisstation über Sende- und Empfangsteile verfügen muss.

Die Funkübertragung ist jedoch nicht ganz unproblematisch: Anders als beim Rundfunk mit einer begrenzten Anzahl von Sendern innerhalb eines Gebietes kann es – trotz der begrenzten Reichweite der kleinen Sende- und Empfangsteile – auf Grund der begrenzten Anzahl von Funkkanälen zu einer Überlagerung kommen, beispielsweise wenn in mehreren Wohnungen eines Hauses derartige Geräte betrieben werden. Im ungünstigsten Fall klingelt dann das eigene Telefon, wenn der Nachbar gerade ein Gespräch empfängt oder es werden abgehende Gespräche über eine »fremde« Basisstation und somit auch auf Kosten der Nachbarn geführt. Sogar ein unbeabsichtigtes

Mithören von Gesprächen ist nicht ausgeschlossen. Bei Geräten der ersten Generation wurde zudem häufig die Übertragungsqualität bemängelt, die Sprachverständlichkeit war durch Verzerrungen und Rauschen beeinträchtigt. Anders als in Deutschland waren und sind schnurlose Telefone mit Analogübertragung insbesondere in den USA noch weit verbreitet.

Basierend auf den vorgenannten Erfahrungen wurde in Europa seit 1992 das DECT-Verfahren (*Digital Enhanced Cordless Telecommunications*, vormals *Digital European Cordless Telephony*) eingeführt und hat sich zu einem nahezu weltweiten Standard für schnurlose Telefonie etabliert. Entsprechend dem Namen handelt es sich dabei nicht mehr um ein analoges, sondern um ein digitales Übertragungsverfahren. Das klingt sehr kompliziert, ist dank moderner elektronischer Komponenten jedoch recht einfach und ohne großen Aufwand zu bewerkstelligen. Der wesentliche Unterschied zur analogen Übertragung: das Signal wird nicht in seiner ursprünglichen Form – zusammen mit allen längs des Übertragungswegs eingestreuten Störungen – übermittelt, sondern als Folge von diskreten Werten. Im ersten Schritt wird es dazu in zahlreiche Einzelwerte zerlegt. Entsprechend dem jeweiligen Signalpegel werden einzelne Messwerte festgehalten. Schließlich wird anstelle des analogen Signals (obere Zeile im Bild 17) eine Kette von Zahlenwerten (untere Zeile im Bild 17) übermittelt. Diese ist gegen äußere Störungen vergleichsweise unempfindlich – erst Einstreuungen, deren Stärke in derselben Größenordnung wie der Signalpegel liegt, führen zu Beeinträchtigungen. Im Empfangsteil wird schließlich in einem spiegelbildlichen Prozess aus der Zahlenkette wieder ein entsprechendes Signal zurück gewonnen. Am Anfang der Übertragung steht also eine Analog-zu-Digital-Wandlung und am Ende eine Digital-zu-Analog-Wandlung.

Damit wird eine deutlich höhere Störsicherheit gewährleistet, denn erst starke Störsignale können zu Übertragungsfehlern bei der Übermittlung der Zahlenkette führen. Mindestens ebenso wichtig sind jedoch die Möglichkeiten, zusätzlich zum Nutzsignal weitere Steuersignale zu übertragen, bereits belegte Funkkanäle gegen Doppelbelegung abzusichern oder auch das zu übertragende Signal durch geeignete Maßnahmen vor dem unbeabsichtigten Mithören zu schützen (Codierung/Dekodierung). Letzteres kann durch mehr oder weniger einfache mathematische Operationen erfolgen. So ist eine einfache Verschlüsselung bereits durch die Multiplikation einer Zufallszahl

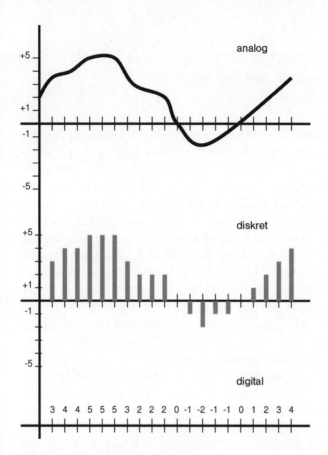

Bild 17 Digitalisierung eines Analogsignals.

mit jedem Wert der Zahlenkette möglich. Eine entsprechende Zufallszahl lässt sich beispielsweise aus der Uhrzeit zum Zeitpunkt des Gesprächbeginns generieren. Nun muss nur noch sichergestellt werden, dass Sender und Empfänger diese Zufallszahl kennen, damit die senderseitige Codierung durch den Empfänger wieder rückgängig gemacht werden kann (Dekodierung).

Als zusätzlicher Sicherheitsmechanismus dient beim DECT-Standard die automatische Anmeldung des Mobilteils an der Basisstation mit einem geheimen Code vor jedem Gesprächsaufbau.

Wie bei allen Sendeverfahren, die als Träger Funk nutzen, geht auch der Betrieb von DECT-Telefonen mit einer elektromagnetischen

| Aktuelle Uhrzeit | 16:45:12 |
| Zufallszahl | $1+6+4+5+1+2=19$ |

Bild 18 Beispiel für das Generieren einer Zufallszahl.

Belastung der Umgebung einher. Zwar ist die Sendeleistung – und damit auch die Reichweite – begrenzt, jedoch täuschen die im üblichen Messverfahren gewonnenen Werte über die realen Verhältnisse ein wenig hinweg. Auf Grund des für DECT festgelegten Sendeverfahrens zwischen Basis und Mobilteil senden beide Geräte jeweils für kurze Zeitintervalle mit hoher Leistung – über einen gewissen Zeitraum betrachtet, kommt so ein deutlich geringerer Mittelwert zu Stande. Dies täuscht über die hohe Spitzenbelastung mit Elektrosmog hinweg. Problematisch erscheint dabei, dass auch im Stand-by, also ohne aktives Gespräch, Mobilteil und Basisstation Informationen austauschen. Selbst wenn sich das Mobilteil zum Aufladen in der Basisstation befindet, werden weiterhin Daten gesendet. Vor diesem Hintergrund ist es empfehlenswert, Mobilteil und Ladeschale möglichst in 1–2 m Entfernung vom Kopfkissen, vom Fernsehsessel oder anderen beliebten Aufenthaltsorten zu platzieren.

Die von DECT-Telefonen ausgesandte elektromagnetische Strahlung kann noch an einer anderen Stelle zu unerwünschten Auswirkungen führen. In Haushalten mit Satelliten-Receivern für den Fernseh- und Radioempfang kann es bei einigen Sendern zu Bild- und Ton-Störungen kommen. Dies betrifft sowohl analoge wie auch digitale SAT-Receiver, da für die Verbindung zwischen Satellitenempfangsteil (LNB) und dem SAT-Receiver ähnliche Frequenzbereiche wie bei DECT genutzt werden. Hier helfen hochwertig abgeschirmte Antennenkabel für die Verbindung zwischen SAT-Receiver und dem Empfangsteil an der Satellitenschüssel und vor allem ein größerer Abstand zwischen den Komponenten der SAT-Anlage und des DECT-Telefons (Basisstation und Mobilteil). Genau wie zur Verringerung der elektromagnetischen Belastung des menschlichen Körpers hilft auch hier ein größerer Abstand, die Einstreuung auf ein deutlich geringes Niveau zu begrenzen.

Auch wenn die Hersteller schnurloser Telefone gerne jeden Kunden für sich alleine gewinnen, so wird durch den GAP-Standard (*Generic Access Profile*) ein allgemein-verbindliches und Hersteller-übergreifendes Übertragungsprotokoll definiert, dass den Betrieb der Mobilteile auch an Basisstationen anderer Hersteller erlaubt. Besondere Funktionen wie ein in der Basisstation integrierter Anrufbeantworter oder ein dort hinterlegtes Telefonbuch können jedoch in der Regel nur mit Mobilteilen desselben Herstellers genutzt werden.

Wie bereits weiter oben erwähnt, wurde seit Ende der 1980er Jahre mit der Digitalisierung der Vermittlungsstellen durch die seinerzeitige Deutsche Bundespost systematisch ein digitales Telefonsystem (ISDN, *Integrated Services Digital Network*) aufgebaut. Für die Telekommunikation bedeutete dies einen großen Schritt nach vorne, denn die bislang separaten Netze für Telefonie, Fernschreiber (Telex) und Datenübertragung (Datex-P, Datex-L) wurden nun durch eine einzige Infrastruktur zusammengefasst. Zunächst auf nationaler Ebene eingeführt, wurde der ursprüngliche Standard (1TR6, *nationales ISDN*) bereits wenig später durch ein europaweit gültiges Protokoll (DSS1, *Euro-ISDN*) ergänzt. Seit 1995 sind ISDN-Anschlüsse flächendeckend in Deutschland verfügbar. Inzwischen ist der nationale 1TR6-Standard nicht mehr im Gebrauch und wurde vollständig durch die europaweit gültige Norm DSS1 ersetzt. Darüber hinaus existieren noch weitere, zum europäischen System nicht kompatible ISDN-Standards so beispielsweise in den USA.

Ein wesentlicher Unterschied zwischen konventioneller analoger Telefonie und ISDN besteht in der digitalen Datenübertragung. Dies betrifft nicht nur die Informationen für den Verbindungsaufbau, sondern vor allem auch die Gesprächsinformationen. Daraus resultiert eine höhere Verbindungsqualität, die nicht mehr von der Leitungslänge abhängig ist. In der Folge fällt die Sprachverständlichkeit deutlich besser aus. Profitieren können davon auch die Nutzer analoger Telefonanschlüsse – denn lediglich der Anschluss zur Vermittlungsstelle ist noch in Analogtechnik ausgeführt.

Teilnehmern mit ISDN-Anschlüssen erlaubt das System zudem eine einfachere Datenübertragung, bei der auf Komponenten wie ein Modem (siehe Abschnitt *Fax und Modem*, ab Seite 49) verzichtet werden kann. Im Gegenzug werden jedoch entsprechende ISDN-Telefone benötigt, die die digitalen Daten wieder in akustische Signale verwandeln können, oder es ist eine ISDN-fähige Telefonanlage erforderlich, die den Anschluss herkömmlicher analoger Telefone erlaubt.

Die digitale Datenübertragung erlaubt überdies eine bessere Ausnutzung der verlegten Drähte. Was im ersten Augenblick kaum nachvollziehbar erscheint: Wird bei der analogen Telefonie je Gesprächs-verbindung ein Paar Kupferdrähte benötigt, sind beim ISDN-An-schluss *zwei* gleichzeitige und unabhängige Verbindungen an einem Anschluss – also über ein Adernpaar – möglich! So kann während ei-nes Telefonats ein Fax versandt oder eine Datenübertragung zwischen Computern durchgeführt werden. Ebenso können über einen An-schluss von zwei Telefonapparaten unabhängig voneinander Gesprä-che mit verschiedenen Partnern geführt werden. Doch wie soll das funktionieren? – Stark vereinfacht ausgedrückt, braucht jedes Kind zunächst einmal einen Namen, nur so kann es individuell angespro-chen werden – oder jedes Haus eine eindeutige Adresse, um bei-spielsweise die Post zustellen zu können. Genauso verhält es sich hier auch: jedes der Geräte an einem ISDN-Anschluss benötigt eine eige-ne Rufnummer. Entsprechend werden den gängigen ISDN-Basisan-schlüssen je nach Wunsch des Kunden 3–10 Mehrfachrufnummern (MSN, *Multiple Subscriber Number*) zugewiesen. *Mehrfach* bedeutet hier, dass sich hinter einem physischen Anschluss mehrere Telefo-niegeräte befinden können, die jeweils unter einer eigenen Rufnum-mer erreichbar sind.

Doch nun wird es langsam kompliziert: Woher kennt ein Telefon eigentlich die Rufnummer, unter der es erreichbar ist?

Je nach Art des Telefons hat die Inbetriebnahme ihre Tücken. Her-kömmliche analoge Telefone sind in dieser Hinsicht eindeutig am be-dienerfreundlichsten und müssen lediglich in die häusliche Telefon-steckdose gesteckt werden – damit sind sie unmittelbar betriebsbe-reit. Die Telefonnummer ist durch den physischen Anschluss an die Vermittlungsstelle im Sinne des Wortes »verdrahtet«: mit genau jener Rufnummer, die in der Vermittlungsstelle dem betreffenden Kabel-abgang zugeordnet ist.

Bei schnurlosen Telefonen (DECT) kann eine einfache Inbetrieb-nahmeprozedur erforderlich sein, um eine erste Verbindung zwi-schen Mobilteil und Basisstation aufzubauen; dafür ist in vielen Fäl-len an der Basisstation ein entsprechender Knopf zu betätigen.

Anders als bei analogen Telefonen, wo die Rufnummer durch den Anschluss in der Vermittlungsstelle fest verdrahtet ist, muss Geräten an einem ISDN-Anschluss zunächst eine individuelle Rufnummer (MSN) zugeordnet werden – schließlich lassen sich bis zu acht ver-schiedene ISDN-Geräte an einem ISDN-Basisanschluss betreiben. Gleiches gilt für ISDN-Telefonanlagen: Hier werden herkömmliche

Telefone, Faxgeräte und Anrufbeantworter angeschlossen, die den vom Netzbetreiber erhaltenen MSN zuzuweisen sind. In beiden Fällen bedeutet dies eine mehr oder minder aufwendige Programmierung entsprechender Parameter.

Bereits kostengünstige Telefonanlagen, die kaum größer als dieses Buch sind, erlauben eine Vielzahl an Komfortfunktionen, wie die Rufweiterleitung beispielsweise an ein Mobiltelefon, den Anschluss einer Türsprechstelle oder eine tageszeitlich variable Rufverteilung. Vier bis acht Anschlüsse für Telefone, Faxgeräte etc. sind für kleinere Büros schon vollkommen ausreichend – und der Traum eines Teenagers für die ungestörte Plauderei mit Freunden aus der elterlichen Wohnung. Auch wenn die weit reichende Verbreitung von Mobiltelefonen hier überlebensnotwendigen Bedürfnissen mehr als nur entgegenkommt ...

Wie nicht anders zu erwarten, hat die Fülle an Funktionalität jedoch auch ihre Schattenseiten. Ähnlich wie bei Mobiltelefonen, bei denen das Telefonieren neben der Beschäftigung mit MP3-Player, Internet-Browser, Spielen und Terminkalender immer mehr zur Nebensache degradiert wird, bleibt zuweilen die Bedienbarkeit auf der Strecke. So hat bereits bei kleinen Telefonanlagen die Konfiguration einen hohen Grad an Komplexität erreicht – nur gut, dass in aller Regel über eine entsprechende Konfigurations-Software das Ganze am PC vorgenommen werden kann. Die kleinen Displays von ISDN-Telefonen sind hier weit weniger komfortabel – glücklicherweise ist die Anzahl der zu tätigenden Einstellungen dafür in der Regel geringer.

Für den Anschluss von ISDN-Geräten ist noch eine weitere Besonderheit zu beachten. Am Übergabepunkt zwischen dem öffentlichen ISDN-Netz und der Installation innerhalb der Wohnung oder des Büros ist ein NTBA (*Network Termination for ISDN Basic Rate Access*, Netzterminator für den Basisanschluss) vorzusehen. Hier wird die externe Zweidraht-Leitung (U_{Ko}, von/zur Vermittlungsstelle) auf den vieradrigen internen S_o-Bus umgesetzt. Zusätzlich besteht durch einen Anschluss an die Stromversorgung die Möglichkeit, Geräte am internen Bus mit Energie zu versorgen. Anders als analoge Telefone benötigen ISDN-Geräte prinzipiell eine eigene Stromversorgung; nur für einen Notfallbetrieb werden sie aus der Vermittlungsstelle mit Energie gespeist.

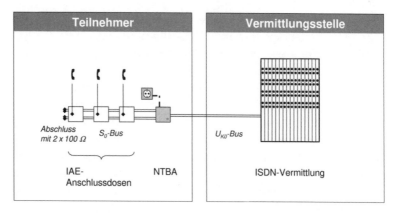

Bild 19 Anschlussschema für ISDN.

Ich bin's – das ISDN-Telefon und die MSN

Anders als beim »normalen« Telefon muss ein ISDN-Telefon oder eine ISDN-Telefonanlage mitgeteilt bekommen, auf welche Rufnummer(n) es bzw. sie zu reagieren hat. Dies geschieht am ISDN-Gerät über eine Menüsteuerung zur Konfiguration oder erfolgt über die Programmierung der ISDN-Telefonanlage.

Als besonderer Fallstrick erweist sich hierbei die Angabe der Rufnummer oder auch Rufnummern, unter der bzw. denen das einzelne Gerät später erreichbar sein soll. Prinzipiell sind MSNs *ohne* Ortsnetzkennzahl anzugeben, da die Vorwahlnummer beim physischen Anschluss automatisch von der Ortsvermittlungsstelle bezogen wird. Dennoch gibt es je nach Hersteller Abweichungen, so dass in einigen Fällen die Angabe aus Ortsnetzkennzahl + MSN bestehen muss.

Folgender Test liefert Aufschluss: Ist ein abgehender Ruf mit einem externen Partner – also nicht innerhalb der Telefonanlage oder am selben ISDN-Basisanschluss – möglich, so sind die Basiseinstellungen aller Voraussicht nach korrekt. Kann der eigene Anschluss jedoch von außen – beispielsweise einem Mobiltelefon – nicht erreicht werden, wurde die angerufene MSN im ISDN-Telefon oder der ISDN-Telefonanlage nicht korrekt definiert.

Bild 20 ISDN-Anschluss; IAE-Steckdose für S_o-Bus (links), NTBA (rechts); (Quelle: Thomas Schichel).

Fax und Modem

Wie bereits am Anfang dieses Kapitels ausgeführt wurde, dürfen die gesellschaftlichen Auswirkungen einer schnellen Nachrichtenübermittlung keinesfalls unterschätzt werden. In dem Maße, in dem die Geschwindigkeit für die Übermittlung von Mitteilungen zunimmt, verlieren physische Distanzen an Bedeutung. Elektrische Signale überwinden in Sekundenbruchteilen jede Entfernung auf der Erde – und reduzieren die *gefühlte* Entfernung auf ein Minimum. Selbst bis zum Mond benötigt ein Funksignal nur eine Sekunde, bis zur Sonne sind es immerhin schon achteinhalb Minuten.

Doch welche Möglichkeiten bestanden – von der Antike bis ins Mittelalter, ja selbst noch zu Beginn der Industrialisierung –, Nachrichten zu versenden? Über Jahrhunderte hinweg gab es kaum eine Alternative zum buchstäblichen »reitenden Boten«. Flügeltelegrafen, Rauch- und Lichtzeichen konnten nur einfache, zuvor fest verabredete Nachrichten übertragen. Somit lässt sich heute die Bedeutung kaum ermessen, als es technisch erstmals gelang, den Inhalt eines beliebigen Dokumentes über größere Entfernungen zu übermitteln, so dass beim Empfänger eine Abschrift des Originals vorliegt. Damit wäre bereits die Herkunft des Begriffs *Telefax* erklärt: Es wird ein Abbild eines Dokumentes übertragen – also an einem entfernten Ort eine Abschrift (Faksimile) angefertigt. Die deutsche Bezeichnung *Fernkopierer* beschreibt den Sachverhalt ebenso treffend.

Erste Versuche für eine solche Übertragung gehen bereits auf Arbeiten in der Mitte des 19. Jahrhunderts zurück, als erstmals in Schottland eine Bildübertragung gelang – sogar noch einige Jahre bevor die ersten Telegrafen von Amerika nach Europa gelangten. Um 1865 nahm die erste kommerzielle Bildtelegrafenlinie zwischen Paris und Lyon den Betrieb auf.

Die Entwicklung des modernen Telefax begann in Japan – und das aus gutem Grund: Die japanischen *Kanji* verfügen über etwa 50.000 Schriftzeichen, viel zu viele, als dass eine sinnvolle Übertragung mit dem nur rund 60 Buchstabencodes umfassenden Zeichensatz des seinerzeit weltweit gebräuchlichen Telex-Systems möglich gewesen wäre. Auch die Tatsache, dass selbst gebildete Japaner kaum mehr als 5.000 Zeichen beherrschen und die allgemeine Schulbildung nur knapp 2.000 Schriftzeichen umfasst, ändert an diesem Umstand wenig. Der entscheidende Pluspunkt beim Telefax ist das

Übertragen einer grafischen Kopie des Originaldokuments: Es werden keine formalen Textzeichen übertragen, aus denen beim Empfänger wieder ein Dokument zusammengestellt wird, sondern lediglich Informationen, ob ein bestimmter Punkt auf der Vorlage schwarz oder weiß ist – das genaue Prinzip wird weiter unten erläutert. Damit eignet sich das Telefax nicht nur für das Senden von Texten, sondern zur Übertragung beliebiger Inhalte, also auch von Grafiken und Bildern.

Seit 20 Jahren sind Faxgeräte praktisch aus keinem Büro mehr wegzudenken. Das Versenden von Nachrichten, Bestellungen und Papieren aller Art dauert nur noch wenige Sekunden pro Seite – unabhängig ob das Ziel im Nachbarbüro oder auf einem anderen Kontinent liegt. Auch der Kostenaspekt steht dabei im Raum: Selbst eine 3-minütige Fernverbindung, ausreichend für das Übermitteln von mindestens fünf DIN-A4-Seiten, verursacht im Vergleich mit dem ansonsten erforderlichen Briefporto nur einen Bruchteil an Telefongebühren – zusätzlich zum Zeitvorteil. Durch die weite Verbreitung von E-Mails ist die Bedeutung des Telefax inzwischen rückläufig. Prinzipiell haben jedoch beide Technologien ihre Domäne: Manuell zu bearbeitende Dokumente wie Bestellformulare oder bereits auf Papier vorliegende Zeitschriftenartikel können sehr einfach per Fax versandt werden. Handelt es sich hingegen um Dokumente, die am PC erstellt werden, ist der Umweg über das Papier unnötig, der Versand erfolgt im Anhang einer E-Mail. Diese Art der Übertragung profitiert – gerade für umfangreichere Dokumente – insbesondere von der in der Regel deutlich höheren Übertragungsgeschwindigkeit für Daten im Internet gegenüber dem Fax-Versand über das Telefonnetz. Letzteres gilt auch für eine Rechner-gestützte Fax-Software, die das Komfortargument zu Gunsten der E-Mail ansonsten aufwiegen würde.

Interessanterweise war gerade während der Einführung der Fax-Technik in Europa zunächst ein deutliches Gefälle bei der Geschwindigkeit der Verbreitung festzustellen – ganz offensichtlich war der Bedarf in Regionen mit unregelmäßiger Postzustellung höher.

Telex – ein naher Verwandter vom Telefax

Technisch ähnelt das Telex seinem Vorläufer, dem Morse-Apparat. Die Inhalte werden beim Telex jedoch im Klartext übermittelt und sind damit unmittelbar lesbar. Der Ausdruck der übermittelten Nachrichten erfolgt entweder auf einen Papierstreifen von der Endlosrolle – ähnlich wie beim Morse-Apparat – oder auf Papierblätter.

Anders als beim Telefax, wo die Kopie eines Dokumentes übertragen wird, ist das Fernschreiben (Telex) zunächst auf einer Konsole ähnlich einer Schreibmaschine zu erfassen. Die Übertragung kann aus Sicherheitserwägungen gegebenenfalls verschlüsselt erfolgen. Die Sendegeschwindigkeit von weniger als 10 Textzeichen pro Sekunde liegt im Bereich der Schreibleistung geübter Typisten und setzt der Übermittlung umfangreicherer Dokumente Grenzen.

Für administrative, militärische und auch kommerzielle Zwecke wurden ab den 1930er Jahren zahlreiche separate Netze für den Fernschreibdienst (Telex) aufgebaut. Teilweise existieren sie bis in die jüngste Vergangenheit. Ab 1970 wurde der Fernschreiber zunehmend von Fernkopierern (Telefax) verdrängt, dennoch ist die antiquiert anmutende Technologie in einigen sicherheitsrelevanten Bereichen wie beispielsweise der Flugsicherung auch heute noch im Einsatz.

Ein wichtiger Unterschied zwischen den ungleichen Brüdern: Fernschreiber benötigen eigene Netze und spezielle Anschlüsse, während Telefaxgeräte an jeder Telefonsteckdose betrieben werden können.

Doch wie arbeitet ein Fax-Gerät? Wie kann – anstelle der Stimme des Gesprächspartners in einem Telefonat – an einer x-beliebigen Stelle auf der Welt ein Abbild, eine Kopie eines Dokumentes entstehen?

Bei den ersten Versuchen im 19. Jahrhundert wurde zunächst die Bildvorlage auf eine Metallwalze übertragen und von dieser abgetastet. In modernen Faxgeräten wird hingegen ein optisches Verfahren genutzt. Dazu werden auf einer mehr oder weniger grob gerasterten Ablichtung helle und dunkle Bildpunkte ermittelt und diese dann zeilenweise übertragen. Beim Empfänger werden daraus wieder zeilenweise Bilder gedruckt. Die grafische Auflösung beträgt zwischen 100–400 dpi; die Einheit *dpi* steht für *dots per inch* und besagt, dass pro Längeneinheit (hier: 1 inch = 25,4 mm) eine entsprechende Anzahl von Punkten grafisch aufgelöst und übertragen wird. Die feinste Auflösung entspricht damit in etwa der doppelten Stärke eines menschlichen Haares.

Die Übermittlung eines Faxes über das Telefonnetz unterscheidet sich kaum von der Sprachübertragung beim Telefonat. Nach Anwahl und Verbindungsaufbau mit einem anderen Faxgerät werden die Datenreihen aus hellen und dunklen Punkten des Bildes als Töne unterschiedlicher Tonhöhe übertragen, genau wie Gesprächsinformationen zwischen Personen. Beim Aufbau einer Faxverbindung ist eine Reihe unterschiedlicher Pfeiftöne zu hören. Sie lassen erahnen, wie die Faxübertragung stattfindet. Um eine unnötige akustische Be-

Dies ist ein Fax.

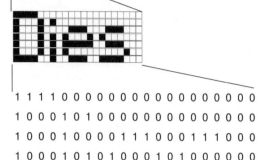

1 1 1 1 0 0 0 0 0 0 0 0 0 0 0 0 0 0 0 0

1 0 0 0 1 0 1 0 0 0 0 0 0 0 0 0 0 0 0 0

1 0 0 0 1 0 0 0 0 1 1 1 0 0 0 1 1 1 0 0 0

1 0 0 0 1 0 1 0 1 0 0 0 1 0 1 0 0 0 0 0 0

1 0 0 0 1 0 1 0 1 1 1 1 1 0 0 1 1 1 0 0 0

1 0 0 0 1 0 1 0 1 0 0 0 0 0 0 0 0 0 1 0 0

1 1 1 1 0 0 1 0 0 1 1 1 0 0 1 1 1 1 0 0 0

Bild 21 Datenaufbereitung für die Fax-Übertragung. Das zu sendende Dokument wird zeilenweise abgelichtet. Aus der Rasterung ergibt sich eine Abfolge heller und dunkler Bildpunkte, die zu Datenreihen aufbereitet und als Tonfolgen unterschiedlicher Tonhöhe übertragen werden.

lästigung zu vermeiden, ist der Lautsprecher des Faxgerätes während der Übertragung jedoch abgeschaltet.

Prinzipiell ist beim Faxversand auch eine Farbübertragung möglich – dafür muss jedoch sichergestellt sein, dass auch das empfangsseitige Gerät Farbfaxe verarbeiten kann. Auf Grund der größeren Datenmenge dauert das Senden eines Farbfaxes mit ca. zwei Minuten deutlich länger als bei einer schwarzweißen Seite (20–40 s). Damit eine Übertragung unabhängig von den beteiligten Geräten in jedem Fall funktioniert, handeln die Faxgeräte bereits beim Verbindungsaufbau automatisch aus, welche Art der Übertragung verwendet werden soll. Ist die Gegenstelle nicht in der Lage, farbige Vorlagen entgegenzunehmen, wird automatisch auf schwarzweiß umgeschaltet.

Fax und Telefon – und nur eine Steckdose

Telefaxe sind seit vielen Jahren nicht nur unverzichtbarer Bestandteil der Büroausstattung, sondern finden sich auch in immer mehr privaten Haushalten.

Kaum hat das gute Stück seinen Platz in der Nähe des heimischen Schreibtischs gefunden, stellt sich jedoch die bange Frage nach dem richtigen Anschluss an die Telefonsteckdose.

Wohl dem, der eine kleine Telefonanlage sein eigen nennt: Hier werden sich in praktisch jedem Fall separate Anschlüsse für Telefon und Fax finden lassen – dann bliebe nur noch das Problem mit dem Einrichten der Telefonanlage ...

Sollen Fax und Telefon jedoch direkt an nur einer einzigen Telefonsteckdose betrieben werden, so gibt es zwei Möglichkeiten: Im einfachsten Fall wird das Faxgerät in die Anschlussdose gesteckt und verfügt über eine eigene Anschlussbuchse für das Telefon. Wie so häufig steckt der Teufel jedoch im Detail – und deshalb hat das Telefonkabel typischerweise eine andere Steckernorm.

Damit kommt die zweite Lösungsvariante zum Zuge: Die bisherige Telefonsteckdose wird durch eine Mehrfachdose ausgetauscht, die gleichzeitig die Anschlüsse für Telefon und Fax beherbergt.

Doch wie wird in diesem Fall zwischen einem ankommenden Telefonat und einem ankommenden Fax unterschieden? Woher »weiß« das Faxgerät, dass es die Verbindung annehmen soll? – Die Lösung ist ganz einfach: Nach dem »Abheben« wird von der Gegenseite mehrmals ein Signalton gesandt, dies ist das Startsignal für den Faxempfang. Selbst wenn das vermeintliche Gespräch am Telefon entgegengenommen wird, reicht es in der Regel aus, den Telefonhörer wieder aufzulegen und die Taste für den Faxempfang zu betätigen.

Bild 22 Telefonsteckdosen; IAE-Dose für RJ45 (links), TAE (rechts); (Quelle: Thomas Schichel).

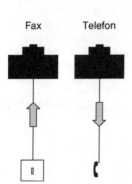

Fax   Telefon

Bild 23 RJ11 Anschlüsse am Faxgerät (Anschlüsse zum Durchschleifen der Telefonanschlussleitung durch das Faxgerät).

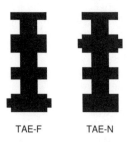

TAE-F   TAE-N

Bild 24 TAE-F und TAE-N Anschluss; links: Anschluss für
Telefon (TAE-F); rechts: Anschluss für Faxgerät, Modem
(TAE-N).

Um ein Vertauschen von Anschlüssen für Telefone (TAE-F) und alle anderen Endgeräte wie Fax, Modem oder Anrufbeantworter (TAE-N) zu vermeiden, besitzen die auf den ersten Blick sehr ähnlichen Stecker eine unterschiedliche Form, so dass eine mechanische Sperre den Zugang zur jeweils falschen Buchse blockiert.

Safety First

Aus Sicherheitserwägungen konnte es durchaus sinnvoll erscheinen, einen Boten die Nachricht auswendig lernen zu lassen. Kein Dokument konnte verloren gehen oder in die falschen Hände gelangen. Selbst im Fall einer gewaltsamen Erpressung war der Inhalt, war die Vertraulichkeit der Nachricht vergleichsweise gut geschützt: Wer – außer dem Boten und dem Absender – sollte die Richtigkeit der Antwort beurteilen können? Oder wurden Bote und Absender belauscht und Teile der Nachricht waren bereits bekannt? Ein weiterer wesentlicher Aspekt: weder Absender noch Empfänger mussten Lesen und Schreiben können. – Wenngleich sich derjenige, der einen Boten beauftragen und bezahlen konnte, in der Regel wohl auch einen Schreiber hielt.

In jedem Fall birgt die enge Verbindung zwischen Bote und Mitteilung Gefahren: Was passiert wenn der Bote Opfer eines Angriffs wird? Erreicht

er das Ziel nicht, geht die Nachricht aller Wahrscheinlichkeit nach verloren. – Bei der mündlichen Übermittlung steht also ganz klar das Vertrauen in Persönlichkeit und Fähigkeiten des Überbringers im Vordergrund.

Insbesondere für längere Nachrichten erweist sich die mündliche Überlieferung jedoch als problematisch. Kann sich der Bote den Inhalt merken? Vollständig und auch fehlerfrei? Hier hat die geschriebene Nachricht unbedingte Vorteile. Aber auch sie kann verloren gehen, abgefangen werden oder in falsche Hände gelangen und sogar manipuliert werden. Für den des Lesens unkundigen Boten handelt es sich lediglich um eine Rolle oder ein Paket, welches es zu befördern gilt – ein versehentliches oder beabsichtigtes Ausplaudern ist eher unwahrscheinlich. Auch lässt sich das Dokument, beispielsweise durch eine Reiterstaffel, weiterbefördern, während ein einzelner Reiter, selbst wenn er über die Möglichkeit verfügt, das Pferd zu wechseln, auch selber von Zeit zu Zeit Pausen einlegen muss.

Wäre es unter Umständen nicht vorteilhaft, das Dokument in einer stabilen Kiste, die mit einem sicheren Schloss bewehrt ist, zu transportieren? Je nach Ausführung (Stahlsafe!) ist es nur unter hohem materiellen Einsatz möglich, an das Dokument zu gelangen. – Andererseits erregt eine solch aufwändige Verpackung nicht unerhebliches Aufsehen. Gibt es vielleicht eine geeignete Tarnung, die dem Außenstehenden keinerlei Hinweis auf die brisante Mitteilung gibt?

Selbst wenn der erste Anschein kaum einen Bezug zu modernen Kommunikationsmedien liefert, so sind gerade im Zeitalter von Fax, E-Mail und Internet ganz ähnliche Sicherheitsrisiken zu betrachten – und höchst erstaunlicher Weise wird ihnen mit denselben Methoden begegnet, wie in früheren Jahrhunderten. Lediglich bei der Umsetzung bedient man sich zeitgemäßer Werkzeuge.

Aus innenpolitischen Sicherheitserwägungen sind die Betreiber von Telekommunikationsnetzen seit einigen Jahren verpflichtet, technische Einrichtungen zum »Anzapfen« von Leitungen – oder besser: zum Verfolgen von Datenströmen und Gesprächsinformationen – bereit zu halten. Auch wenn diese Maßnahmen eher im Nachhinein zum Verfolgen von Straftaten als im Vorfeld zum Aufdecken entsprechender Planungen ihre Schlagkraft unter Beweis stellen konnten, so stehen auch prominente Wirtschaftsspionageakte damit im Zusammenhang.

Bereits bei der Beschreibung einer Faxverbindung wurde deutlich, dass Telefonverbindungen sehr wohl für die Datenübertragung genutzt werden können. Was liegt also näher, als elektronische Datenverarbeitungssysteme auf diesem Weg miteinander zu verbinden. Damit Daten über Telefonverbindungen gesendet und empfangen werden können, ist eine Verbindung zwischen dem jeweiligen Rechner und dem Telefonnetz erforderlich. Dafür kommen zwei unterschiedliche technische Ansätze in Frage: Akustikkoppler und Modem.

Der offensichtliche Weg führt über den Akustikkoppler; er stellt eine direkte Verbindung zwischen Datenverarbeitungssystemen und Telefonhörer her. Daten werden – genau wie beim Fax – in akustische Tonfolgen umgesetzt, die dann in den Telefonhörer übertragen werden. Akustikkoppler haben daher die Form einer Ablageschale für den Telefonhörer und verfügen jeweils über ein Mikrofon – das dem Telefonlautsprecher gegenüberliegt – und einen Lautsprecher – in der Nähe der Sprechkapsel vom Telefonhörer. Das Empfangen und Senden von Daten erfolgt damit genau wie bei einem Telefonat und auch die Anwahl zur Gegenstelle wird wie gewohnt über das Telefon vorgenommen.

Bild 25 Akustikkoppler (Quelle: Fritz Mergenthaler, http://www.serv24.net).

Der zweite Ansatz ist technisch weniger aufwändig – nutzt er doch die Tatsache, dass die Daten auf dem Rechnersystem oder PC schon in elektronischer Form vorliegen und auch die Übertragung über das Telefonnetz durch elektrische Signale erfolgt. Über eine einfache elektronische Komponente – das Modem – werden Rechner und Telefonnetz miteinander verbunden. Das Modem wird über den Rechner angesteuert und verhält sich wie ein Telefon, das Verbindungen aufbauen und entgegennehmen kann. Daten werden ohne Umweg über Mikrofon und Lautsprecher unmittelbar als elektrisches Signal

Bild 26 Modem (verschiedene Bauformen).

auf die Telefonleitung gespielt. Dadurch entfällt der Zwischenschritt über akustische Signale, die zunächst über einen Lautsprecher in das Mikrofon des Telefons übertragen werden müssen.

Bei dem Begriff *Modem* handelt es sich um ein Kunstwort, das aus den Worten *Modulator* und *Demodulator* entstand. Er kennzeichnet die Funktion des Modems – ein (Daten-)Signal wird zur Übertragung auf einen Träger moduliert und empfangsseitig wieder demoduliert.

DSL

Der technischen Auslegung der Telefonnetze am Ende des 19. und zu Beginn des 20. Jahrhunderts waren umfangreiche Untersuchungen vorangegangen, in wie weit die Sprachverständlichkeit durch ein Begrenzen der Bandbreite, d. h. des zu übertragenden Frequenzspektrums, in Mitleidenschaft gezogen werden würde. Sowohl der Stand der Technik als auch wirtschaftliche Erwägungen machten dies erforderlich. Die bereits erwähnte Einschränkung auf den Grundtonbereich der menschlichen Stimme ist vor diesem Hintergrund unbedingt nachvollziehbar. Für die schnelle Übertragung großer Datenmengen ergeben sich daraus jedoch spürbare Limitierungen.

Durch die Beschränkung auf das Frequenzband von 300 Hz bis 3.400 Hz erreicht die mit einem Modem zu übertragende Datenrate selbst bei guter Leitungsqualität kaum mehr als 30.000 Bit/s (30 kBit/s). Auch die über ISDN zu erreichende Datenrate von 64 kBit/s beziehungsweise 128 kBit/s bei gleichzeitiger Nutzung beider Kanäle stellt keinen wirklichen Quantensprung dar. Die enorme Verbreitung des Internet – siehe auch Kapitel *Das Internet*, ab Seite 99 – und der damit einhergehende Bedarf nach leistungsfähigen Datenverbindungen hat die Entwicklung einer neuen Technologie beschleunigt, die seit den 1990er Jahren kommerziell genutzt wird.

Die Einführung von DSL (*Digital Subscriber Line*, digitaler Teilnehmeranschluss) erlaubt Datenraten von – theoretisch – über 200 MBit/s (200.000.000 Bit/s); derzeit verfügbar sind Anschlüsse bis zu 16 MBit/s. Tatsächlich verbirgt sich hinter der Bezeichnung *DSL* eine Vielzahl unterschiedlicher technischer Ansätze zur hochratigen Datenübertragung über bestehende Telefonanschlüsse. Je nach Anbieter kommen unterschiedliche Technologien zum Einsatz. Am weitesten verbreitet ist in Deutschland *ADSL*. Die Bezeichnung deutet auf eine *asynchrone* Aufteilung von Sende- und Empfangskanälen hin. Entsprechend dem Nutzungsverhalten der meisten (Privat-)Nutzer steht für den Datenempfang aus dem Internet eine deutlich größere Bandbreite zur Verfügung als für die Senderichtung. Für Firmenkunden und professionelle Nutzer gibt es auch Angebote, die eine *symmetrische* Aufteilung der Bandbreite für Sende- und Empfangsrichtung (SDSL) vorsehen. Seit Ende 2006 wird in einigen Städten auch der Standard VDSL2 angeboten. Hierbei werden Datenraten von bis zu 100 MBit/s – sowohl in Empfangs- als auch in Senderichtung – erreicht. Ein flächendeckender Ausbau ist derzeit nicht in Sicht.

Eines der wesentlichsten technischen Probleme ist die geringe Reichweite hochfrequenter Signale: Die Länge der Leitung darf nur wenige Kilometer betragen, sonst ist das Signal zu stark verrauscht. – Man erinnere sich an die im ersten Kapitel beschriebene Wirkung des elektrischen Widerstandes von Kabeln: Dasselbe Phänomen gilt auch für Signalleitungen! Schlimmer noch, das hochfrequente Datensignal muss nicht nur einen Gleichstromwiderstand überwinden, sondern zusätzlich auch einen mit der Frequenz steigenden Wechselstromwiderstand – und erfährt dadurch eine noch stärkere Dämpfung. Schließlich ist, nach einigen Kilometern Kabellänge, das Nutzsignal nicht mehr stärker als das allgemeine Rauschen. Vielen Anschlüssen in ländlichen Regionen steht daher nur eine deutlich reduzierte Datenrate von lediglich 386 kBit/s zur Verfügung. Ab einer Entfernung von mehr als 5–6 km zur nächsten Ortsvermittlungsstelle (Kabellänge, nicht Luftlinie) kann in der Regel kein DSL-Anschluss mehr bereitgestellt werden. Durch den Einsatz von SDSL-Verfahren wäre eine Erhöhung der Reichweite auf bis zu 8 km möglich, durch die parallele Nutzung zweier Leitungspaare sogar noch darüber. Dieses Verfahren wird zurzeit jedoch nur von einem kleineren Netzbetreiber angeboten, so dass an eine bundesweite Verfügbarkeit kaum zu denken ist. – Ganz anders stellt sich dagegen die Situation in der Schweiz dar, wo seit dem Jahr 2008 ein Breitband-Internetzugang mit 600 kBit/s in Empfangs- und 100 kBit/s in Senderichtung zum staatlichen Grundversorgungskatalog gehört; bereits vier Jahre zuvor erreichte die Netzabdeckung schon 98 % der Schweizer Bürger.

Als Alternativen sind drahtlose Übertragungstechnologien aus der Mobilfunktechnik (siehe Abschnitt *Das Internet wird mobil:*

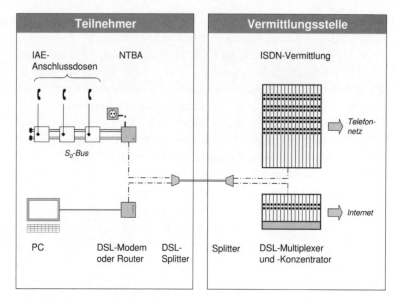

Bild 27 Anschlussschema für DSL.

EDGE, UMTS, HSDPA und WiMax) in Betracht zu ziehen. Es gibt – ähnlich wie für den Fernseh- und Rundfunkempfang – sogar Satellitenkanäle für den Datenempfang. Hier stellt sich allerdings das Problem, dass es keinen direkten Rückkanal gibt. Somit können Daten aus dem Internet zwar über eine hochratige Satellitenverbindung geladen werden, das Versenden von E-Mails, ja sogar jeder Klick auf einer Webseite muss jedoch über eine schmalbandige Telefonverbindung (ISDN oder Modem) erfolgen. Eine weitere Ausweichmöglich-

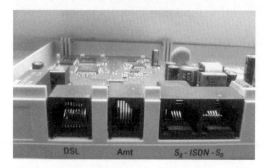

Bild 28 DSL-Splitter (geöffnet); (Quelle: Matthias Sebulke).

keit stellen regionale Anbieter dar, die lokal eng begrenzt per Richtfunk eine breitbandige Internetverbindung bereitstellen.

Dementsprechend ist in großstädtischen Ballungszentren längst eine flächendeckende Versorgung gegeben, während gerade in ländlichen Gebieten weiterhin etliche »weiße Flecken« auf der Landkarte existieren. Dies betrifft insbesondere die neuen Bundesländer, da dort großflächig neue Infrastrukturen mit Glasfaserverbindungen aufgebaut wurden. Inzwischen werden zumindest partiell auch parallel zu den Glasfasern Kupferkabel verlegt und lokale DSL-Zugangspunkte installiert.

Telefon, die Zweite – telefonieren mit dem Mobiltelefon

Telefonieren ohne Grenzen

Ließ bereits die Einführung des Telefons geografische Entfernungen beliebig zusammenschmelzen, so bedeutet das Aufkommen des Mobiltelefons eine neuerliche Revolution: Nach dem Überwinden räumlicher Distanzen steht nun die zeitlich unmittelbare Verbindung »mit der Welt« im Mittelpunkt. Denn bislang war der persönliche Aufenthaltsort wenigstens eines Gesprächspartners festgelegt auf jenen Punkt, an dem das Telefon mit der allen Gesprächspartnern bekannten Anschlussnummer physisch installiert war. Öffentliche Telefonzellen erlaubten – zumindest in urbanen Regionen – immerhin einem der Gesprächspartner eine gewisse räumliche Freiheit. Nur in wenigen Fällen können Gespräche an öffentlichen Fernsprechern entgegen genommen werden, und auch dies lediglich, wenn die Gesprächspartner zuvor eine strikte Verabredung bezüglich Zeit und Ort getroffen haben.

Beides, sowohl zeitliches als auch räumliches Zusammentreffen von Personen und dem jeweiligen bekannten oder verabredeten Telefonanschluss, wird durch die Mobiltelefonie überwunden: Nicht der Telefonanschluss bedingt die Erreichbarkeit, sondern ein flächendeckendes Mobilfunknetz, das sogar länderübergreifend die permanente Erreichbarkeit und das Führen von Gesprächen erlaubt. Nicht der Mensch geht zum nächsten Telefon, sondern das Telefon ist ständiger Begleiter des Menschen. Und, wie zu ergänzen ist, praktisch jedes Menschen: Die Bundesnetzagentur verzeichnet für das zweite Quartal 2008 über 103 Millionen Teilnehmer an Mobiltelefoniediensten in Deutschland – bei 82 Millionen Einwohnern. Die Umsätze der Betreiber von Mobilfunknetzen beliefen sich 2007 trotz rückläufiger Tendenz auf mehr als 20 Mrd. Euro[9].

Für die Realisierung der mobilen Telefonie müssen gleich eine ganze Anzahl technischer Herausforderungen gemeistert werden: Das Funknetz muss flächendeckend verfügbar sein, auch in weniger dicht besiedelten Regionen und unter widrigen topografischen Bedingungen wie der Funkabschattung durch Täler, Bergrücken und Bauwerke. Andererseits muss eine große Anzahl von Funkkanälen existieren, damit an belebten Punkten wie Bahnhöfen und in Innenstädten, auf Messeplätzen und Flughäfen eine hinreichende Anzahl gleichzeitiger Gespräche möglich ist. All dies wird erreicht, indem ein Netz aus separaten, mehr oder weniger großen Zellen aufgebaut wird. Ist ein großes Aufkommen an Gesprächen zu erwarten, sind die einzelnen Segmente nur wenige 100 m groß, anders in dünn besiedelten Bereichen, wo sich Funkzellen über mehr als 10 km ausdehnen können. Doch damit stellen sich unmittelbar neue Fragen: Wie wird eine bestimmte Rufnummer gefunden; in welcher Funkzelle befindet sich das entsprechende Mobiltelefon, wenn es gerade angerufen wird und die stolze Besitzerin (oder der nicht minder stolze Besitzer) den Anruf entgegennehmen soll? Wie wird ein Gespräch aufrechterhalten, wenn einer oder beide Gesprächspartner sich in einem fahrenden Zug oder einem anderen Fahrzeug befinden? Schließlich muss das Gespräch – ohne Unterbrechung! – an die benachbarte Funkzelle übertragen und dort weitergeführt werden können. Und auch eher unangenehme Themen wollen sorgsam erledigt werden: Wie wird sichergestellt, dass die Gesprächsgebühren dem jeweiligen Konto korrekt zugeordnet werden? Und damit die Mobilität nicht an der Grenze halt macht, sollen Gespräche auch im Ausland möglich sein.

Apropos Mobilität: damit das Mobiltelefon über hinreichende Zeiträume auf Empfang sein kann und das Führen von Gesprächen erlaubt, muss es über einen ausreichend dimensionierten Energiespeicher verfügen. – Dieser Massenmarkt hat denn auch wie kaum ein anderer zu einer stürmischen Entwicklungsphase bei Akkumulatoren beigetragen. Gerade das Führen von Gesprächen geht sehr zu Lasten der Akkulaufzeit. Schließlich muss in diesem Zustand ständig ein

---

9) Bundesnetzagentur, Tätigkeitsbericht 2006/2007 für den
Bereich Telekommunikation.

Signal gesendet werden, dass die nächste Funkantenne an der unter Umständen kilometerweit entfernten Basisstation erreicht.

Was ist ein Handy?

Interessanterweise ist der Begriff »Handy« keineswegs aus dem anglo-amerikanischen Wortschatz entlehnt: Mobiltelefone werden dort als *cellular phone* oder kurz *cell phone* bezeichnet. In diesem Begriff spiegelt sich die technische Infrastruktur – ein Telefonnetz, das aus zahlreichen Funkzellen besteht – wider.

Der Name Handy ist hingegen eine deutsche Wortkreation, ein – wenn auch viel benutztes – Kunstwort.

Frühere Mobilfunksysteme (A-, B- und C-Netz) basierten auf einer analogen Übertragungstechnik und verfügten nur über eine begrenzte Anzahl von Funkkanälen. Dadurch war prinzipbedingt die Zahl zeitgleicher Gespräche beschränkt. Es konnte also durchaus passieren, dass es für den Wählvorgang kein Freizeichen gab. Zum Jahreswechsel 2000/2001 wurde mit dem C-Netz das letzte analoge Mobilfunknetz in Deutschland außer Betrieb genommen.

Schließlich sei noch auf einen wichtigen Aspekt hingewiesen, der auch zur rasanten Verbreitung der Mobiltelefonie beigetragen hat. Gerade in dünn besiedelten Regionen sind die Kosten für einen physischen Telefonanschluss unverhältnismäßig hoch und keinesfalls durch den Preis gedeckt. Je nach Topografie kann der Abstand zwischen Teilnehmer und einem Funkmast der Basisstation jedoch bis zu 35 km betragen – damit lassen sich selbst weit abgelegene Siedlungen erreichen, nicht nur im hohen Norden Skandinaviens, sondern gerade auch in Entwicklungsländern. Andererseits stellt sich in einem solchen Szenario unmittelbar die Frage nach der Stromversorgung, denn ohne regelmäßiges Aufladen des Akkus, kann kein Mobiltelefon betrieben werden. Eine minimale Infrastruktur – und sei es nur ein für einige Stunden am Tag laufender Dieselgenerator, oder besser noch, eine photovoltaische Anlage – ist unerlässlich.

GSM und Co.

Bereits ab den 1980er Jahren wurde an der Spezifikation eines digitalen Mobilfunkstandards gearbeitet. Die von den europäischen Post- und Fernmeldeverwaltungen (CEPT, *Conférence Européenne des Administrations des Postes et des Télécommunications*) einberufene

Groupe Spécial Mobile war für den 1990 definierten Standard gleichzeitig Namenspatron: GSM. Inzwischen wird eine eher selbsterklärende Übersetzung des Akronyms verwendet – *Global System for Mobile Communications*. Die GSM-Technologie erlaubt eine Vielzahl an Funktionen auch jenseits der Telefonie. Neben dem Versand und Empfang von kurzen Textmitteilungen (SMS, *Short Message Service*) können beispielsweise auch Faxnachrichten übertragen werden. Viele Mobilfunk-Netzbetreiber bieten zudem die Möglichkeit E-Mails zu senden und zu empfangen. Im Abschnitt *Alles, außer Telefonieren: SMS, MMS, EMS, GPRS, MP3, E-Mail, WAP* wird auf die Möglichkeiten aktueller Mobiltelefone näher eingegangen, in *Das Internet wird mobil: EDGE, UMTS, HSDPA und WiMax* wird das Thema Datenübertragung über Mobilfunknetze eingehend behandelt.

Eine wichtige Funktion der GSM-Telefonie ist das *Roaming* (engl. herumwandern). Darunter wird der Übergang auf die Infrastruktur eines anderen Mobiltelefonie-Anbieters verstanden, wenn das Heimatnetz nicht verfügbar ist. Dies ist beispielsweise bei Reisen ins Ausland regelmäßig der Fall. Sowohl für die Weiterleitung von Gesprächen – ankommenden wie abgehenden – wie auch für die gegenseitige Abrechnung müssen dafür entsprechende Abkommen zwischen den Netzbetreibern existieren.

Damit wäre ein weltweiter Einsatz des deutschen Mobiltelefons möglich – immer vorausgesetzt, es existiert am betreffenden Aufenthaltsort ein Roaming-Partner des eigenen Netzbetreibers. Die weltweite Erreichbarkeit ist jedoch nur theoretisch gegeben, denn auch die technischen Randbedingungen müssen stimmen: ohne ein flächendeckendes GSM-Netz lässt sich auch im Ausland mit dem Mobiltelefon nur wenig anfangen. – Dies ist, wie wir noch genauer sehen werden, jedoch bisweilen der Fall. Zu viele inkompatible Technologien und Standards sorgen immer wieder für meist weniger erfreuliche Überraschungen – aber immer der Reihe nach.

Roaming und Netzabdeckung

Dass nur dort mobil telefoniert werden kann, wo Funkantennen eine Verbindung zum Netz des jeweiligen Anbieters herstellen, leuchtet ein. Dies ist jedoch keineswegs im Sinne des Wortes flächendeckend der Fall.

Gerade in der Fläche – den weniger dicht besiedelten, ländlichen Regionen – ist auch in Deutschland mit beträchtlichen Lücken zu rechnen. Die gilt insbesondere dann, wenn durch die Topografie des Geländes das Funksignal abgeschattet wird und zusätzliche Funkstationen erforderlich wären.

Gerade in grenznahen Regionen wird dieser Sachverhalt ungeniert ausgenutzt – durch die Betreiber des jeweiligen ausländischen Mobilfunknetzes jenseits der Grenze! Reißt die Verbindung des Mobiltelefons zum heimischen Netzanbieter ab, so wird automatisch und unbemerkt versucht, eine Verbindung zu einem anderen Mobilfunknetz herzustellen – was bei einem Grenzübertritt auch sehr wohl erwünscht wäre. Bei einer Fahrt durch grenznahe Mittelgebirge und alpine Landschaften kann dies jedoch praktisch in jedem Tal, hinter jedem Höhenzug passieren! Die Folge sind zusätzliche Gebühren in nicht unerheblicher Höhe, denn für ankommende wie abgehende Gespräche werden von den ausländischen Roaming-Partnern erkleckliche Gebühren berechnet. Es versteht sich von selbst, dass diese Einnahmequelle beiderseits der Grenzen genutzt wird.

Ausgehend von Europa hat sich GSM als der weltweit am häufigsten eingesetzte Standard für digitale Mobiltelefonie entwickelt. Als ein nicht zu unterschätzendes Hindernis erwies sich dabei die unterschiedliche Belegung von Sendefrequenzen in einzelnen Ländern: Die Vergabe von Frequenzen fällt in den Bereich staatlicher Hoheit und hängt auch eng mit technischen Aspekten wie Reichweiten zusammen. Da eine nachträgliche Umstellung bereits existierender Infrastrukturen nur mit erheblichen Anstrengungen zu bewältigen ist und bei den Nutzern kaum Akzeptanz findet, blieb nur der Ausweg auf jeweils freie – und somit unterschiedliche – Frequenzbänder auszuweichen. Der folgende Abschnitt *Dualband, Triband, Quadband* gewährt einen tieferen Einblick in die Materie.

Heute wird die GSM-Mobiltelefonie von rund zwei Milliarden Menschen in mehr als 200 Ländern weltweit eingesetzt. Zu den wenigen Ausnahmen zählen Südkorea und Japan. In Japan wird mit einem nationalen Standard (PDC, *Personal Digital Cellular*) gearbeitet, der sonst keinerlei Verbreitung gefunden hat. Dabei sollte indes nicht übersehen werden, dass allein der Inlandsmarkt mit mehr als 120 Millionen Einwohnern ausreicht, um PDC bei der Anzahl der Nutzer auf Platz 3 der Weltrangliste rangieren zu lassen.

Dennoch gibt es – trotz der weiten Verbreitung von GSM und dem für die Benutzer daraus resultierenden Komfort – noch eine ganze Reihe verschiedener Mobiltelefonie-Standards, digitale wie auch analoge. Zur ersten Gruppe gehören CDMA-Netze (*Code Division Multiple Access*, Codemultiplex) sowie deren inzwischen weniger gebräuchlicher Vorläufer TDMA (*Time Division Multiple Access*, Zeitmultiplex). Theoretisch bietet CDMA die Basis für eine noch etwas leistungs-

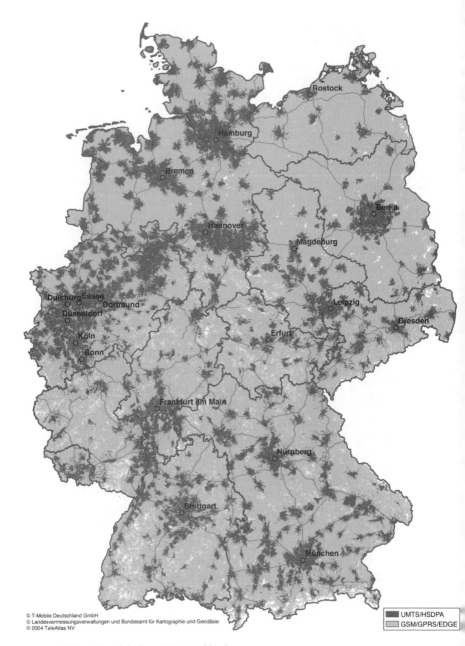

© T-Mobile Deutschland GmbH
© Landesvermessungsverwaltungen und Bundesamt für Kartographie und Geodäsie
© 2004 TeleAtlas NV

UMTS/HSDPA
GSM/GPRS/EDGE

Bild 29 Netzabdeckung in Deutschland.

fähigere Technik als GSM, doch hier zeigt sich ein entscheidender Vorteil der immensen Verbreitung von GSM: Einhergehend mit dem Marktvolumen schreitet die Weiterentwicklung von GSM-Geräten wie auch der durch die Netzbetreiber angebotenen Dienste mit weitaus größerem Tempo voran als bei CDMA. In verschiedenen Regionen, darunter Südkorea und auch etliche Länder in Nord- und Südamerika, wird daher neben dem dort verbreiteten CDMA-Standard inzwischen eine parallele GSM-Infrastruktur aufgebaut.

Erste digitale Telefonnetze waren nach dem TDMA-Standard aufgebaut worden. Sie bildeten lange Zeit den Kern der US-amerikanischen Mobilfunknetze. Heute werden sie vor allem durch die CDMA-Netze abgelöst – in Nordamerika eher kurzfristig, in anderen Teilen der Welt mit geringerer Geschwindigkeit. Ein auf TDMA beruhender Standard ist iDEN (*Integrated Dispatch Enhanced Network*). iDEN erweitert TDMA um einige Dienste, um beispielsweise SMS versenden zu können. Der proprietäre Standard kommt nur bei wenigen Netzbetreibern zum Einsatz.

Zur zweiten Gruppe, den analogen Übertragungsstandards, zählen AMPS (*Advanced Mobile Phone System*, fortschrittliches Mobiltelefon-System), dass in den 1980er Jahren in den USA eingeführt wurde, TACS (*Total Access Communication System*), das ab Mitte der 1980er Jahre in Europa aufgebaut wurde und auf AMPS basiert, sowie NMT (*Nordic Mobile Telephone*).

Bei AMPS zeigt sich einmal mehr, wie eine an sich naheliegende Namensgebung – im Zuge der technischen Weiterentwicklung verfügt ein neues System regelmäßig über Merkmale, die das Attribut *fortschrittlich* rechtfertigen – zwangsläufig auf längere Sicht zur Persiflage verkommt. Aus heutiger Sicht kann diesem System beim besten Willen nichts »Fortschrittliches« mehr abgewonnen werden. Dennoch ist AMPS in ländlicheren Gebieten der USA nicht nur weiterhin im Einsatz, sondern auch das dort einzige genutzte Verfahren. Eine digitale Erweiterung von AMPS (D-AMPS) hat keine große Verbreitung gefunden.

TACS wurde und wird weiterhin in verschiedenen Varianten – ETACS (*Extended TACS*), ITACS (*International TACS*), IETACS (*International Extended TACS*), NTACS (*Narrowband TACS*) und JTACS (*Japan TACS*) – in zahlreichen Ländern eingesetzt. Die analogen Funktelefonnetze in Deutschland (A-, B- und C-Netz) basierten jedoch auf einer anderen Technologie, so dass eine Nutzung entsprechender Geräte außerhalb Deutschlands praktisch unmöglich war. Das TACS zu Grunde liegende Protokoll ist *Frequency Division Multiple Access* (FDMA, Frequenzmultiplex).

NMT wurde – wie der Name bereits verrät – in Skandinavien entwickelt und ist heute vor allem in Island im Einsatz, darüber hinaus aber auch noch in einigen anderen Ländern Europas und Asiens. Eine Sonderrolle nimmt das aus Japan stammende PHS (*Personal Handyphone System*) ein. Es setzt unmittelbar auf einer bestehenden Festnetz-Infrastruktur auf und ähnelt daher mehr den digitalen Mobiltelefonen für den häuslichen Gebrauch nach DECT-Standard (siehe *DECT, GAP und ISDN* ab Seite 40). Die Reichweite zu den Basisstationen ist auf wenige Hundert Meter begrenzt, dafür erlauben die vorwiegend in Japan und China genutzten Mobilgeräte jedoch eine Datenübertragung von bis zu 32 kBit/s – deutlich mehr als die 9,6 kBit/s nach GSM-Standard.

Mobil telefonieren

Für den mobilen Telefonbenutzer stellt nicht nur die je nach Netzausbau mehr oder weniger lückenhafte Signalversorgung ein Problem dar, es sind auch die weltweit unterschiedlichen Standards, die die mobile Erreichbarkeit erschweren.

Gerade bei Reisen in die USA endet die Reichweite von GSM-Netzen meist schon an der Stadtgrenze der Metropolen. – Um auch in den Weiten des mittleren Westens oder Südens der USA erreichbar zu sein, bleibt nur der beherzte Griff zu einem zweiten Mobiltelefon, das für den Einsatz in den jeweils vorhandenen Mobilfunknetzen geeignet ist. Analoges gilt für manch andere Region, die ebenfalls zu den Reisezielen vieler Europäer zählt.

Der einzige Ausweg – ein Mobiltelefon für den jeweiligen lokalen Standard zu erwerben oder zu mieten – will jedoch gut vorbereitet sein, da entsprechende Geräte praktisch nie außerhalb der Zielmärkte angeboten werden.

Dualband, Triband, Quadband

Die weite Verbreitung von GSM als Mobilfunkstandard hat dazu geführt, dass heute eine Vielzahl von Netzen weltweit verfügbar ist. Dabei ist allerdings zu beachten, dass der Betrieb in verschiedenen Frequenzbändern erfolgt. Die Gründe dafür sind, wie bereits weiter oben angesprochen wurde, überwiegend historischer Natur. Da die Vergabe von Sendefrequenzen von Land zu Land nach freiem Ermessen erfolgt, sind nach den Erfordernissen der lokalen Märkte unterschiedliche Infrastrukturen für Rundfunkzwecke und Funkdienste zur Nachrichtenübermittlung entstanden. Eine Harmonisierung ist nachträglich nur mit erheblichem Aufwand möglich: Nutzer bestehender Netze müssen neue Geräte beschaffen, Netzbetreiber sehen sich zur Investition in neue Ausrüstungen gezwungen. Je größer der Kreis für eine entsprechende Umstellung gezogen wird, desto länger ist eine Übergangsphase einzuplanen, während der ein paralleler Betrieb stattfindet, bevor ein Dienst abgeschaltet wird und das betreffende Frequenzband für einen neuen Zweck zur Verfügung steht. Schließlich darf nicht übersehen werden, dass dabei auch der Gedanke des Protektionismus mit im Spiel ist: Ein lediglich für einen lokalen Markt nutzbares Gerät hat aus Sicht global agierender Hersteller sicher nicht die höchste Priorität – so lässt sich der heimische Markt recht effektiv vor ausländischen Wettbewerbern schützen.

Weltweit existieren daher insgesamt acht Frequenzbereiche für die GSM-Telefonie. Moderne Mobiltelefone tragen diesem Umstand Rechnung und eignen sich daher für den Betrieb in Deutschland sowie Europa, Asien und Afrika (*Dualband*).

Tabelle 3 GSM-Mobilfunknetze in Deutschland.

Frequenzband	Name	Betreiber
900 MHz	D1	T-Mobile
	D2	Vodafone
1.800 MHz	E1	E-Plus
	E2	O_2

Erste GSM-Netze in Amerika wurden im 1.900 MHz Band aufgebaut (*Triband*). Durch den weiteren Ausbau der GSM-Netze in Amerika wird inzwischen auch der Sendebereich um 850 MHz genutzt. Mit *Quadband*-Geräten ist derzeit eine weltweite Nutzung aller GSM-Netze möglich. Weitere Bereiche sind für die nicht kommerzielle Nutzung durch Bahngesellschaften[10] reserviert (900 MHz) oder sind bislang nur lokal (450 MHz, 480 MHz, beide in Tansania) oder bisher gar nicht genutzt (750 MHz).

10) Der internationale Eisenbahnverband (UIC, Union Internationale des Chemins de Fer) entwickelt auf der Basis von GSM ein Kommunikationssystem (GSM-R, railroad für engl. Eisenbahn), das künftig auch eine Zugsicherung ohne ortsfeste Signale erlauben soll. – Per Datenaustausch zwischen den fahrenden Zügen soll dann ein elektronisches »Fahren auf Sicht« die Streckenauslastung gerade auf viel befahrenen Hauptrouten verbessern helfen.

Da auf Grund von Engpässen in den eigenen Netzen auch T-Mobile und Vodafone Basisstationen im 1.800 MHz Band betreiben, sind Dualband-Telefone seit geraumer Zeit Standard. Vorteilhaft ist vor allem die deutlich höhere Anzahl von gleichzeitigen Kanälen – 274 gegenüber 124 im 900 MHz Band. Demgegenüber stehen eine geringere Sendeleistung der Mobiltelefone – sie ist auf 1 W begrenzt – und eine geringere Reichweite der Funksignale: Hochfrequente Signale erfahren sowohl bei der Übertragung per Kabel wie auch als Funkwelle eine Dämpfung, die mit höheren Frequenzen zunimmt. Letztlich muss also eine größere Anzahl von Basisstationen betrieben werden, um dieselbe Fläche abdecken zu können. In der Realität bedeutet dies hingegen, dass Netze im 1.800 MHz Band deutlich größere »weiße Flecken« aufweisen als die 900 MHz Netze.

Bluetooth, IrDA, NFC – die Alternative zum Verbindungskabel

Die viel beschworene Mobilität findet – nicht nur – beim Telefonieren ein jähes Ende, wenn die mehr oder weniger zahlreichen Zubehörartikel mit vielerlei Strippen an das vermeintlich »handliche« Handy Anschluss suchen. Ob Ohrstöpsel mit Minilautsprecher und zusätzlichem Mikrofon für unterwegs oder der Datenaustausch mit dem Terminkalender vom PC auf dem Schreibtisch – zierliche Steckverbinder und dünnste Kabel sind nicht nur höchst empfindlich, gerade sie führen häufig zu verzweifelten Handlungen, um das Gewirr zu lösen, den Absturz des Mobiltelefons vom Schreibtisch gerade noch zu verhindern und werden damit zu eher kurzlebigen Artikeln. Zudem stellt sich in mindestens 50 % aller Fälle heraus, dass das passende Kabel gerade im Schreibtisch zu Hause, im Rucksack ganz unten oder gar nicht aufzufinden ist.

Warum muss es – so überlegt der von den vorangegangenen Abschnitten über drahtlose Telefonie ins rechte Bild gesetzte Leser – denn überhaupt ein Draht sein? Wenn schon die Gesprächsinformationen über weite Distanzen bis zum nächsten Funkmast gelangen, wieso ist für das Überbrücken der Entfernung von der Hemdentasche bis zum Ohr ein Kabel erforderlich? – Um es kurz zu machen: Ist es nicht! Es stellt sich lediglich die Frage der Energieversorgung, denn auch ein Miniohrstöpsel und ein genauso kleines Mikrofon benötigen zum Betrieb eine Versorgung. Ohne Empfänger (im Ohrhörer) und Sender (im Mikrofon) würden die vom Mobiltelefon gesendeten beziehungsweise dorthin zu sendenden Informationen ihr Ziel nicht erreichen. Werden Ohrhörer und Mikrofon also nicht direkt aus dem Akku des Mobiltelefons versorgt, benötigen sie eigene Batterien, wenn möglich wiederaufladbare.

Es gibt auch im Umfeld von PCs eine Reihe ganz analoger Einsatzszenarien, wo Kabelverbindungen auf dem Schreibtisch stören: Tastatur und Maus lassen sich drahtlos betreiben, mancher Drucker ebenso. Allerdings benötigt Letzterer so gut wie immer eine Verbindung zur Haushaltssteckdose für die Stromversorgung; Batterien würden bei dem Energiebedarf von Druckern sehr unökonomisch sein. Bei Bildschirmen ist die erforderliche Datenrate so hoch, dass der Aufwand für ein Kabel einstweilen zweckmäßiger erscheint – immer größere Bildschirme mit immer höherer grafischer Auflösung tun ein Übriges dazu, dass die zu übertragenden Datenmengen kontinuierlich anwachsen. Zudem gilt auch hier: eine eigenständige Energieversorgung ist in jedem Fall erforderlich. Für den Datenabgleich mit Organizern und Mobiltelefonen bietet sich ebenfalls eine schnurlose Verbindung an, verfügen diese Geräte doch generell über eine eigene Energieversorgung durch Akkumulatoren.

Es gibt also durchaus eine Motivation für drahtlose Verbindungen über kurze Distanzen. Technisch lassen sich die Verfahren einteilen in solche mit Funkübertragung (Bluetooth, NFC) oder Infrarot (IrDA). Bei der Nutzung von Infrarot als Übertragungsmedium ist typischerweise eine Sichtverbindung zwischen den beteiligten Geräten – explizit: deren Sende- und Empfangseinrichtungen – erforderlich. Bereits kleinere Gegenstände innerhalb dieses Strahlengangs können die Übertragung beeinträchtigen oder sogar unmöglich machen. Das Prinzip entspricht der Datenübertragung bei einer Fernbedienung für einen Fernseher: auch hier muss die Fernbedienung mehr oder weniger genau auf den Fernseher ausgerichtet werden. Die Reflektion des Infrarotsignals an Wänden, Decken oder Gegenständen im Raum schwächt – oder präziser: streut – das Signal zu sehr. Funktechnologien sind hier weniger empfindlich, sie benötigen weder eine direkte Ausrichtung der betreffenden Geräte aufeinander, noch stellen die meisten Utensilien auf dem Schreibtisch ein ernstzunehmendes Hindernis dar. Einzig massive Metallgegenstände wären in der Lage, das Funksignal abzuschirmen.

Das Bluetooth-Verfahren erhielt seinen Namen durch eine Anspielung auf den dänischen Wikingerkönig Harald Blåtand (dt. Blauzahn, daher engl. *Bluetooth*), der im 10. Jahrhundert nicht nur vielerlei Scharmützel von Pommern bis in die Normandie und nach Norwegen anführte, sondern auch das Christentum in Skandinavien etablierte. Letzteres offensichtlich nicht ausschließlich mit dem Schwert, denn ihm wird auch eine ausgezeichnete Kommunikationsfähigkeit zugesprochen. Der Bluetooth-Standard wurde ab 1994 – basierend auf den Erfahrungen mit der störanfälligen Infrarot-Übertragung (IrDA) – vom schwedischen Telekommunikationsanbieter Ericsson entwickelt. Bluetooth-Geräte nutzen ein Frequenzband bei 2,4 GHz und können Verbindungen mit einer Datenrate von bis zu 2,1 MBit/s aufbauen. Im offenen Gelände werden je nach Geräteklasse Reichweiten von maximal 1–100 m erreicht.

Um den Erfordernissen an eine flexible Datenübertragung einzelner Statusinformationen zwischen den Bluetooth-Geräten gerecht zu werden, andererseits aber auch eine qualitativ hochwertige Sprachübertragung zu gewährleisten, sind zwei verschiedene Übertragungsverfahren vorgesehen: Für Sprachdaten handelt es sich dabei um eine synchrone Verbindung, für alle anderen Daten um eine am Internet-Protokoll orientierte Übertragung einzelner Datenpakete.

Das Bluetooth-Verfahren wird neben den Haupteinsatzszenarien im PC- und Mobiltelefonumfeld unter anderem auch in Spielkonsolen, Spielzeugen und Maschinensteuerungen genutzt. Besonders interessant ist auch eine Anwendung als drahtloser Schlüssel: Die interne und unveränderbare Geräte-Identifikation eines Mobiltelefons kann von einem anderen Bluetooth-Gerät ausgelesen werden und dient so als Ersatz für den Haustürschlüssel. Damit wird bereits ein nicht ganz unkritischer Punkt angesprochen – wie sicher sind derartige Verbindungen gegen Abhören und Störungen? Und wie lässt sich ein Bluetooth-Gerät gegen ungewollte Kontaktaufnahme von Dritten schützen?

Dafür ist zunächst einmal der Vorgang der Kontaktaufnahme näher zu betrachten, bei der die bereits erwähnte eindeutige Geräte-Identifikation eine wichtige Rolle spielt. Sie wird durch eine 48 Bit lange Seriennummer repräsentiert, was theoretisch die Identifikation von mehr als 250 Billionen Geräten erlaubt. Als erstes werden beim Aufbau einer Verbindung diese Seriennummern ausgetauscht. Ist der Verbindungspartner dem Bluetooth-Gerät bereits aus einer früher bestandenen Verbindung bekannt, so wird die Verbindung unmittelbar wieder aufgebaut. Ansonsten ist auf beiden Geräten ein frei wählbarer, aber identischer Code (*PIN*) anzugeben – je länger, desto sicherer. Problematisch wird dieses Unterfangen jedoch bei Geräten wie Ohrhörern oder Mikrofonen, die über keinerlei Möglichkeit zur manuellen Eingabe eines solchen Codes verfügen. In diesem Fall wird die im Bluetooth-Standard festgelegte Kennung 0000 verwendet, keine wirklich überzeugende Lösung, um sich vor unbeabsichtigtem Mithören durch Dritte zu schützen!

Eine Erweiterung des Bluetooth-Standards ist NFC (*Near Field Communication*). Durch in die Gerätehardware integrierte Sicherheitsfunktionen lassen sich via Bluetooth damit auch sicherheitsrelevante Funktionen wie Zugangskontrolle oder die Abwicklung von Zahlungen realisieren – gerade für das *Micropayment* wie die Bezahlung von Busfahrscheinen, Parktickets etc. eine äußerst attraktive Lösung. Anstelle einer Bezahlung mit Bargeld würde dann ein entsprechender Betrag auf der Telefonrechnung erscheinen. Neben technischen Aspekten ist beim Zahlungsverkehr jedoch noch eine weitere Hürde zu überwinden. Erfolgt die Zahlung nicht auf Rechnung des Mobilfunkbetreibers – wie beispielsweise für Gesprächsgebühren oder kostenpflichtige Mehrwertdienste – so ist regelmäßig die Rolle einer Bank für die Durchführung des Zahlungsverkehrs zu beachten. Daher sind es bislang eher organisatorische Hindernisse, die der Einführung derartiger Systeme entgegenstehen.

NFC sieht eine deutlich verringerte Reichweite von maximal 10 cm vor – arbeitet also wie der Name bereits ausdrückt ausschließlich im Nahbereich. Dies ist gerade aus Sicherheitserwägungen ein nicht zu unterschätzender Vorteil! Die Übertragung arbeitet im Kurzwellenbereich bei 13,56 MHz. Die maximale Datenübertragungsrate liegt bei 424 kBit/s, vollkommen ausreichend für die Übermittlung weniger kleiner Datenpakete.

Konzeptioneller Vorläufer von Bluetooth ist IrDA (*Infrared Data Association*), eine 1993 ins Leben gerufene Spezifikation für die Datenübertragung mittels infraroten Lichts. Die Reichweite ist auf 1 m begrenzt, was ein gewisses Maß an Abhörsicherheit begünstigt. Wie generell bei optischen Übertragungsverfahren muss eine direkte Sichtverbindung zwischen Sender und Empfänger bestehen – das heißt insbesondere die Sende- und Empfangsfenster müssen aufeinander ausgerichtet sein. Zweifellos ist dies eines der wesentlichen Mankos von Infrarot-basierten Datenübertragungseinrichtungen. Dennoch hat IrDA Einzug in zahlreiche Computer und Laptops sowie bei Peripheriegeräten wie Druckern, Mäusen etc. gehalten.

Während der ursprüngliche Standard (SIR, *Serial Infrared*) nur Datenraten von bis zu 115,2 kBit/s vorsieht und sich somit an der seriellen Computerschnittstelle (*Com-Port*) anlehnt, erreichen die Erweiterungen MIR (*Mid Infrared*, 1,152 MBit/s), FIR (*Fast Infrared*, 4 MBit/s) und VFIR (*Very Fast Infrared*, 16 MBit/s) eine deutlich höhere Übertragungsrate. Weite Verbreitung haben insbesondere die Spezifikationen gemäß SIR und FIR gefunden; Erstere im Zusammenhang mit dem Anschluss an eine serielle Schnittstelle, die Zweite beim Anschluss via USB (*Universal Serial Bus*); das *Special: Stecker* im Kapitel *Strom im Alltag* greift den Themenkomplex von Verbindungen und Schnittstellen am Computer noch vertiefend auf.

Bereits bei der Beschreibung des ersten Schritts zu mehr Mobilität beim Telefonieren, einem im häuslichen Umfeld nutzbaren drahtlosen Telefon, war ab Seite 40 unter dem Stichwort DECT-Telefonie von einer Funkverbindung zwischen Basisstation und Telefon die Rede. Wie wir im Abschnitt über Computer noch erfahren, werden auch dort auf Funktechnik basierende Verbindungen eingesetzt; das Thema WLAN (*Wireless Local Area Network*, drahtloses lokales Netzwerk) wird im Zusammenhang mit Computernetzwerken ab Seite 177 eingehend beleuchtet.

Ersatz für jedes Kabel

Worin unterscheidet sich nun die Datenübertragung mittels Bluetooth und IrDA von WLAN und DECT? Mit anderen Worten, was gibt es für eine Daseinsberechtigung für diese – und weitere, hier aus Gründen der Übersichtlichkeit und des zur Verfügung stehenden Raumes nicht näher genannte – Verfahren, deren einziges Ziel es ist, ein Kabel zu ersetzen. Es stellt sich gar die Frage, ob die zahlreichen und meist als lästig und zur Verwechslung führenden Strippen, die zudem die Bewegungsfreiheit hemmen und grundsätzlich ein paar Zentimeter zu kurz sind, um die Distanz bis zum Stellplatz des anderen Gerätes zu überbrücken, nicht durch eine ebenso große und intransparente Vielfalt an drahtlosen Übertragungsstandards ersetzt werden soll. Ein Vergleich liefert aufschlussreiche Einblicke:

Bei DECT handelt es sich um eine feste Verbindung zur Sprachübertragung zwischen einer Basisstation und einem oder wenigen Telefonen. Hier steht die ungestörte Übertragung der Gesprächsinformation im Vordergrund.

Im WLAN werden Daten zwischen einer mehr oder weniger großen Anzahl von beteiligten Geräten ausgetauscht. Die Übertragung ist Packetorientiert, um einen hohen Durchsatz und ein zügiges Antwortzeitverhalten zu erreichen.

Bluetooth ähnelt konzeptionell dem WLAN, doch spielt sich alles in einem kleineren Maßstab ab: kürzere Reichweite, geringe Datenrate, weniger Geräte. Bei NFC wird durch die extrem kurze Reichweite nicht nur ein hohes Maß an Abhörsicherheit erreicht, es handelt sich dadurch auch um eine Punkt-zu-Punkt-Verbindung zwischen nur zwei Geräten. IrDA nutzt anstelle eines Funksignals Infrarot zur Übermittlung. Somit ist eine gegenseitige Beeinflussung wie bei Funksignalen nicht möglich. Auf Grund eines anderen Übertragungsprotokolls ist eine Störung durch TV-Fernbedienungen, die ebenfalls per Infrarot Daten übertragen, ausgeschlossen. Auf Grund der erforderlichen Sichtverbindung handelt es sich immer um eine 1:1-Verbindung zwischen zwei Geräten. Damit scheidet eine Nutzung für die Sprachdatenübertragung eines Telefons aus; der Hörer müsste sonst zu jedem Zeitpunkt auf die Basisstation ausgerichtet sein! Anders verhält es sich mit Geräten auf dem Schreibtisch, die einen festen Platz haben, oder für Verbindungen, die lediglich für einen kurzen Augenblick benötigt werden – beispielsweise die Übertragung eines Bildes von einem Handy zum anderen.

Ein weiterer Aspekt, der zugunsten der Infrarot-Übertragung spricht, ist die Abwesenheit jeglicher Elektrosmog-Belastung. Diesem Thema ist ein eigener Abschnitt *Warme Ohren* weiter unten gewidmet.

Alles, außer Telefonieren:
SMS, MMS, EMS, GPRS, MP3, E-Mail, WAP

Moderne Mobiltelefone lassen schnell vergessen, zuweilen ist es sogar fast zu übersehen, dass es sich dabei um Geräte zum Telefonieren handelt. Ausstattungsmerkmale wie Adressbuch, Terminkalender und Taschenrechner, aber auch Fotoapparat, MP3-Player, UKW-Radio, Wecker, Stoppuhr, Diktiergerät oder gar verschiedene Spiele lassen den vorrangigen Einsatzzweck schnell in den Hintergrund treten. Hinzu kommen noch Möglichkeiten zum Versand von Textnachrichten, Bildern, Videos und Musikstücken, das Abfragen von E-Mails und die Nutzung von Internet-Angeboten – wem schwirrt dabei nicht der Kopf?

Die Bedienung all dieser Funktionen allein über eine Telefontastatur mit einigen zusätzlichen Tasten und einem Passfoto-großen Bildschirm für eine unüberschaubare Anzahl von Einstellungs- und Auswahlmöglichkeiten lässt erahnen, was sich hinter der Floskel »Navigation durch Menüs« verbirgt. Bei manch einer Nutzerin und einem Nutzer erweckt dies Assoziationen an die Orientierung mit Kompass

Bild 30 Seniorenhandy (Quelle: Emporia Telecom, Österreich).

und Sextant auf den Weiten der Weltmeere wie zu Zeiten des *Cristoforo Colombo* im 15. Jahrhundert. Angesichts dieser Entwicklung ist es denn auch wenig verwunderlich, wenn es seit geraumer Zeit eine eigene Kategorie von Geräten gibt, bei der der ursprüngliche Einsatzzweck, mobiles Telefonieren, wieder im Fokus steht. In Verbindung mit übersichtlichen Displays und großen, gut lesbaren Tasten werden sie als *Seniorenhandys* vermarktet.

Doch bei der weitaus überwiegenden Zahl an Geräten überschlagen sich Angaben zu Funktionen und Technologien. Was verbirgt sich hinter Kürzeln wie SMS, MMS, EMS, GPRS, MP3, E-Mail und WAP? Welche der zahllosen Funktionen werden damit symbolhaft beschrieben?

Bereits kurz nach der Einführung der GSM-Mobiltelefonie wurde 1992 das Versenden von kurzen Textmitteilungen (SMS, *Short Message Service*) eingeführt. Seit 1994 lassen sich praktisch mit jedem Mobiltelefon Nachrichten von maximal 160 Textzeichen übertragen. Auf Grund der geringen Datenmenge erfolgt die Übermittlung innerhalb weniger Millisekunden – da sich die Gebühren hingegen in der Größenordnung einer Gesprächsminute bewegen, sind SMS für die Netzbetreiber de facto eine Lizenz zum Gelddrucken. Allein in Deutschland wurden nach Angaben des Branchenverbandes BITKOM im Jahre 2007 rund 23 Mrd. SMS versandt. Zum Jahreswechsel sind es innerhalb nur weniger Minuten rund 500 Millionen – trotz gutem Netzausbau dauert das Zustellen zuweilen Stunden. Doch selbst wenn das Mobiltelefon des Empfängers ausgeschaltet oder aus anderen Gründen nicht im Mobilfunknetz ansprechbar ist (*offline*), werden Mitteilungen für bis zu 48 Stunden zwischengespeichert.

Neben der weit verbreiteten Nutzung des Mediums SMS durch Jugendliche – Netzbetreiber bieten hier Pauschaltarife mit mehreren Tausend kostenlosen SMS pro Monat an – existieren noch zahlreiche andere, überwiegend technische Einsatzszenarien. Als Beispiele lassen sich Statusabfragen von Maschinen und Anlagen nennen. Prominent ist auch das deutsche Mautsystem: Hier werden SMS zur Übertragung von Abrechnungsdaten aus dem Fahrzeug (*onboard unit*) an den Betreiber Toll Collect verwendet. Weniger bekannt ist der Gebrauch für Überwachungszwecke per *silent SMS* (stumme SMS). Polizeibehörden können damit den Aufenthaltsort eines Mobiltelefons feststellen – letztlich also Bewegungsmuster des Besitzers erstellen.

Eine Eignung zur kommerziellen Nutzung für Micropayment-Systeme ist durchaus gegeben, scheitert häufig jedoch an Details. Prinzipiell erfordert dies die enge Zusammenarbeit zwischen Netzbetreiber und dem jeweiligen Leistungsanbieter, da der Netzbetreiber hier das Inkasso über die Telefonrechung beziehungsweise bei im Voraus bezahlten Guthabenkarten (*prepaid*) über die Gebührenabrechnung vornimmt. Eine generische Lösung, die nicht eine bilaterale Abstimmung zwischen jedem einzelnen Netzbetreiber mit jedem potenziellen Dienstleister erforderlich machen würde, könnte durch Zahlungsverkehrssysteme von Banken zu Stande kommen. Die Banken verlangen jedoch hohe Sicherheitsstandards. Zur Umsetzung dieser Anforderungen würden Anpassungen in der Software zur Steuerung der Mobiltelefone erforderlich werden, um beispielsweise die Manipulation von Zahlungen so weit wie möglich zu verhindern.

Tippen um die Wette

Wie lassen sich mit einer Telefontastatur Texte tippen? – Des Rätsels Lösung ist ganz einfach! Den Zifferntasten 2–9 wird jeweils eine Gruppe von Buchstaben zugeordnet (siehe Bild 31). Durch mehrmaliges Betätigen der jeweiligen Taste werden die drei oder vier Buchstaben der betreffenden Gruppe der Reihe nach angewählt. Beispielsweise liefert ein Druck auf die Zifferntaste 5 den Buchstaben J, ein weiterer Druck das K und so weiter. Wird beim Tippen eine kurze Pause eingelegt, gilt der Buchstabe als gewählt und mit dem nächsten Tastendruck wird der folgende Buchstabe gewählt.

Geübte Teenager bringen es dabei auf mehr als vier Buchstaben pro Sekunde! Da auf Grund der Größe von Mobiltelefontastaturen in der Regel nur mit dem Daumen getippt wird, ist die Sehnenscheidenentzündung allerdings vorprogrammiert.

Eine deutliche Erleichterung schafft die Funktionalität von T9. Auf der Basis von statistischen Häufigkeiten werden Buchstabenfolgen automatisch korrekt gebildet, ohne dass eine Taste mehrfach betätigt werden muss. Beispielsweise benötigt das Wort »VIELE« 13 Tastenanschläge ohne T9, aber nur fünf Anschläge mit T9:

ohne T9   8-8-8-4-4-4-3-3-5-5-5-3-3
mit T9   8-4-3-5-3

Da mögliche Buchstabenfolgen und deren Häufigkeitsverteilung von der jeweiligen Sprache abhängen, muss gegebenenfalls diese vor der Eingabe zunächst festgelegt werden. Ferner ist zu berücksichtigen, dass der Wortschatz der hinterlegten Wörterbücher begrenzt ist.

Mit der EMS (*Enhanced Message Service*) wurde eine technische Erweiterung der SMS vorgestellt. Dabei werden Textauszeichnungsattribute wie »kursiv« und »fett« unterstützt und auch das 160-Zeichen-Limit auf 459 Zeichen angehoben. Zudem eröffnet sich die Möglichkeit, kleine Bilder (bis 32 × 32 Bildpunkte) oder einzelne Töne zu übermitteln. Der Versand erfolgt dabei in Paketen zu jeweils 160 Byte – es wird also gegebenenfalls die doppelte oder dreifache Gebühr wie für eine SMS fällig.

Den derzeit letzten Entwicklungsschritt stellt der MMS (*Multimedia Messaging Service*) dar. Damit können Nachrichten beliebiger Größe und mit praktisch allen Arten von Anhängen (Musik, Videos, Bilder) versandt werden. Die Anzahl der in Deutschland 2007 versendeten MMS[11] mutet mit einer Größenordnung von 160 Millionen gegenüber 23 Milliarden SMS geradezu spärlich an und trägt dementsprechend auch nur im geringen Umfang zum Umsatz der Netzbetreiber bei.

11) Bundesnetzagentur, Jahresbericht 2007.

Bild 31 Buchstabenwahl.

Die Datenübertragung im GSM-Standard ist mit nur 9,6 kBit/s für den Versand größerer Datenmengen wie bei MMS-Nachrichten wenig zweckmäßig. Daher wird der Versand von MMS-Nachrichten über GPRS (*General Packet Radio Service*) realisiert. Theoretisch erlaubt diese Technik Datenraten von bis zu 171,2 kBit/s, je nach Gerätekonfiguration und Netzauslastung werden jedoch nur 55,6 kBit/s erreicht. Die Paket-orientierte Übertragung wirkt sich günstig auf die Belegung der Funkkanäle aus, da nur während des Empfangs oder des Versands von Daten ein Kanal besetzt wird. Über die GPRS-Funktionalität kann ein Mobiltelefon auch als Modem für einen Laptop oder PC verwendet werden. Die Bandbreite entspricht allerdings lediglich der gängiger Analogmodems (dazu mehr im Abschnitt *Fax und Modem* ab Seite 49).

Angesichts des kleinen Displays von Mobiltelefonen und der begrenzten Rechenkapazität stellen Empfang und Anzeige multimedialer Inhalte hohe Anforderungen. Zusätzlich soll auch das zu übertragende Datenvolumen möglichst gering ausfallen. – An sich ein Widerspruch, denn die Codierung oder Kompression von Daten erfordert generell ein gewisses Maß an Rechenleistung. Die Lösung liegt in einer Vorabverarbeitung der Inhalte.[12] Die Technologie wird als WAP (*Wireless Application Protocol*) bezeichnet und bildet die Basis

12) Dies erfolgt auf ähnliche Weise wie bei Internetservern, nur, dass hier ein Teil der Aufgaben eines Internet-Browsers bereits vor dem Versand auf einem Server stattfindet. – Mehr zu den Themenkreisen Internet und Computer in den beiden folgenden Kapiteln.

für MMS. WAP kann als ein auf die Anforderungen von Mobiltelefonen ausgerichtetes Pendant zur Internettechnologie HTTP (*Hypertext Transfer Protocol*) angesehen werden und gestattet, entsprechend aufbereitete Internet-Inhalte direkt auf dem Display des Mobiltelefons zu betrachten.

Eine Alternative zu WAP ist i-mode. Auch hier geht es um die – an den Fähigkeiten der Displays von Mobiltelefonen orientierte – Darstellung und Übertragung von Webinhalten. In Deutschland spielte i-mode jedoch nur eine untergeordnete Rolle und wurde 2008 wieder abgeschaltet. Ganz anders verhält sich die Situation in Japan, hier gibt es rund 50 Millionen Nutzer dieses Dienstes. Einer der Hintergründe dafür dürfte in der Beteiligung von *Content-Providern* (Organisationen und Personen, die entsprechend aufbereitete Internetseiten zur Verfügung stellen – hier: für den Abruf per Mobiltelefon) am Gebührenaufkommen liegen. Damit wird die Motivation für eine große Informationsvielfalt deutlich.

Gut ausgestattete Mobiltelefone für den Geschäftskunden verfügen inzwischen ausnahmslos über die Möglichkeit, nicht nur einfache Textnachrichten zu versenden, sondern auch elektronische Nachrichten (E-Mails, siehe Abschnitt *E-Mail, Telnet, FTP und HTTP* ab Seite 109) zu übermitteln. Sogar Dateianhänge lassen sich in begrenztem Umfang zur Anzeige bringen, auch wenn das kleine Display zum sprichwörtlichen Nadelöhr wird. Wie im folgenden Abschnitt weiter vertieft wird, verschwimmen die Grenzen zwischen Mobilfunk und Internet zusehends.

In eine ganz andere Richtung zielen MP3s – Musikstücke in Form hoch komprimierter Dateien, die über einen in das Mobiltelefon integrierten Decoder abgespielt werden können. Über Speicherkarten, die beispielsweise auch für digitale Fotos genutzt werden, lassen sich so etliche Stunden Musik zur Unterhaltung mitnehmen. Der Standard MP3 (MPEG-1 Audio Layer 3)[13] wurde in den 1980er Jahren in Deutschland am Fraunhofer Institut entwickelt und beruht auf dem Ausnutzen psychoakustischer Effekte: Nur was das menschliche Ohr wahrnimmt, braucht auch gespeichert zu werden. Je nach Grad der Datenkompression kann es dabei jedoch zu mehr oder weniger starken Qualitätseinbußen kommen. Hochwertige Dekoder zum Kom-

---

13) Hinter MPEG verbirgt sich die Moving Picture Experts
Group, eine internationale Organisation der Film- und
Audiobranche.

primieren der Audiodaten erlauben daher nicht nur eine Kompression mit fester Rate, sondern können auch mit einer an das Musiksignal zu jedem Zeitpunkt angepassten Kompression arbeiten – so lässt sich ein vorgegebenes Qualitätsniveau für die Wiedergabe erreichen. Eine Reihe von Mobiltelefonen verfügt zudem über eingebaute UKW-Empfänger für den Radioempfang. – Und wen dennoch die Langeweile packt, der möge zu einem der mehr oder minder anspruchsvollen Spiele greifen. In allen Fällen gilt ganz analog das bereits zuvor gesagte: Kleine Displays, zuweilen bei Auflicht auch noch spiegelnd, und Minitasten kommen vielfach eher einem modischen Empfinden als einer komfortablen Bedienung entgegen. Für den Genuss von Musik ist der eingebaute Lautsprecher nur selten geeignet, hier empfehlen sich zusätzliche Ohrhörer.

Zu den häufigsten Beigaben gehört ein in das Mobiltelefon integrierter Fotoapparat. Trotz winziger Optik liefern die digitalen Fotoapparate in vielen Fällen erstaunlich gute Bilder. Die sich dahinter verbergende Idee ist jedoch profaner Natur: Der Schnappschuss soll nicht nur zu Hause am PC auf einem großen Bildschirm betrachtet werden, sondern vor allem sogleich an Freunde und Bekannte versandt werden – um so zu einem höheren Gebührenaufkommen beizutragen. Je höher die grafische Auflösung des Bildes (Bildschärfe), desto größer auch das zu übertragende Datenvolumen – die Netzbetreiber freuen sich mit!

Das Internet wird mobil: EDGE, UMTS, HSDPA und WiMax

Speziell die immer größer werdende Bedeutung des Internet weckt das Bedürfnis nach höheren Bandbreiten bei der Datenübertragung, der Fähigkeit, innerhalb eines Zeitfensters eine möglichst große Datenmenge zu übertragen. Wie im letzten Abschnitt beschrieben, arbeitet GPRS mit 55,6 kBit/s bereits deutlich schneller als mit im GSM-Standard festgelegten 9,6 kBit/s. Für das Laden von Daten aus dem Internet ist dies – auch angesichts der kleinen Displays – jedoch kaum ausreichend. Der ebenfalls bereits erwähnte Kommunikationsstandard WAP ist nicht allein auf GPRS festgelegt, sondern arbeitet auch mit allen im Folgenden genannten, schnelleren Übertragungsstandards.

Als Erweiterung zu GPRS wird mit EDGE (*Enhanced Data Rates for GSM Evolution*) eine wesentlich höhere Datenrate erreicht, in Zahlen: Die theoretische Obergrenze beträgt 473 kBit/s gegenüber 171,2 kBit/s bei GPRS. Die von gängigen Mobiltelefonen genutzte Datenrate beträgt immerhin 220 kBit/s. Ein entsprechender Netzausbau ist in den vergangenen Jahren nahezu flächendeckend vollzogen worden, ganz anders, als dies mit UMTS (*Universal Mobile Telecommunications System*) aller Voraussicht nach je der Fall sein wird – siehe dazu auch Bild 29 auf Seite 66.

Nach der ersten Generation (1G) der analogen Mobilfunknetze und der heute weit verbreiteten digitalen GSM-Telefonie (2G) tritt mit UMTS eine dritte Generation (3G) von Mobilfunknetzen in Erscheinung, die mit 384 kBit/s bis 7,2 MBit/s über wesentlich höhere Datenübertragungsraten verfügt. Im Sommer 2000 wurden die Frequenzbänder für UMTS unter großem Medienecho versteigert. Dabei handelte es sich um mehrere Frequenzbereiche zwischen 1,9 GHz und 2,2 GHz. Trotz eines Netzausbaus, der einstweilen großstädtische Siedlungsräume fokussiert und im ersten Schritt nur eine Datenrate von 384 kBit/s vorsah, gibt es laut Branchenverband BITKOM in Deutschland bereits über 10 Millionen UMTS-Nutzer. In anderen Ländern verläuft der Netzausbau rascher, so gibt es in Italien sogar doppelt so viele UMTS-Nutzer wie in Deutschland – bei 25 % weniger Einwohnern. Anders als im GSM-Standard, wo jedem Kanal eine feste Bandbreite zugeordnet ist, wird bei UMTS die Bandbreite zwischen allen Nutzern innerhalb einer Funkzelle aufgeteilt. Eine größere Anzahl von gleichzeitigen Nutzern müsste also zwangsläufig einen weiteren Ausbau mit zusätzlichen UMTS-Basisstationen nach sich ziehen.

Im Zusammenhang mit Datenraten wurde bislang in vereinfachender Weise immer von der Verbindung zum Teilnehmer gesprochen, ohne jedoch die Richtung näher zu benennen. Dabei existiert ein bedeutender Unterschied zwischen *Downlink* (der Verbindung von der Basisstation zum Teilnehmer) und *Uplink* (der Verbindung vom Teilnehmer zur Basisstation). Am Beispiel E-Mail wird dies deutlich: Beim *Versand* einer E-Mail spielt in erster Linie die Datenrate des Uplink eine Rolle, da eine größere Datenmenge gesandt wird. Umgekehrt ist beim *Empfang* von E-Mails, vor allem aber auch beim Arbeiten mit dem Internet die Kapazität des Downlink entscheidend. Sofern unterschiedliche Datenraten für die beiden Richtungen existieren, bezogen sich bei allen bisher genannten Verbindungsarten die Angaben auf den Downlink, der typischerweise mit einer höheren Bandbreite ausgestattet ist.

Kaum wurden der Standard UMTS etabliert und erste Netze entsprechend aufgebaut, existiert mit HSDPA (*High Speed Downlink Packet Access*) bereits eine Erweiterung. Die theoretisch erreichbare Datenrate liegt hier bei bis zu 14,4 MBit/s, praktisch erreicht werden jedoch nur 1,4 MBit/s bis 5,1 MBit/s. In Deutschland verfügbare Geräte arbeiten mit 1,8 MBit/s, 3,6 MBit/s oder 7,2 MBit/s. Diese Geschwindigkeit ist mit der von DSL-Kabelnetzen vergleichbar und so gibt es neben entsprechend ausgestatteten Mobiltelefonen auch separate, ausschließlich auf den Datenempfang ausgerichtete Empfangsteile für den Einsatz mit mobilen Computern.

Folgerichtig wird im Zusammenhang mit HSDPA auch die Datenübertragung für den Uplink erweitert. Mit HSUPA (*High Speed Uplink Packet Access*) wird die maximal erreichbare Datenrate in Senderichtung auf 1,4 MBit/s gesteigert, technisch machbar wären sogar 5,8 MBit/s. Auch hier wird jetzt schon das Niveau gängiger ADSL-Verbindungen im Festnetz erreicht.

UMTS für alle?

Als im Sommer 2000 die Lizenzen für den Aufbau von UMTS-Netzen versteigert wurden, mussten die Bieter einer Reihe von Bedingungen zustimmen. Eine sah vor, dass der Netzausbau bis Ende 2005 mindestens die Hälfte der Bevölkerung erreicht. Auch wenn die Verfügbarkeit für mehr als 40 Millionen Einwohner in Deutschland hoch erscheint, ist diese Voraussetzung vergleichsweise leicht zu erfüllen – allein eine Ausstattung der Ballungszentren reicht aus.

Ein Ausbau in der Fläche ist momentan nicht vorgesehen. Hier steht mit EDGE lediglich eine Bandbreite von 220 kBit/s bereit – immerhin auch noch die rund vierfache ISDN-Geschwindigkeit und zudem häufig die einzige Chance für einen schnellen Internetzugang. Denn dort, wo die Entfernung zum nächsten Vermittlungsknoten für eine DSL-Verbindung zu groß ist, wird auch nur in den seltensten Fällen ein UMTS-Signal empfangen.

Wie sehr die Grenzen zwischen Internetnutzung und Telefonie verschwimmen, wird am Aufkommen der Internet-Telefonie deutlich. Dazu mehr im Kapitel *Telefon, die Dritte – telefonieren über das Internet*. Selbstredend resultieren daraus auch Auswirkungen auf Technologien zur mobilen Telefonie und Datenübertragung. Die Anforderungen an eine Technologie zur Übertragung von Sprachdaten sind jedoch – wie in oben genanntem Kapitel erläutert – deutlich höher als für andere Internet-Dienste und nur durch zusätzlichen Aufwand bei den für die Weiterleitung der Daten verantwortlichen Geräten und Protokollen zu bewältigen. Auch wenn es zunächst paradox anmuten mag, eine Internet-Verbindung via Mobiltelefon aufzubauen, um über eben diese Internet-Verbindung ein Gespräch zu führen; insbesondere bei Auslandsgesprächen kann dies in erheblichem Umfang zur Kostenreduzierung bei den Nutzungsgebühren beitragen.

Aus diesen Erwägungen wird seit 1999 mit WiMAX (*Worldwide Interoperability for Microwave Access*) eine weitere Technologie zur drahtlosen Datenübertragung entwickelt. Neben einem hohen Datendurchsatz spielen hier insbesondere auch Gedanken an die Zuverlässigkeit der Übertragung – präziser: das Laufzeitverhalten der Datenpakete (*quality of service*) – eine wichtige Rolle. Zu unterscheiden sind zwei grundsätzlich verschiedene Einsatzfälle:

- *WiMax fixed:* für Richtfunkverbindungen und drahtlose Hausanschlüsse;
- *WiMax mobile:* für Mobilfunknetze.

Richtfunkverbindungen dienen zum Überbrücken einer Distanz zwischen zwei Punkten, die nicht unmittelbar mit einem Kabel verbunden werden können. Auch für den Aufbau von Mobilfunknetzen dient diese Technik zur Verbindung der Basisstationen untereinander. So muss nicht jede Basisstation über eine eigene Anbindung an das Telefonnetz verfügen.

Interessant ist WiMax auch für all jene Regionen, die bislang außerhalb der Reichweite von DSL-Leitungen und UMTS-Verbindungen liegen. Immerhin lassen sich mit dieser Technologie bis zu 50 km überwinden – und das bei einer Datenübertragungsrate von maximal 108 MBit/s. Prinzipieller Nachteil ist jedoch wie bei UMTS, dass sich alle Teilnehmer einer Funkzelle die zur Verfügung stehende Bandbreite teilen. Zudem ereilt WiMax dasselbe Schicksal, das auch der GSM-Telefonie widerfuhr. In verschiedenen Regionen der Welt kann nur auf jeweils unterschiedlichen Frequenzbändern gesendet werden: Sind in Europa und Asien die Frequenzbereiche um 3,5 GHz vorgesehen, so wird in den USA mit 5,8 GHz gearbeitet. In Deutschland steht für Richtfunkverbindungen außerdem das 26 GHz Band zur

Verfügung. Dabei handelt es sich für Richtfunkverbindungen um einen zu verschmerzenden Nachteil, dass für Sendefrequenzen oberhalb 10 GHz eine direkte Sichtverbindung zwischen Sender und Empfänger erforderlich ist.

Seit 2005 existieren in Deutschland erste WiMax-Netze. Die Bandbreite beträgt im Downlink 1,0 MBit/s oder 2,0 MBit/s, ist also mit DSL-Verbindungen vergleichbar. Der Ausbau ist bislang jedoch eher punktuell als flächendeckend. In der Schweiz wurden erste Tests mit WiMax-Netzen im Jahre 2007 per Gerichtsbeschluss abgebrochen, nachdem Befürchtungen über eine zu starke Belastung mit elektromagnetischen Feldern geäußert wurden. Ganz anders in Luxemburg, wo praktisch innerhalb der gesamten Landeshauptstadt WiMax verfügbar ist.

Bereits eingangs dieses Kapitels wurden Mobilfunknetze als interessante Alternative zur Telefonie im Festnetz vorgestellt – insbesondere wenn die Festnetz-Infrastrukturen bislang keinen flächendeckenden Ausbau erfahren haben. Durch einen privaten Betreiber werden derzeit in zwei der ärmsten Länder der Welt – Mosambik und Sierra Leone – WiMax-Netze aufgebaut. Damit wird neben der Mobiltelefonie gleichzeitig die Möglichkeit für einen schnellen Internetzugang eröffnet.

Warme Ohren

Bei so viel Telefonieren mag es kaum verwundern, wenn die Ohren sprichwörtlich warm werden. Doch dies ist nicht allein auf eine angeregte Unterhaltung oder die wärmende Wirkung einer Plastikschale auf der Haut zurückzuführen. Damit eine Verbindung zwischen dem Mobiltelefon und der nächsten Basisstation zu Stande kommt, sind Funksignale erforderlich – sowohl ausgehend von der Basisstation als auch vom mobilen Gerät.

Da der Ort der Basisstation bei der Mobiltelefonie jedoch keine Rolle spielen darf – sonst wäre die Geräteantenne immer exakt zur Basisstation auszurichten! – und auch die Basisstation ihrerseits eine mehr oder weniger ausgedehnte Funkzelle mit einem hinreichenden Signal versorgen muss, arbeiten beide Sender mit durchaus nennenswerter Leistung. Wie weiter unten in diesem Abschnitt noch erläutert wird, spielen dabei nicht nur der über ein gewisses Zeitinter-

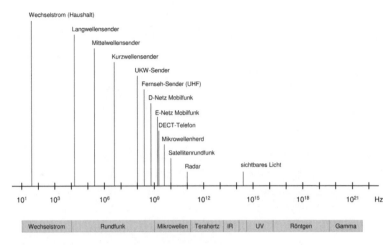

Bild 32 Spektrum elektromagnetischer Felder.

vall gemittelte Wert, sondern auch die nur kurzzeitig auftretende Spitzenleistung eine wesentliche Rolle.

Technisch betrachtet handelt es sich bei Funkwellen um elektromagnetische Felder. Für die Wirkung auf den menschlichen Organismus ist neben der Höhe der Leistung außerdem die Frequenz von entscheidender Bedeutung. Generell gilt, je höher die Frequenz, desto höher ist auch die energetische Wirkung.

Aus diesen Gründen ist die Sendeleistung von Mobilfunkgeräten begrenzt. Im D-Netz (900 MHz) beträgt die maximale Sendeleistung 2 W, im E-Netz (1.800 MHz) ist es 1 W. Da E-Netze auf Grund der höheren Sendefrequenz aus kleineren Funkzellen aufgebaut sind, kommen die Mobilgeräte mit einer geringeren Sendeleistung aus. Im Umkehrschluss bedeutet dies jedoch auch, dass es dadurch weitaus mehr Lücken in der Netzabdeckung gibt. Schließlich seien noch schnurlose Telefone für den häuslichen Gebrauch nach dem DECT-Standard (1.900 MHz) zu erwähnen, hier beträgt die maximale Sendeleistung 0,25 W. Dabei gilt es jedoch zu beachten, dass das Funksignal gerade von DECT-Telefonen mit 10 mW im zeitlichen Mittel deutlich niedriger ist.

Etwas anders verhält es sich bei den Basisstationen der Mobilfunknetze. Diese müssen in ihrem Umkreis auch über viele Kilometer hinweg ein hinreichendes Funksignal liefern, so dass die Sendeleis-

Bild 33 Ausbreitung von Funkwellen am Mobiltelefon.

tung hier mit 50 W deutlich höher ausfällt. Die Ausbreitung erfolgt jedoch nicht kugelförmig wie vom Mobiltelefon aus, sondern hat eine deutliche Richtwirkung. Dementsprechend sind häufig auch mehrere Sendeanlagen an den Masten zu erkennen, die jeweils einen bestimmten Sektor abdecken.

Vielleicht überraschend ist in diesem Zusammenhang die Tatsache, dass nicht allein die Leistung des Mobiltelefons oder der Basisstation, als viel mehr die durch Abmessungen und Formgebung der Antenne – vor allem in Kopfnähe – gegebene Leistungsdichte für die Wirkung auf den Organismus verantwortlich ist. Mit dem SAR-Wert (*Spezifische Absorptionsrate*) wird ein Maß dafür angegeben, in welchem Umfang der Körper der Sendeleistung ausgesetzt ist. EU-weit ist ein Grenzwert von 2 W/kg für Mobiltelefone festgelegt – das heißt, pro Kilogramm Körpermasse dürfen bis zu 2 W absorbiert werden.

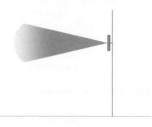

Bild 34 Ausbreitung von Funkwellen an der Basisstation.

Leistungsdichte

Ist die Definition der (mechanischen) Leistung [Einheit: W] als pro Zeiteinheit verrichteter Arbeit noch hinreichend intuitiv, so erscheint der Begriff der Leistungsdichte [Einheit: W/m^2] weit weniger nachvollziehbar. Um sinnvolle Vergleiche zu ermöglichen, wird in der Physik häufig mit Größen gearbeitet, die einen Bezug zu bestimmten Dimensionen haben, in diesem Fall einer Fläche.

Im oben beschriebenen Beispiel ist also nicht nur die Gesamtsendeleistung des Mobiltelefons von Interesse, sondern vor allem jener Teil, der eine bestimmte Oberfläche – hier: insbesondere am Kopf des Benutzers – erreicht.

Auch beim SAR-Wert handelt es sich um eine – in diesem Fall auf die Masse – bezogene Größe. Ähnlich wie bei der Leistungsdichte jene Körperpartien am Kopf berücksichtigt werden, die der höchsten Sendeleistung ausgesetzt sind, zählt auch hier nicht die Gesamtmasse des Körpers, sondern lediglich die in Betracht kommende Kopfpartie.

Die SAR-Werte aktueller Mobiltelefone liegen in einem Bereich von 0,15–1,5 W/kg. Unter realen Bedingungen hängt die Absorptionsrate zusätzlich von Parametern wie der Kopfform, der Haltung beim Telefonieren, aber vor allem auch von der Form der Antenne und des Geräts ab. Geräte mit einer Flächenantenne schneiden hier am besten ab: Die Sendeantenne in der Rückwand des Gehäuses ist nicht nur unsichtbar, sondern durch die elektronischen Komponenten im Gerät auch gut zum Kopf des Benutzers abgeschirmt.

Warum ist der SAR-Wert so wichtig? Es geht doch nur darum, dass ich möglichst ungestört an jedem Ort telefonieren kann, mag manch eine Leserin oder ein Leser denken ...

Volle Kraft voraus

Vielleicht einer der wichtigsten Punkte überhaupt bei der von Mobiltelefonen ausgehenden Strahlungsbelastung: Wie sind die Funkverhältnisse zur nächsten Basisstation?

Unter anderem in Räumen und Fahrzeugen wird das Funksignal mehr oder weniger weitgehend abgeschirmt. Die Feldstärkeanzeige für das Funksignal der Basisstation liefert dabei ein deutliches Alarmzeichen: Ist der Empfang schlecht, muss in der Folge auch das Mobiltelefon mit voller Leistung senden, um die Verbindung mit der Basisstation halten zu können.

Beim Telefonieren in PKWs hilft die Nutzung einer entsprechenden Halterung mit Anschluss an eine Außenantenne, in ICE-Zügen der Deutschen Bahn verfügen einzelne Waggons über Repeater, die das Funksignal aus dem Waggon – einer geschlossenen Metallhülle und damit einem gut abgeschirmten Ort! – aufnehmen und nach außen weiterleiten. Fährt der Zug dann in einen Tunnel, ist jedoch meistens auch hier kein Signal mehr zu empfangen.

Beim Einsatz eines Mobiltelefons innerhalb von Gebäuden sind Aufenthaltsorte in Fensternähe zu bevorzugen. Durch Hinweise anderer Mobilfunkteilnehmer können die Empfangsverhältnisse in verschiedenen Mobilfunknetzen an bevorzugten Aufenthaltsorten geklärt werden – ein wichtiges Entscheidungskriterium für die Wahl des Netzbetreibers.

Andererseits ist hinlänglich bekannt, dass UV- und Gamma-Strahlung zu Schädigungen von Zellen und Erbgut führen kann und dadurch auch Krankheiten wie Tumoren oder Krebs ausgelöst werden können. Bei Mikrowellen- und Infrarot-Strahlung[14] herrschen thermische Effekte wie die Erwärmung von Gewebe vor, was ebenfalls zu gesundheitlichen Beeinträchtigungen führen kann. Und auch bevor es zu einer messbaren Erwärmung des Gewebes kommt, haben elektromagnetische Felder eine Wirkung auf den Organismus.

Als Anhaltspunkt möge die Funktion eines Mikrowellenofens dienen, der mit einem vergleichsweise ähnlichen Frequenzbereich arbeitet wie Mobiltelefone. Auch wenn das Metallgehäuse der *Mikrowelle* die Strahlung nach außen weitestgehend abschirmt und die Leistung weit von der eines Mobiltelefons entfernt ist, wird deutlich, dass elektromagnetische Felder ein Ernst zu nehmendes Phänomen sind; mehr zu den Größenordnungen weiter unten in diesem Abschnitt.

Die ebenfalls in einem ähnlichen Frequenzbereich betriebenen Radaranlagen stehen jedoch nur indirekt mit einer Häufung von Krebsfällen unter ehemaligen Radartechnikern in Zusammenhang; hier ist es eine in den Anlagen ebenfalls auftretende Röntgenstrahlung (siehe Bild 32), die die Schäden verursachte.

Aber auch die dauerhafte Exposition unter elektromagnetische Felder steht im Verdacht, verschiedene Effekte – von Schlafstörungen bis hin zur Schwächung des Immunsystems – auszulösen oder zu begünstigen. Aufsehen erregte das von der EU-Kommission geförderte und im Jahre 2000 begonnene Forschungsvorhaben *Risk Evaluation of Potential Environmental Hazards from Low Energy Electromagnetic Field (EMF) Exposure Using Sensitive in vitro Methods* (REFLEX, Risikobetrachtung potentieller Umweltschäden aus niederenergetischen elektromagnetischen Feldern durch empfindliche Labormethoden),

---

14) Da bereits wenige Millimeter starke Glasscheiben UV-Strahlung wirkungsvoll abschirmen, ist man dahinter vor einem Sonnenbrand sicher. – Hingegen wird die Infrarotstrahlung praktisch ungehindert durchgelassen, so dass intensive Sonneneinstrahlung auch hinter einer Glasscheibe zu Verbrennungen führen kann. Gekrümmte Gläser können diesen Effekt noch verstärken (Brennglaseffekt).

so der recht sperrige Name. An den Untersuchungen beteiligten sich insgesamt 12 Arbeitsgruppen aus sieben europäischen Ländern. Zwei der Forschergruppen – an der FU Berlin und der Universität in Wien – setzten lebende Zellkulturen einer Feldbelastung mit 1,3 W/kg (EU-Grenzwert: 2 W/kg) aus. Das Ziel war herauszufinden, ob hochfrequente elektromagnetische Felder überhaupt ein Risiko für die menschliche Gesundheit darstellen, ob für eine mögliche Schädigung überhaupt die Voraussetzungen auf zellulärer oder molekularer Ebene erfüllt sind. Das Ergebnis fiel überraschend und eindeutig aus. Bereits bei wenigen Stunden Exposition mit einer für Menschen als zulässig eingestuften elektromagnetischen Leistungsdichte wurden signifikante Veränderungen der Erbsubstanz und bei Zellteilungsprozessen festgestellt. Der Projektkoordinator Prof. Franz Adlkofer fasste das Ergebnis mit folgenden Worten zusammen:

> Durch das Aufdecken von Mechanismen, die bei der Entstehung von Krebs und anderen chronischen Erkrankungen eine maßgebliche Rolle spielen, ist zwar nicht bewiesen, dass HF-EMF (hochfrequente elektromagnetische Felder, Anm. des Autors) das Krankheitsrisiko erhöht, die Plausibilität für eine solche Annahme, für die die Ergebnisse mehrerer epidemiologischer Studien sprechen, wird jedoch verstärkt.

Auch wenn die Ergebnisse inzwischen in Laboren außerhalb der am REFLEX-Forschungsvorhaben beteiligten Institutionen bestätigt wurden, sind sie nach ihrer Vorstellung im Winter 2004 bislang praktisch unbeachtet geblieben. – Mehr als zwei Milliarden Mobiltelefone sind auch ein Markt, der sich nicht gerne das Geschäft verderben lassen will. In diesem Sinne nähert sich das Einstiegsalter für die Nutzung von Mobiltelefonen verdächtig Kleinkindern, doch das soll nicht Thema dieser Publikation sein. – Sicher ist nur, dass deren sich noch entwickelnder Organismus empfindlicher reagiert, auch auf hochfrequente elektromagnetische Felder.

Manch andere Gefahr – von Asbest bis Dioxin – wurde erst viele Jahre später als solche erkannt. Skeptiker mögen dem entgegnen, dass bei der Einführung der ersten Eisenbahnen vor dem Geschwindigkeitsrausch gewarnt wurde – obwohl das Tempo der Bahn keineswegs das einer Postkutsche übertraf!

Doch zurück zum unverzichtbarsten Gegenstand einer ganzen Teenager- und Managergeneration, dem Mobiltelefon. In unmittelbarer Nähe zum Kopf des Benutzers ergeben sich Leistungsdichten, die bis zu 5.000 µW/cm² betragen können[15] – das gilt für D-Netz Geräte mit 2 W Sendeleistung ebenso wie für die auf 1 W begrenzten E-Netz Geräte. Der Grund für diesen scheinbaren Widerspruch ist einfach aufzuklären: Die höhere Sendefrequenz der E-Netz Geräte – genauer: 1.800 MHz anstelle von 900 MHz im D-Netz – ist dafür verantwortlich. Ein vergleichbar hoher Wert der Leistungsdichte tritt erst bei Annäherung bis auf 15 m an einen leistungsstarken Fernsehsender (500 kW) auf. DECT-Geräte mit nur 10 mW Sendeleistung verursachen immerhin Leistungsdichten von bis zu 400 µW/cm² in Kopfnähe.

Damit lässt sich erahnen, dass aus der Benutzung von Mobiltelefonen durchaus eine nennenswerte elektromagnetische Belastung resultiert – von der sich fern zu halten jedoch gar nicht so schwer ist. Der Schlüsselbegriff heißt dabei *Abstand*. Der Abstand zum Sender hat einen wesentlichen Einfluss auf die Leistungsdichte. Mathematisch ausgedrückt geht der Abstand mit der zweiten Potenz in die lokale Leistungsdichte ein – eine Verdopplung der Entfernung reduziert die Leistungsdichte auf ein Viertel, bei zehnfacher Entfernung sinkt die Leistungsdichte bereits auf 1 % des ursprünglichen Wertes.

Daraus lassen sich vielfältige Hinweise für den Umgang mit Mobiltelefonen ableiten. Generell sollten Mobiltelefone und auch DECT-Geräte (Schnurlos-Telefone für den Haushalt) möglichst weit vom Kopfkissen – dem mit Abstand häufigsten Aufenthaltsort – entfernt sein. Gerade DECT-Geräte sind hier als problematisch zu betrachten. Zum einen befinden sich zwei Sender, vom Mobilteil und der Basisstation, im Wohnumfeld. Beide Geräte tauschen, auch ohne dass ein Gespräch geführt wird, kontinuierlich Statusinformationen aus. Zudem führt die Art der Übertragung bei DECT-Geräten zu kurzfristig sehr hohen Leistungsdichten, die durch den zeitlichen Mittelwert der Sendeleistung von lediglich 10 mW weit harmloser erscheinen.

Kann innerhalb der Wohnung die DECT-Basisstation an einen zweckmäßig erscheinenden Ort platziert werden, ist es bei GSM-

---

15) Das Bundesimmissionsschutzgesetz von 1996 setzt einen Grenzwert von 200 µW/cm². Andererseits sind bereits ab 1 µW/cm² Änderungen der Gehirnströme im Elektroenzephalogramm (EEG) nachzuweisen, so dass Baubiologen für Schlafräume einen Wert von maximal 0,1 µW/cm² empfehlen.

oder UMTS-Basisstationen in unmittelbarer Nähe zum Wohnort schon etwas komplizierter. Ein Schlafplatz, der sich innerhalb einer Sichtverbindung – das heißt keine Abschirmung durch Mauern etc. – von mindestens 70 m zur Sendeanlage befindet, ist selbst unter Berücksichtung baubiologischer Kriterien als unkritisch einzustufen. Zudem ist zu bedenken, dass allein aus Gründen der Netzökonomie eine Funkantenne kaum mit ihrer »Sendekeule« (siehe Bild 34 auf Seite 87) unmittelbar auf ein Gebäude ausgerichtet ist; im Zweifelsfall schirmen zudem Wände die Funkwellen stärker ab als Fensterglas.

Abschirmung

Grundsätzlich ist dabei zwischen elektrischen und magnetischen Feldern, beziehungsweise den einzelnen Komponenten eines elektromagnetischen Feldes, zu unterscheiden.

Elektrische Felder lassen sich durch geerdete Metallplatten – gute elektrische Leiter – wirkungsvoll abschirmen. Um auch magnetische Felder abzuschirmen, ist ein ferromagnetisches Material erforderlich, dazu zählen weichmagnetisches Eisen, aber auch Legierungen wie Mumetall (NiFeCo) oder AlNiCo.

Hochfrequente elektromagnetische Felder – und um solche geht es beim Mobilfunk – können nur durch eine komplette Ummantelung aus einem elektrisch leitfähigen Material abgeschirmt werden. Der Grad der Abdichtung hängt eng mit der Wellenlänge der elektromagnetischen Strahlung zusammen – bei Mobilfunknetzen: 15–30 cm. Bereits Spalte von einem Zehntel der Wellenlänge reduzieren die Schirmwirkung signifikant.

Vor dem Gebrauch von Abschirmfolien für Mobiltelefone ist hingegen dringend zu warnen: Die Sendeleistung wird intern – im Bereich der technischen Grenzen – solange nachgeregelt, bis eine stabile Verbindung zur nächsten Basisstation zu Stande kommt. Die Folie würde somit lediglich für ein Erhöhen der Sendeleistung sorgen. Wesentlich effektiver ist hingegen ein Abschalten des Gerätes oder eine Platzierung einige Meter vom Aufenthaltsort und möglichst in Fensternähe.

Telefon, die Dritte – telefonieren über das Internet

Fortschritt

Die Telefonie spiegelt wie kaum eine andere Technologie die technische Weiterentwicklung im Bereich der Elektrotechnik und später auch der Elektronik wider. Zweifellos hat die thematische Nähe zu Datenverarbeitung und Internet – beiden Themen ist im Folgenden jeweils ein eigenes Kapitel gewidmet – zu dieser enormen Entwicklung beigetragen.

Telefonieren über das Internet? Geht es nicht noch ein bisschen komplizierter?

Gehört die klassische Telefonie nicht aus guten Gründen zu den Technologien, die das Gesicht der Kommunikation, im privaten wie im Wirtschaftsleben, nachhaltig verändert haben! Das Bedienen eines Telefonapparates ist so einfach, dass Menschen jeden Alters, vom Kind bis zum Greis, damit wie selbstverständlich umgehen. Wieso also ein so unübersichtliches Medium wie das Internet zum Telefonieren nutzen? Aus welchem Grund etwas Einfaches kompliziert machen?

Was für den privaten Gebrauch abwegig anmuten mag, macht in anderen Szenarien jedoch durchaus Sinn. Überall dort, wo große Datennetze unentbehrlich zum Arbeitsumfeld gehören, stellt sich die berechtigte Frage, ob zwei parallele Infrastrukturen – die eine für Daten, die andere für Sprache – aufzubauen und zu betreiben sind. Längst dominiert das Übertragungsvolumen an Daten die Sprachkommunikation – zumal Letztere, wie der Abschnitt *DECT, GAP und ISDN* zeigt, ebenfalls als digitaler Datenstrom übertragen wird. Hier sprechen in der Tat Kostenargumente für eine Vereinheitlichung – und begründen so das Konzept der Internet-Telefonie (IP-Telefonie). Hinzu kommt, dass praktisch jeder Büroarbeitsplatz nicht nur mit einem Telefon, sondern auch mit einem PC mit Inter-

Bild 35 Headset (Quelle: Thomas Schichel).

net-Anschluss ausgestattet ist, die Basisausrüstung also bereits existiert.

Mit Hilfe eines PCs telefonieren? – Wie soll das gehen, wo ist der Hörer? Bevor mit einem PC telefoniert werden kann, wird ein kleines, aber wichtiges Ausstattungsdetail benötigt, das *Headset*. Es besteht aus einer Kombination von Ohrhörer und Mikrofon und vermittelt im Büroalltag ganz nebenbei auch noch ein wenig Cockpit-Flair. Positiver Nebeneffekt: Die Hände bleiben für Tastatur und Maus frei!

Der Anschluss an den Computer erfolgt über eine *Soundkarte*, über die praktisch jeder PC und Laptop verfügt. Die Soundkarte setzt Daten in Klänge (*sound*) für den Ohrhörer um und wandelt die elektrischen Signale aus dem Mikrofon in Daten.

Das Führen von Gesprächen geschieht ganz ähnlich, wie mit dem »richtigen« Telefon: Ein Gesprächspartner wird aus einer Telefonbuchliste ausgewählt, die Verbindung wird aufgebaut – und nach Beendigung des Gesprächs wieder abgebaut. Dabei spielen verschiedene Software-Komponenten zusammen, die teils auf dem lokalen PC installiert sind und teils auf Servern im Internet ablaufen. Sie dienen zum Aufbau der Verbindung und entsprechen damit in ihrer Funktion der Vermittlungstechnik der klassischen Telefonie. Darüber hinaus sorgen sie auch für einen reibungslosen Datentransfer zwischen den Gesprächspartnern.

Da eine nähere Beschreibung der Internet-Technologie erst im nächsten Kapitel folgt, sei an dieser Stelle nur eine kurze Skizze der Technik gegeben. Ähnlich wie bei Mobiltelefonen spielt der physische

Aufenthaltsort bei der Internet-Telefonie keine Rolle. Entscheidend ist in beiden Fällen eine weltweit eindeutige Kennung – im ersten Fall die Rufnummer inklusive Vorwahl, im zweiten Fall eine IP-Adresse (Internetadresse, siehe auch Abschnitt *TCP/IP und DNS – Adressen im Internet* ab Seite 113). Da beispielsweise ein Laptop je nach dem aktuellen Internet-Zugangspunkt unterschiedliche IP-Adressen zugewiesen bekommt, wäre eine feste Zuordnung zwischen IP-Adresse und Teilnehmer wenig zweckmäßig. Dasselbe gilt für PCs, die keine feste Internetanbindung haben; auch sie erhalten bei jeder Einwahl vom Internetservice-Provider eine momentan gerade freie IP-Adresse.[16] Ein Telefonbuch mit IP-Adressen in gedruckter Form wäre schon zum Zeitpunkt der Drucklegung hoffnungslos veraltet! Die Lösung ist ähnlich wie beim Problem, den aktuellen Aufenthaltsort eines Mobiltelefons herauszufinden – und wird mit den Mitteln des Internets spielend gelöst: Genauso, wie sich ein Mobiltelefon nach dem Einschalten bei der nächsten Basisstation des Netzbetreibers anmeldet, nehmen IP-Telefon oder ein für die IP-Telefonie vorbereiteter Rechner automatisch mit Servern (SIP, *Session Initiation Protocol*) im Internet Kontakt auf, wo entsprechende Register geführt werden. Bei einem Verbindungsaufbau werden die Daten zur aktuellen IP-Adresse des Gesprächspartners hier abgefragt. Neben der Internet-Telefonie nach diesen offenen Standards gibt es auch Betreiber-spezifische Telefoniedienste. Der wichtigste Anbieter ist *skype* (http://www.skype.com).

Anders als bei der Übertragung von Datenpaketen beim Senden einer E-Mail, wo weder das Antwortzeitverhalten noch die Reihenfolge des Eintreffens einzelner Datenpakete eine Rolle spielt, sind bei der Telefonie eine Reihe von Randbedingungen zu beachten. Das größte Manko ist dabei, dass die zur Verfügung stehende Bandbreite nicht konstant ist. Die Ausrichtung von lokalen Computernetzen wie auch des Internet auf maximalen Datendurchsatz widerspricht der Forderung nach einer Reservierung bestimmter Ressourcen für einzelne Zwecke. Ebenso sind weder der Weg noch die Laufzeit einzelner Datenpakete während der Übertragung definiert. Dabei machen sich bereits einige 10 ms (0,01 s) Verzögerung und Übertragungsraten unter 100 kBit/s durch Einbußen bei der Sprachverständlichkeit und Aus-

16) Auch Router für eine DSL-Verbindung werden alle 24 Stunden automatisch vom Netz getrennt und erhalten bei der Neuanmeldung in der Regel eine andere IP-Adresse zugewiesen.

setzer bemerkbar. Es ist zu beachten, dass die Bandbreite sowohl in Empfangs- wie auch in Senderichtung – also auch dem Uplink – dieser Forderung genügen muss. Immerhin liegt die Rechenkapazität von PCs und Laptops inzwischen auf einem Niveau, das auch den Einsatz leistungsfähiger Algorithmen für das Übertragen und Zusammenfügen der Sprachdaten (*Codec*) ermöglicht. In gewissen Grenzen können dabei auch die Daten aus verloren gegangenen oder zu spät eintreffenden Datenpaketen rekonstruiert werden, ohne dass es zu hörbaren Störungen kommt.

Weitere Aspekte sind Abhör- und Ausfallsicherheit. Auch wenn, wie bereits früher angemerkt wurde, die Telefonnetzbetreiber inzwischen per Gesetz zum Bereitstellen von Zugängen für das Abhören des Telefonverkehrs einzelner Anschlüsse verpflichtet sind, stellen technischer und organisatorischer Aufwand Hürden dar, die es de facto nur Behörden erlauben, diese Maßnahmen durchzuführen. Das Ausspähen von Daten im Internet ist deutlich einfacher zu bewerkstelligen, so dass zumindest theoretisch das Aufzeichnen von Gesprächen – nicht nur der Verbindungsdaten, sondern auch der Inhalte – mit vertretbarem Aufwand machbar ist.

Eine ganz andere Frage ist jedoch die Zuverlässigkeit im Sinne der Verfügbarkeit. Anders gefragt: Wann konnte das »normale« Telefon das letzte Mal *nicht* benutzt werden?

Spätestens hier wird der derzeit wichtigste Unterschied zu Rechner-basierten Infrastrukturen deutlich! Der Ausfall eines Telefons – oder einer Telefonanlage oder Vermittlungsstelle – wäre ein Ereignis, an das sich mit Sicherheit jeder gut erinnern kann. Der »Absturz« des PCs, der undefinierte Zustand in dem keine Benutzerinteraktion mehr möglich ist, stellt hingegen ein kaum noch beachtetes Alltagsphänomen dar. Auch wenn Computernetzwerke durch eine ganze Reihe technischer Maßnahmen den Ausfall einzelner Komponenten verkraften, ohne gleich komplett den Betrieb zu quittieren, so ist die Verfügbarkeit von Telefonnetzen noch lange nicht erreicht. – Einzig im Bereich von Großrechnern (*Mainframe*) ist eine Verfügbarkeit von 99,999 % realisiert, was lediglich eine Ausfallzeit von insgesamt fünf Minuten pro Jahr bedeutet.

Solange Internet- und konventionelle Telefonie parallel nebeneinander betrieben werden – und vieles spricht dafür, dass es, wenn auch bei variierenden Gewichten, über längere Zeiträume dabei bleiben wird – sind Übergänge (*Gateway*) zwischen den Systemen erforderlich. Genau wie es zwischen den Telefonnetzen der einzelnen Betreiber Verbindungen zu ausländischen Telefonnetzen und Mobilfunknetzen gibt, so existieren diese auch zur Internet-Telefonie. In Deutschland ist für Rufnummern außerhalb von Ortsnetzen dafür die Gasse mit der Vorwahl 032 vorgesehen.

Das Internet

Um was handelt es sich eigentlich beim *Internet?* Woraus besteht dieses Netz – und vor allem, aus welchem Grund ist es so spannend damit zu arbeiten, was macht die enorme Attraktivität aus?

Der Begriff *Internet* liefert bereits einen ersten Hinweis: Es handelt sich um ein Netz, dass andere (Computer-)Netze verbindet (*interconnected networks*). Nach den Kapiteln über die Telefonie lässt sich folgende Analogie bilden: In Berlin und Hannover, Hamburg und Frankfurt existieren Telefonnetze. Damit Telefonate auch in entfernte Telefonnetze – d. h. mit anderer Vorwahlnummer, also beispielsweise von Hannover nach Hamburg – geführt werden können, muss ein übergeordnetes Netz existieren, das die jeweiligen lokalen Netze verbindet. Ein weiteres Beispiel wäre ein Anruf zwischen zwei größeren Firmen oder Behörden. Firmen und Behörden verfügen in der Regel über eigene, interne Telefonnetze. Für ein Gespräch zwischen zwei Firmen ist jedoch das öffentliche Telefonnetz, an das die internen Netze angeschlossen sind, erforderlich.

Genauso verhält es sich beim Internet, es verknüpft die Datennetze einzelner Firmen, Behörden und anderer Institutionen. Über spezielle Übergänge zum Telefonnetz ist eine Verbindung ins Internet von praktisch jedem Punkt der Welt aus möglich – wenn auch, wie in den vorangegangenen Kapiteln gesehen, mit einem gewissen technischen Aufwand verbunden (analoges Modem, ISDN-Karte oder DSL-Anschluss) und je nach verwendeter Infrastruktur nur mit begrenzter Datenübertragungsgeschwindigkeit.

Damit ist de facto ein Zugriff von jedem Rechner, der mit dem Internet verbunden ist, auf alle anderen angeschlossenen DV-Anlagen und PCs möglich. Die Wege dafür sind zahlreich und werden im Abschnitt *TCP/IP* näher beleuchtet. Auch gehört nicht viel Phantasie dazu, sich vorzustellen, dass ein solches System eine Vielzahl von

Sicherheitsfragen aufwirft – dazu mehr weiter unten im Abschnitt *Problematisches*.

Doch was ist das Internet nun eigentlich wirklich? Genau wie beim Telefon – wo im Wesentlichen auch nur das Gerät, mit dem telefoniert wird, bekannt ist – verhält es sich beim Internet. Nicht die Infrastrukturen, die eben das übergeordnete Netz ausmachen, sondern der Nutzen beschäftigt die Gemüter. Dies können Schriftstücke, Broschüren, Musik, Filme oder Videos sein, die kostenlos oder gegen Entgelt auf ans Internet angeschlossenen Rechnern (*Website*) bereitgehalten werden und sich via Internet auf jeden anderen Rechner mit einer Internet-Verbindung übertragen lassen – zum Anschauen, Weiterbearbeiten oder Versenden an Dritte. Es kann sich auch um kommerzielle Vertriebsabwicklungs- und Warenwirtschaftssysteme (*Webshop*) handeln, die direkt eine Bestellung entgegennehmen und den Versandprozess anstoßen, vor allem aber um allgemeine Informationen zu Firmen und Produkten, Institutionen und Personen. Doch wie werden die beliebig verstreuten Informationen, Dokumente und Verkaufsstellen gefunden? Um die Antwort kurz zu machen: selbstverständlich mit einer Internet-Technologie, mit Suchmaschinen. Wie das funktioniert wird im Abschnitt *Wer suchet der findet – und wird gefunden* näher beschrieben.

Mit geringem Aufwand – technisch wie monetär – können an jeder Stelle der Welt praktisch beliebige Inhalte zum Abruf bereitgestellt werden. Was auf der einen Seite dem Gedanken der freien Meinungsäußerung und dem freien Zugang zu beliebigen Informationen entspricht, ist andererseits natürlich auch für die Verbreitung von Desinformationen und Propaganda oder sogar für kriminelle Machenschaften nutzbar. Ein Dilemma vieler technischer Errungenschaften, denn auch über das Telefon lassen sich nicht nur Verabredungen zum Abendessen treffen oder eine Pizza bestellen, genauso kann auch ein Banküberfall besprochen werden. Das Messer hilft bei unzähligen Tätigkeiten im Haushalt – und ab und an auch zum gemeinen Mord. Doch deshalb die Kartoffeln mit den Fingernägeln schälen?

Da das Internet weltumspannend keine Grenzen kennt, ist es schwierig, wenn nicht gar unmöglich, hier allen Ansprüchen gerecht zu werden. Wie soll gegen Dokumente vorgegangen werden, die gegen das Rechtsempfinden verstoßen, wenn sie von einem Rechner außerhalb des eigenen Landes angeboten werden? Schließlich endet die Polizeihoheit an den jeweiligen Staatsgrenzen. Inhalte, selbst solche die in einem Land als kriminell gelten, sind nicht zwangsläufig in allen anderen Staaten auch unstatthaft. Nicht nur – aber insbesondere – im Bereich der politischen Willensbildung gehen die Meinungen sehr weit auseinander: Stehen Dissidenten einem diktatorischen Regime gegenüber oder gefährden Extremisten eine staatliche Grundordnung? Was ist ethisch vertretbar, was ist sittlich gefährdend? Selbst die Frage nach der rechtlichen Zulässigkeit ist sowohl vom Ort wie auch vom Zeitpunkt abhängig. Man betrachte nur einmal den Wandel, der sich in punkto Politik und Gesellschaft, aber auch Mode und Kultur über die vergangenen 150 Jahre in Deutschland vollzogen hat. Die Bandbreite von politischen, gesellschaftlichen und ethischen Normen die sich heute weltweit findet, lässt sich problemlos auf ein Land innerhalb einer begrenzten Zeitspanne projizieren.

Existiert jedoch erst einmal ein Internetzugang, so ist es nur mit hohem Aufwand möglich, einzelne – ansonsten öffentliche – Informationsquellen (d. h. einzelne Rechner im Internet) für den lokalen Benutzer unzugänglich zu machen. Ein Aufwand, den totalitäre Regierungen durchaus in Kauf nehmen.[17] Generell ist ein solches Unterfangen jedoch von fragwürdiger Reichweite, da auf Grund von Zitaten oder im Einzelfall sogar spiegelbildlichen Kopien viele Inhalte (Pressemitteilungen, Veröffentlichungen etc. – ja sogar eine Kurzbeschreibung dieses Buchs) auf zahllosen Rechnern im Internet vorgehalten werden.

Trotz verschiedener Vorbehalte – im Abschnitt *Problematisches* werden diese noch vertieft – darf die wirtschaftliche und politische Bedeutung des Internets keinesfalls unterschätzt werden. Als Informationsquelle für aktuelle Nachrichten hat es insbesondere bei der jüngeren Generation längst die Printmedien verdrängt und spielt auch im Bereich der Unterhaltung eine zunehmend wichtigere Rolle – teilweise schon heute eine größere als das Fernsehen.

17) Während der Olympiade in Peking im August 2008 war den Journalisten im Pressenzentrum der Zugang zu zahlreichen westlichen Nachrichtenmedien verwehrt – einer Maßname, der sich das chinesische Volk trotz Sprachbarriere generell ausgesetzt sieht.

Verteilte Systeme, Chaos mit System

Bereits aus der kurzen Einführung geht hervor, dass, anders als bei den streng hierarchisch aufgebauten Telefonnetzen, im Internet ein gewolltes Chaos herrscht. – Und das, obwohl es inzwischen von weltweit mehr als einer Milliarde Menschen regelmäßig genutzt wird und sich allein in Europa über 100 Millionen Systeme befinden, die die verschiedensten Informationen bereit halten oder beispielsweise einen Einkauf per PC erlauben (Stand: Sommer 2008).

Bevor die Infrastrukturen noch im Einzelnen weiter betrachtet werden, sei jedoch der Blick in die – gar nicht ferne – Vergangenheit gerichtet: Wie kam es zum Internet, was war die treibende Kraft bei der Entwicklung?

Als vor 50 Jahren die ersten Datenverarbeitungsanlagen entstanden, war jedes System ein Unikat, was sich bis hin zur Programmierung und den Datenformaten auswirkte. Über den Austausch von Daten und eine dafür zweckmäßige Verbindung zwischen den verschiedenen Rechnern wurde erst einige Jahre später nachgedacht. Rechner, das waren zu diesem Zeitpunkt keine PCs im Schuhkartonformat, sondern tonnenschwere und schrankwandgroße Ungetüme, in der Regel wassergekühlt und mit einer nach heutigen Maßstäben geradezu erbärmlichen Rechenleistung. Dennoch, die Maschinen waren hoch begehrt und wurden zu geradezu astronomischen Preisen gehandelt. Viele waren in amerikanischen Hochschulen und Forschungszentren im Einsatz, die mehr oder weniger eng mit dem Militär zusammenarbeiten. In den 1960er Jahren, vor dem Hintergrund des Kalten Krieges, wurde über eine möglichst robuste, durch feindliche Angriffe nicht zu beeinträchtigende Infrastruktur nachgedacht, um die knappen Rechenkapazitäten besser ausnutzen zu können.

Anders als beim Telefonnetz, das zentrale Vermittlungsämter benötigt, sollten die Daten »von alleine« ihr Ziel finden, so dass der Ausfall einzelner Verbindungsknoten im Netz zu keiner Beeinträchtigung des Datenverkehrs führt. 1969 wurde mit dem ARPA-Netz (Arpanet, *Advanced Research Projects Agency Network*) der technische Vorläufer des Internet in Betrieb genommen – auch wenn es zunächst nur Verbindungen zwischen den Rechnern an vier Universitäten in Kalifornien und Utah gab.

Die Basisidee für die Datenübertragung über das Internet lässt sich vereinfacht wie folgt beschreiben: Jedes Datenpaket wird zu Beginn der Übertragung mit einer Reihe zusätzlicher Informationen versehen. Bildlich ausgedrückt, wird es in einen Briefumschlag verpackt, der mit verschiedenen Informationen für Briefträger und Empfänger versehen wird. Dazu gehören neben grundlegenden Angaben wie Absender und Empfänger beispielsweise auch eine laufende Nummerierung, um die Pakete beim Empfänger in der korrekten Reihenfolge wieder zusammensetzen zu können – wichtig beim Senden größerer Datenmengen! Weiterhin sind Daten zur Art des Versands vermerkt: Handelt es sich um einen einfachen Brief, der nur in den nächsten Briefkasten geworfen wird, oder ist es eine Sendung, deren Empfang wie beim Einschreiben mit Rückschein vom Empfänger quittiert wird.

Doch nun wird es spannend: Wie finden die so markierten Datenpakete ihr Ziel? Dafür wird ein sehr einfaches – und gerade deshalb effizientes – Suchverfahren angewandt. Der absendende Rechner schaut, ob ihm die Empfängeradresse bekannt ist. Dies ist nur dann der Fall, wenn das Ziel im selben Netzwerk zu finden ist. Andernfalls verfügt er über eine Liste mit wenigstens einer Adresse des- oder derjenigen Rechner(s) im eigenen Netz, die eine Verbindung zu anderen Netzen haben und dann ihrerseits die angeschlossenen Netze nach der Zieladresse untersuchen. Dieses Verfahren wird solange fortgesetzt, bis das Ziel ermittelt wurde.

Aus dieser Beschreibung lassen sich wesentliche Konzepte nachvollziehen: Es gibt keine zentrale Vermittlungsstelle, ist eine Route nicht verfügbar, wird eine andere gesucht. Es existiert somit kein Ziel, dessen Ausfall die Kommunikationsinfrastruktur großflächig in Mitleidenschaft ziehen würde. Andererseits können Datenpakete auf unterschiedlichen Wegen zum Ziel gelangen oder – wie bei der ganz gewöhnlichen Briefpost – hin- und wieder auch verloren gehen. In jedem Fall ist die Reihenfolge des Eingangs nicht zwangsläufig identisch mit der des Versands. Die Informationen zur korrekten Anreihung der einzelnen Teilpakete sind also unerlässlich. Auf die logische Struktur der Internetadressen (IP-Adresse, *Internet Protocol*) und anderer Komponenten, die zu einem effizienten Transport beitragen, soll später noch eingegangen werden.

Schließlich war eine weitere Schwierigkeit zu meistern, bevor Daten zwischen unterschiedlichen Datenverarbeitungssystemen ausgetauscht werden konnten. Genau wie in jeder Sprache ein eigenes Wort für einen Begriff oder eine Tätigkeit existiert, so wird auch heute noch jedes Schriftzeichen des Alphabets je nach Systemfamilie auf unterschiedliche Weise elektronisch repräsentiert. In den 1960er Jahren hatte praktisch jeder Hersteller seine eigene Methode, alphanumerische Zeichen zu speichern. Bevor eine Verbindung von Rechnern – insbesondere auch solchen verschiedener Hersteller – in Erwägung gezogen werden konnte, musste zunächst ein einheitlicher Zeichensatz (*codepage*), genauer, eine verbindliche Kodierung, definiert werden. Basierend auf den Codes der bereits seit einigen Jahrzehnten arbeitenden Fernschreiber wurde 1967 der ASCII-Zeichensatz (*American Standard Code for Information Interchange*) als Standard festgelegt. Zunächst nur für die amerikanischen Schriftzeichen ausgelegt, kamen in den vergangenen Jahrzehnten verschiedene Erweiterungen hinzu, die die Notwendigkeiten diverser länderspezifischer Zeichensätze berücksichtigten – wie beispielsweise die deutschen Umlaute.

Neben den vorgenannten Varianten von ASCII existieren auch heute noch eine ganze Reihe weit verbreiteter Zeichensätze. Ein Beispiel dafür ist der im Bereich von Großrechnern vor mehr als 40 Jahren von IBM eingeführte EBCDIC- (*Extended Binary Coded Decimals Interchange Code*) Zeichensatz. Eine große Herausforderung – auch bei diversen weiteren Zeichensätzen – sind Sonderzeichen in den verschiedenen Sprachen. Und das betrifft zunächst einmal nur jene Sprachen, die sich *lateinischer* Textzeichen bedienen! Um auch Sprachen mit anderen Alphabeten (zum Beispiel Arabisch) oder Schriftsymbolen (Japan, Kanji) zu unterstützen, bedarf es weitaus größerer Anstrengungen! So wurde ab 1991 der Zeichensatz *Unicode* entworfen. Mit einem Volumen von derzeit über 100.000 Zeichen lassen sich neben Schriftzeichen unterschiedlichster Sprachen sogar Musiknoten und Keilschrift-Hieroglyphen in einem Zeichensatz darstellen.

Mit dem ASCII-Zeichensatz war eine wichtige Grundlage für das Entstehen des Internet geschaffen. Durch das gleichzeitige, wenn auch voneinander unabhängige, Aufkommen des Betriebssystems *UNIX* und der Programmiersprache *C* entwickelte sich in Verbindung mit dem gerade entstandenen Arpanet schließlich das Internet.

Die technische Infrastruktur des Internet besteht heute aus weltweit verlegten Glasfaserkabeln, die in über 100 Knoten zusammenlaufen. 60 dieser Verbindungspunkte befinden sich in Europa, knapp halb so viele in Nordamerika. Diese Internetknoten stellen die Verbindung zu den Netzen zahlreicher lokaler Anbieter (ISP, *Internet Ser-*

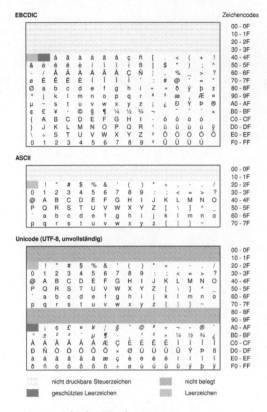

Bild 36 Verschiedene Zeichensätze.

vice Provider) her, über die Organisationen und Privatpersonen Zugang zum Internet erhalten. Gleichzeitig befinden sich in unmittelbarer räumlicher Nähe zu den Verbindungsknoten leistungsfähige Rechenzentren. Hier wird eine große Anzahl von Computern (*Server*) betrieben, die Informationen und Programme für Internetbenutzer (*Client*) zum Abruf bereithalten. Damit besteht gerade für kleine Firmen, Vereine und sogar Privatpersonen die Möglichkeit, ohne großen Aufwand Informationsangebote ins Internet zu stellen.

Diese Infrastruktur bleibt jedoch meist im Verborgenen, es sei denn bei Bauarbeiten wird eines der Glasfaserkabel mit seinen vielen hundert Fasern beschädigt. Ein spektakulärer Fall ereignete sich im Januar 2008 vor der ägyptischen Küste bei Alexandria, wo durch ankernde Schiffe ein Unterseekabel zerrissen wurde. Kann in einem

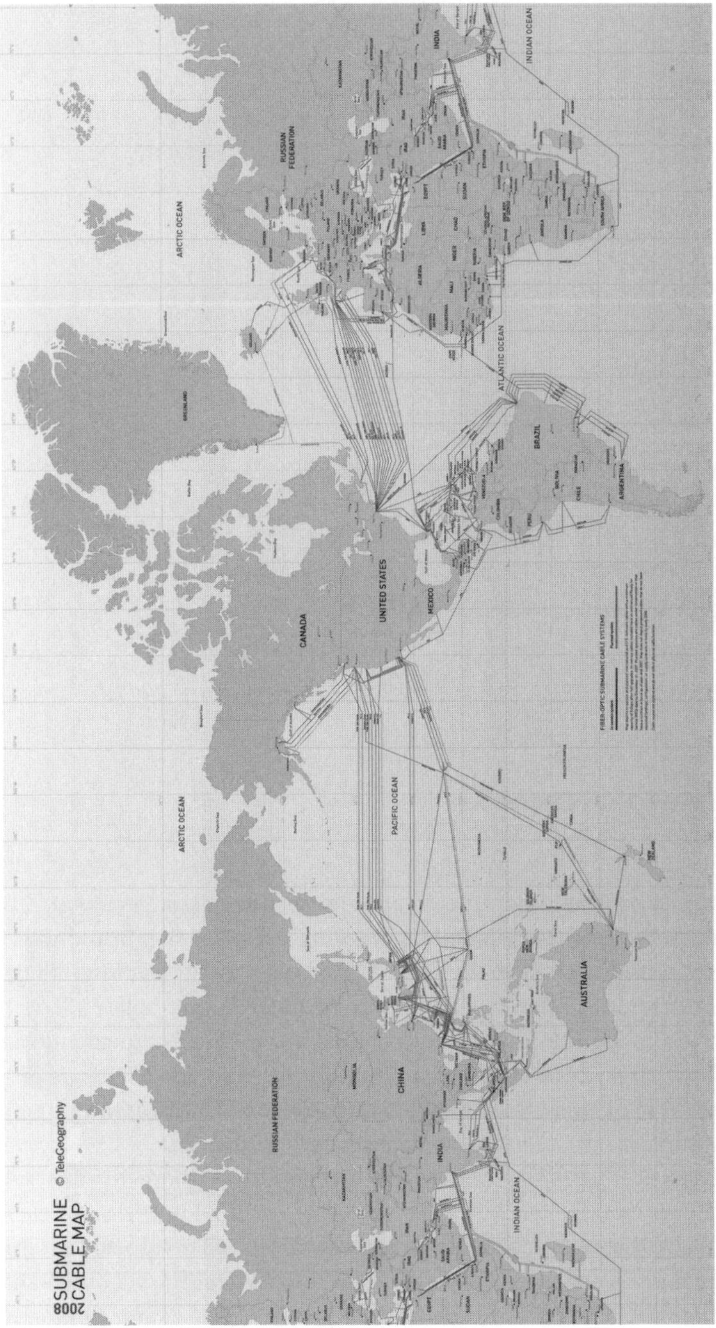

Bild 37 Unterseekabel (Quelle: TeleGeography Research, http://www.telegeography.com).

solchen Fall nicht kurzfristig auf andere Leitungen umgeschaltet werden, ruhen Daten- und Telekommunikation bis die Verbindungen wiederhergestellt sind.

Für die meisten Menschen steht heute der Begriff *Internet* als Synonym für die Dienste, die über eben diese Infrastruktur ermöglicht und erbracht werden. Dazu gehören an erster Stelle das *World Wide Web* (www), aber auch *E-Mail* (SMTP, *Simple Mail Transfer Protocol*), die Fernsteuerung von Rechnern (Telnet) oder das Kopieren von Dateien (FTP, *File Transfer Protocol*). Mehr dazu in den Abschnitten *E-Mail, Telnet, FTP* sowie *Von E-Mail, Chat und Foren zu Web 2.o.*

Ich bin drin – der Zugang zum Netz der Netze

Auch wenn in Deutschland knapp zwei Drittel der Bevölkerung regelmäßig das Internet nutzen, so ist die Frage, wie funktioniert der Zugang, keineswegs trivial.

Als erstes wird ein physischer Anschluss benötigt, der in den meisten Fällen eng mit der Telekommunikationsanbindung zusammenhängt. In der Vergangenheit diente meist eine Modem- oder ISDN-Verbindung dazu, über spezielle Telefonnummern mit Übergangspunkten (*Gateways*) Kontakt aufzunehmen. Über diese Einwahlpunkte wurde die Verbindung zwischen dem Telefonnetz und einem Datennetz realisiert. Heute erlauben DSL-Anschlüsse einen direkten Zugang zu den Datennetzen. Diese Netze werden von einer Vielzahl von Anbietern (ISP, *Internet Service Provider*) betrieben, dazu gehören u. a. T-Home (ehem. T-Online), AOL, 1 & 1, Arcor und freenet. Über diese Datennetze werden schließlich die – im vorherigen Abschnitt erwähnten – Internetknoten und somit ein Zugang zum Internet erreicht.

Zusätzlich zum Anschluss ist noch ein Benutzerkonto erforderlich, denn die Service Provider stellen die Nutzung ihrer Infrastruktur natürlich in Rechnung. Insbesondere für breitbandige – also mit hoher Datenrate arbeitende – DSL-Anschlüsse sind seit längerer Zeit so genannte *Flatrates* üblich, eine pauschale Monatsgebühr, die lediglich von der Geschwindigkeit des angebotenen Zugangs abhängt. Für andere Zugangswege werden in der Regel nutzungsabhängige Tarife angeboten, bei denen die Abrechnung nach Datenvolumen und/oder Nutzungsdauer (Online-Zeit) erfolgt. Bei Zugängen via Telefon- (Modem) oder ISDN-Netz ist zudem zu beachten, dass während der Verbindung zum Einwahlknoten zusätzlich die Gebühren für ein Ortsgespräch anfallen.

Noch anders verhält es sich bei nicht drahtgebundenen Zugängen zum Internet: Auch die Betreiber der Mobilfunknetze haben das Geschäft mit Internetzugängen längst für sich entdeckt. Im Abschnitt *Das Internet wird mobil: EDGE, UMTS, HSDPA und WiMax* wurden die verschiedenen Möglichkeiten bereits vorgestellt. Über entsprechend ausgerüstete Mobiltelefone – oder auch direkt mit dem mobilen Rechner zu verbindende Elektronikkomponenten für den Empfang des Mobilfunknetzes – kann an praktisch jedem Ort eine Internetverbindung aufgebaut werden. Die Abrechnung erfolgt meist über das transferierte Datenvolumen.

Als letzte Alternative sei noch der WLAN-Zugang (*Wireless Local Area Network*, drahtloses lokales [Computer-]Netzwerk) erwähnt. In vielen Firmen wie auch privaten Haushalten wird diese Technik eingesetzt, um einzelne Computer untereinander oder mit einem Internetzugang zu verbinden. Dieselbe Technik ist auch an zahlreichen öffentlichen Plätzen – Bahnhöfen, Flughäfen, Hotels, Cafés – installiert. Prinzipiell lassen sich auch Busse und Bahnen damit ausstatten, selbst wenn dies in Deutschland bislang wenig verbreitet ist. Mobile Computer verfügen bereits seit einigen Jahren standardmäßig über eine entsprechende Ausrüstung. In den meisten Fällen ist die Verbindung – außerhalb der eigenen vier Wände beziehungsweise der Räumlichkeiten der Firma – kostenpflichtig, ausschlaggebend ist hier die Nutzungsdauer.

Dialer

Ein gar nicht so triviales Problem bei der Einwahl ins Internet über eine Modemverbindung stellt die Angabe der diversen Parameter – darunter Kundendaten, Einstellungen für den Einwahlknoten etc. – dar. Die Konfiguration unter dem Stichwort DFÜ-Netzwerk (Datenfernübertragung) ist zudem nicht jedermanns Sache.

Wie praktisch, dass es eine Reihe meist kostenloser Hilfsprogramme mit vorkonfigurierten Einstellungen gibt (Dialer), die ganz einfach zu installieren und zu starten sind. Einige versprechen zudem die eher verhaltene Übertragungsgeschwindigkeit der Modemverbindung zu erhöhen.

Leider ist letzteres in den Bereich der Fabel zu verweisen und auch bei den Einwahlprogrammen ist besondere Vorsicht geboten. In vielen Fällen findet die Einwahl über extrem teure Mehrwertdienste statt. Teilweise werden auch unbemerkt Verbindungen aufgebaut, so dass enorme Online-Zeiten zu Stande kommen. Das Erschrecken beim Anblick der

Telefonrechnung gibt es dann wieder gratis.

Die Tatsache, dass derartige Machenschaften kriminell sind, hilft wenig; eher hingegen ein umsichtigeres Verhalten mit unangefordert erhaltener Software aus dubioser Quelle. In jedem Fall sollte ein Klicken im Modem (auch ohne Töne aus dem Lautsprecher) misstrauisch machen, sofern nicht explizit ein Verbindungsaufbau erwartet wird. – Im Notfall reicht es, erst einmal das Kabel zwischen Modem und Telefonsteckdose abzukoppeln.

E-Mail, Telnet, FTP und HTTP

Das Internet kann also als eine riesige Infrastruktur beschrieben werden. Doch wirklich fassbar wird es erst durch die Dienste (*Services*), die darüber nutzbar sind. Existierten bei der Telekommunikation lange verschiedene Netze für die verschiedenen Dienste wie Telefonie, Fernschreiber (Telex), Datenübertragung (Datex-L und Datex-P), so bildet das Internet von Anfang an die gemeinsame Basis für immer wieder neue Dienste.

Prinzipiell kann ein und derselbe Rechner im Internet verschiedene dieser Dienste bedienen – so bekommt der Begriff *Server* eine augenscheinliche Bedeutung: ein Diener, der die Anfragen seiner Klientel (*Clients*) erledigt. Server, jene Maschinen die in Rechenzentren von Internet Service Providern oder Firmen rund um die Uhr im Netz erreichbar (*online*) sind, verfügen dafür nicht nur über eine eindeutige Kennung (IP-Adresse), sondern zusätzlich auch über separate logische Zugänge (IP-Ports), über die jeweils einzeln auf einen der bereitgestellten Dienste zugegriffen werden kann.

Die technische Beschreibung von Diensten wird in der Regel in einem Protokoll für die Abwicklung der Datenübertragung definiert. Daher findet sich in den Namen vieler Dienste der englische Begriff *Protocol*. Wenden wir uns also einigen wichtigen Diensten einmal näher zu.

Einer der ersten und bis heute auch wichtigsten dieser Dienste ist *E-Mail*; über das *Simple Mail Transfer Protocol* (SMTP, Port: 25) wird der Versand von Nachrichten und über das *Post Office Protocol* (POP3, Port: 110) das Abholen von einem elektronischen Postfach geregelt. Alternativ können über IMAP (*Internet Message Access Protocol*, Port: 143) das Postfach und die Nachrichten eingesehen werden, ohne dass Letztere zum Client verschoben werden. Dies ist beispielsweise vorteilhaft, wenn über ein Mobiltelefon nur wichtige Nachrichten gelesen und beantwortet werden, die weitere Verarbeitung jedoch im Büro am PC erfolgen soll.

Der Postfachname wird aus dem Namen des Empfängers sowie dem Namen des Rechners gebildet, zum Beispiel *bernd.beispiel@musterrechner.de*. Groß- und Kleinschreibung spielt, wie bei allen Namensbezeichnungen im Internet, keine Rolle. Auf den Gebrauch von Umlauten muss – ebenso wie auf andere länderspezifische Zeichen (Akzente etc.) und die meisten Sonderzeichen – verzichtet werden. Lediglich Buchstaben, Ziffern sowie die Zeichen für Punkt».« und Gedankenstrich»-« sind in Namen zulässig. Das Sonderzeichen»@« (gesprochen wie engl. *at*) trennt Postfachname und Rechnername. Der Aufbau des Rechnernamens wird im Glossar im Abschnitt *Internetadresse* näher betrachtet.

Ein noch älterer Dienst ist FTP (*File Transfer Protocol*, Port: 20 und 21) . Er dient zum Übertragen von Dateien zwischen Rechnern im Internet. Es lassen sich auf dem entfernten Rechner damit ebenso Verzeichnisstrukturen anlegen und löschen wie Dateien in beiden Richtungen kopieren oder verschieben.

Vor dem Hintergrund der Bündelung von Rechnerkapazitäten und um eigenen Kapazitätsengpässen entgegen zu wirken, ist Telnet (*Telecommunication Network*) von Bedeutung. Per Telnet können auf einem entfernten Rechner Programme gestartet und mit ihnen genauso gearbeitet werden wie an der Konsole des eigenen Rechners. Daten können zuvor per FTP dorthin transferiert und nach der Bearbeitung wieder abgeholt werden.

Auch wenn es sich die Meisten heute kaum noch vorstellen können, die Entwicklung des Internet reicht weit in die Vergangenheit zurück – sogar so weit, dass noch nicht einmal grafische Benutzeroberflächen existierten, in denen per Mausklick Menüs geöffnet und Befehle ausgeführt werden und die im hohen Maße zur Verbreitung der PCs auch in privaten Haushalten beigetragen haben. Der Aufruf und die Bedienung erfolgten über die Kommandozeile, ausschließlich per Tastatur.

Das Bild 38 zeigt beispielhaft den Aufruf eines FTP-Clientprogramms und den Verbindungsaufbau mit einem FTP-Server. Die Arbeit mit derartigen Benutzeroberflächen ist wenig intuitiv und erfordert zumindest grundlegende Kenntnisse des jeweiligen Programms. Dementsprechend war die Nutzung des Internets im Wesentlichen Profis vorbehalten. Das änderte sich erst, als mehrere entscheidende

Bild 38 Programmaufruf an der Kommandozeile.

Entwicklungen zusammentrafen: die Einführung grafischer Benutzeroberflächen (*Mac OS* von Macintosh [1984], *OS/2 Presentation Manager* von IBM [1988], *Windows 3.0* von Microsoft [1990]), die Entwicklung des HTTP-Protokolls (*Hypertext Transfer Protocol*) am CERN in Genf (1989) und der erste Browser (*Mosaic*, 1993). Damit war der Übergang von einer Infrastruktur »von Profis für Profis« zu einem für »Jedermann« zugänglichen und nutzbaren Informationsmedium vollzogen.

Kein Dienst hat seither eine solche Bedeutung erlangt wie das auf dem HTTP-Protokoll basierende *World Wide Web*. Aus Sicht des Benutzungskomforts kommt der Entwicklung von HTML (*Hypertext Mark-up Language*) eine entscheidende Rolle zu. Bei HTML handelt es sich um eine Seitenbeschreibungssprache. Sie dient zur grafischen Gestaltung von Dokumenten, vor allem aber verfügt sie über Funktionen, die das Einrichten von Querverweisen zu anderen Dokumenten (*link*, Verbindung) erlaubt. Damit ist per Mausklick ein direkter Sprung an das Verweisziel möglich. Das Vorgehen entspricht im weiteren Sinn dem Nachschlagen eines lexikalischen Verweises – nur dass anstelle des manuellen Aufsuchens der Verweisstelle eben diese unmittelbar zur Anzeige gebracht wird. Auf diese Weise können Inhalte aus unterschiedlichen Dokumenten miteinbezogen werden, vollkommen unabhängig, ob der Verweis auf eine andere Stelle desselben Dokuments zielt, zu einem anderen Dokument auf demselben Server führt oder die gesuchte Fundstelle sich weltweit an einem beliebigen Ort befindet. Wenn heute vom *Internet* gesprochen wird, dann ist praktisch immer das *World Wide Web*, oder kurz *Web*, gemeint.

Der spielerisch leichte Weg, von einem Dokument über die jeweiligen Verweise zu weiteren Informationen zu gelangen, hat den Begriff »im Internet surfen« (*to surf*, Wellenreiten) geprägt. Das wichtigste Werkzeug dabei ist der bereits weiter oben erwähnte *Browser* (*to browse*, durchstöbern). Der Browser ist ein Programm auf dem Computer am Arbeitsplatz, das Dokumente, Bilder und andere von Webservern bereitgestellte Inhalte zur Anzeige bringt. Bild 39 zeigt den

```html
<html>
 <head>
  <meta http-equiv="content-type" content="text/html;charset=iso-8859-1">
  <meta name="author" content="Christian Synwoldt">
  <meta name="keywords" content="">
  <meta name="description" content="">
  <title>www.synwoldt.de</title>
 </head>

 <body bgcolor="white" background="http://www.synwoldt.de/user/graphics/lind.gif">

 <table border="0" cellpadding="10" cellspacing="0" width="100%">
  <tr>
   <td colspan="3">
    <colgroup>
     <col width="auto">
     <col width="400">
     <col width="20">
     <col width="350">
     <col width="auto">
    </colgroup>
   </td>
  </tr>

  <tr>
   <td> </td>
   <td width="420" valign="center">
    <font face="Verdana" size="3"><b>Mehr als Sonne, Wind und Wasser</b></font><p></p>
    <font face="Verdana" size="2"><b>Energie f&uuml;r eine neue &Auml;ra</b></font>
    <p> </p>
    <font face="Verdana" size="2">W&auml;hrend die immer deutlicher sichtbaren Klima&auml;nderungen zunehmend Beachtung finden, wird ein ebenso
dringliches Thema meist &uuml;bersehen: Die Reserven heute vorrangig genutzter Energierohstoffe sind derart begrenzt, dass allein f&uuml;r eine
verl&auml;ssliche Energieversorgung ein rasches Umdenken erforderlich ist.
    <p>Dem gegen&uuml;ber steht ein unvorstellbares Angebot aus Energiequellen wie Wind, Sonne, Geothermie, Biomasse oder Wasserkraft. Bereits ein
verschwindend kleiner Teil davon kann die globale Energieversorgung nachhaltig sicherstellen. Vor dem Hintergrund steigender Preise und enormer
Subventionen f&uuml;r Kohle, &Ouml;l & Co. sind regenerative Energien auch wirtschaftlich attraktiv.
    <i>Mehr als Sonne, Wind und Wasser</i> ist Bestandsaufnahme und Pl&auml;doyer zum Umdenken.
    <p>Ein umfassender &Uuml;berblick in kompakter Form &uuml;ber die Energiezukunft. Angewandte Techniken auch f&uuml;r Laien verst&auml;ndlich
erkl&auml;rt mit vielen Abbildungen und Tabellen zur besseren Veranschaulichung.</font>
    <p> </p>
    <font face="Verdana" size="2">Ab sofort im Buchhandel oder direkt bei <a href="http://www.wiley-vch.de/publish/dt/books/bySubjectPH00
/ISBN3-527-40829-0", target="_blank"><font face="Verdana" size="2">WILEY-VCH</font></a>.</font>
    <br><br>
    <font face="Verdana" size="2">Gerne beantworte ich Ihre Fragen, senden Sie mir eine <a href="mailto:energie@synwoldt.de"><font face="Verdana"
size="2">E-Mail</font></a>.</font>
    <p> <A HREF="http://www.digits.com"><IMG SRC="http://counter.digits.com/wc/-d/4/sonne_wind_wasser" ALIGN=middle WIDTH=80 HEIGHT=20 BORDER=0
HSPACE=4 VSPACE=2 ALT="Visitor Counter by Digits"></A>
   </td>
   <td width="1"></td>
   <td width="350" valign="center">
    <img src="http://www.synwoldt.de/img/cover.jpg" border="0" width="334" height="515">
   </td>
   <td> </td>
  </tr>
 </table>
 </body>
</html>
```

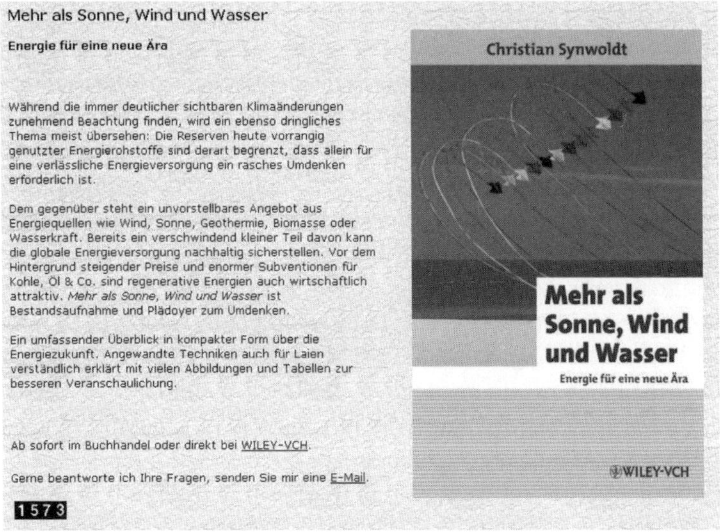

Bild 39 HTML-Code und Darstellung im Browser.

vom Server empfangenen HTML-Code, der durch den Browser zu der darunter gezeigten Darstellung aufbereitet wird.

TCP/IP und DNS – Adressen im Internet

Im Jahre 1981 verfügten gerade einmal 200 Rechner über einen Internetanschluss, zwanzig Jahre später waren es bereits mehr als 100 Millionen und Anfang 2008 lag die Zahl bei 550 Millionen. Es erstaunt daher wenig, wenn die – noch – freien Adressen langsam rar werden.

Bereits kurz angerissen wurde die Struktur der Internetadressen (IP-Adresse), über die einzelne Rechner im Internet identifiziert werden. Die Struktur ist hierarchisch, doch anders als beim Telefonnetz spielt der geografische Ort dabei keine Rolle. Internetadressen haben das Format aaa.bbb.ccc.ddd, wobei jede der Dreiergruppen Zahlenwerte zwischen 0 und 255 annehmen kann, zum Beispiel 217.6.10.34. Prinzipiell lassen sich auf diese Weise rund vier Milliarden Adressen vergeben. Dies entsprach zum Zeitpunkt der Einführung in etwa der Kopfzahl der Weltbevölkerung und erschien mehr als hinreichend. Inzwischen ist längst absehbar, dass dieses Adressvolumen bereits in wenigen Jahren (2011–2012) erschöpft sein wird. Hintergrund ist nicht nur die rasante Zunahme an DV-Systemen, sondern auch der immer weiter gezogene Kreis an Anwendungen: Wenn jede komplexere Maschine – vom Kopiergerät bis zur Planierraupe, vom viel zitierten Getränkeautomaten an einer Tankstelle in der tiefsten Wildnis bis zur Mini-Telefonanlage in praktisch jedem Büro – per Internet eine Ferndiagnose erlaubt, dann wird nicht nur deutlich, welch immense technische Möglichkeiten sich via Internet eröffnen, sondern auch, dass es sich bei einem *Computer* nicht zwangsläufig um ein Gerät handeln muss, das wie ein PC oder Datenverarbeitungssystem aussieht.

Ein weiterer Aspekt, der zu dem Engpass an Adressen führt, ist der Aufbau der Internetadressen: Die Einteilung basiert auf Subnetzen, in denen jeweils 254 Adressen für einzelne Rechner (*Host*, eigentlich Gastgeber, hier im Sinn von Diener oder *Server*) vergeben werden können. Damit auch den Anforderungen größerer Organisationen Rechnung getragen wird, bilden unterschiedliche Klassen von Netzwerken die verschiedenen Größenordungen ab.

Tabelle 4 IP-Netzklassen.

Klasse	Netze	Adressen
Klasse A	128	16.777.214
Klasse B	16.384	65.534
Klasse C	2.097.152	254

Selbst wenn inzwischen von dieser recht groben Rasterung Abstand genommen wurde und eine flexibler abgestufte Einteilung die Regel ist, so wird dennoch augenscheinlich, dass es zum einen kaum eine Organisation geben dürfte, die 16 Millionen Adressen tatsächlich ausschöpft und auch die kleinste Gruppe mit 254 Adressen in vielen Fällen nicht vollständig belegt werden kann. Ein durchaus nennenswerter Teil der Adressen ist aus diesen Gründen nicht nutzbar.

Nur der Vollständigkeit halber sei erwähnt, dass zusätzlich eine Reihe von Adressen für verschiedene Zwecke reserviert ist und daher ebenfalls nicht zur freien Verfügung steht. Andererseits können Adressen aber auch mehrfach vergeben werden. Wenn private Internetbenutzer beispielsweise nur sporadisch eine Verbindung zum Internet haben, so können Adressen aus einem Pool auch dynamisch – zeitlich begrenzt für die Dauer der Nutzung – zugewiesen werden. Der dafür gängige Mechanismus wird über den DHCP-Dienst (*Dynamic Host Configuration Protocol*) bereitgestellt. Eine eingehende Beschreibung würde an dieser Stelle zu weit führen, so dass interessierte Leser auf die einschlägige Fachliteratur zu TCP/IP-Netzen verwiesen seien.

Bereits seit Mitte der 1990er Jahre wird an einer Weiterentwicklung des Internet-Protokolls (IP, *Internet Protocol*) gearbeitet, die eine erhebliche Vergrößerung des Adressraumes zum Ziel hat. Anstelle der heute ca. vier Milliarden sollen dann mehr als 340×10^{36} ($10^{36} = 1$ Mrd. $\times$ 1 Mrd. $\times$ 1 Mrd. $\times$ 1 Mrd.) Adressen zur Verfügung stehen. Diese kaum vorstellbare Größenordnung wird auch durch einen Vergleich nur unwesentlich anschaulicher: Würde die Erdkugel mit ihrem Durchmesser von mehr als 12.700 km ausschließlich aus allerfeinstem Sand bestehen (das Volumen, nicht nur die Oberfläche!), so wären für jedes einzelne dieser hauchfeinen Sandkörnchen mehr als 300.000 Adressen verfügbar.

Alle diese technischen Finessen bleiben den Internet-Benutzern in der Regel verborgen. Sie oder er erkennt ein Informationsangebot im

Internet an einem meist intuitiven Namen wie *http://www.telekom.de*. Damit stellt sich die Frage, auf welche Weise wird die Verbindung zwischen der kryptischen Ziffernfolge einer IP-Adresse wie 217.6.10.34 und dem vorgenannten IP-Namen hergestellt? – Denn tatsächlich führen beide Angaben zu ein und demselben Ziel! (Mehr dazu auch im Glossar ab Seite 234.)

Die Antwort auf die obige Frage ist erstaunlich einfach und kurz zu beantworten: Genau wie ein öffentliches Telefonbuch darüber Auskunft gibt, unter welcher Rufnummer die jeweiligen Teilnehmer zu erreichen sind, liefern *Nameserver* im Internet auf Anfrage die passende IP-Adresse zu einem Namen; man muss nur wissen, wo dieses Telefonbuch zu finden ist! Und auch das ist keine Hexerei: Dieser Dienst – *Domain Name Service* (DNS) – wird durch Internet Service Provider automatisch mit dem Zugang zum Internet bereitgestellt, eine separate Einstellung ist heute kaum noch erforderlich. DNS-Server müssen zwangsläufig über ihre IP-Adresse angesprochen werden, schließlich liefern erst sie die Auflösung eines IP-Namens zu einer IP-Adresse. – Ohne Zugang zu einem DNS-Server gleicht die Arbeit mit dem Internet letztlich der Suche nach einer Brille, die ohne Einsatz genau dieser Sehhilfe kaum gefunden werden kann.

Da ohne *Domain Name Service* – ein Dienst, der die Infrastruktur des Internets gleichzeitig nutzt und auch bildet – keine sinnvolle Nutzung des Internets möglich ist, sind für den Fall, dass ein entsprechender DNS-Server nicht antwortet, aus Sicherheitsgründen alternative Adressen weiterer Server anzugeben. Die Anbieter von Internetzugängen halten – aus Gründen der Lastverteilung wie auch der Ausfallsicherheit – meist eine ganze Reihe von Servern vor.

Schließlich ist noch eine Frage zu klären: Wie wird gewährleistet, dass sowohl Internetnamen (*telekom.de*) wie auch Internetadressen (217.6.10.34) nur einmal vergeben werden und es eine eindeutige Verbindung dazwischen gibt? Für diesen Zweck sind mit unterschiedlichen Zuständigkeiten sowohl weltweit wie auch auf nationaler Ebene arbeitende Organisationen tätig. Zu Ihren Aufgaben zählen die Registrierung der Namen und das Zuweisen von IP-Adressen; im Glossar finden sich im Abschnitt Internetadresse ab Seite 234 weitere Details zu diesem Thema.

Bereits im vergangenen Abschnitt war viel über *Protokolle* zu lesen, Definitionen für unterschiedliche Dienste, die teils im Verborgenen agieren oder unmittelbar die Interaktion zwischen dem menschli-

Anbieter	IP-Adresse
Arcor	145.253.2.11
	145.253.2.75
	145.253.2.203
	145.253.2.171
	195.50.140.252
	195.50.140.114
Mobilcom	194.97.3.1
	194.97.109.1
	194.97.3.2
	194.97.3.3
OpenDNS	208.67.222.220
	208.67.222.222
T-Online	194.25.2.129
	194.25.2.131
	194.25.2.132
	217.237.149.142
	217.237.150.205

chen Benutzer und der Infrastruktur Internet erlauben. In diesem Zusammenhang soll auch das Netzwerkprotokoll, das die Basis für die Datenübertragung darstellt, Erwähnung finden: TCP/IP (*Transmission Control Protocol/Internet Protocol*). Diese Protokollfamilie wird – zusammen mit weiteren Protokollen wie dem schon vorgestellten DHCP und UDP (siehe unten) – vereinfachend auch als *Internetprotokoll* bezeichnet.

TCP (*Transmission Control Protocol*) ist für das Halten einer Verbindung verantwortlich und sorgt für den zuverlässigen Transport von Daten. Beispielsweise lässt sich dadurch sicherstellen, dass beim Versand von E-Mails auch tatsächlich alle Datenpakete vom versendenden Client zum Postausgangsserver gelangt sind und letzterer die Nachricht an das als Adressat benannte Postfach zustellen konnte. Existiert das betreffende (Ziel-)Postfach nicht oder kann der dazugehörende Posteingangsserver die E-Mail nicht annehmen, werden entsprechende Warnhinweise zurückgeliefert. Es leuchtet ein, dass durch diese Methode des Mail-Versands eine Vielzahl an zusätzlichen Datenpaketen mit Statusinformationen erforderlich ist. Aus Gründen der Übertragungssicherheit wird dieser Aufwand jedoch in Kauf genommen.

Sind stattdessen hoher Datendurchsatz und geringe Netzwerkbelastung gewünscht, so kann mit UDP (*User Datagram Protocol*) eine sehr viel einfachere Datenkommunikation aufgebaut werden. Bildhaft ausgedrückt verhält sich der Unterschied zwischen TCP und UDP in etwa so wie zwischen einem Einschreiben mit Rückschein und einer Postkarte, die lediglich in den nächsten Briefkasten eingeworfen wird. UDP wird daher auch als verbindungslos (*stateless*) bezeichnet. Ein Beispiel für den Einsatz von UDP sind DNS-Anfragen. Auf Grund der zahlreichen kurzen Anfragen an Nameserver ist UDP hier besser geeignet als TCP und reduziert so vor allem auch die Netzwerkbelastung.

Die Rolle des Internetprotokolls (IP, *Internet Protocol*) wurde schon mehrfach angesprochen. Es erlaubt eine Adressierung und damit das Auffinden von Rechnern im Internet, es ist damit für die Vermittlung von Datenpaketen zwischen Absender und Empfänger verantwortlich.

Wer suchet der findet – und wird gefunden

Angesichts der unüberschaubaren Anzahl von Servern im Internet, die jeder für sich bereits ein mehr oder weniger breites Spektrum an Informationen bereit halten, stellt sich die bange Frage: Wie finde ich in diesem Chaos irgendetwas? Erschwerend kommt hinzu, dass in der Regel weder Angaben zur Ablage von Informationen noch eine übergeordnete Instanz zur Überwachung oder Steuerung der Inhalte vorliegen. Eine systematische Verschlagwortung oder redaktionell bearbeitete Indexierung kann auf Grund der Fülle an Informationen – vor allem aber der enormen Dynamik – nur Ausschnitte abdecken. Die derzeit einzige Antwort auf die oben gestellte Frage lautet daher *Suchmaschinen*.

Wie kaum anders zu erwarten, handelt es sich dabei selbstredend um einen Internet-basierten Ansatz. Die extreme Fülle an Informationsquellen wie auch einzelner Informationen lässt sich nicht anders als maschinell bewältigen. Doch wie *finden* Suchmaschinen nun Informationen? – Wer einmal damit gearbeitet hat, wird erstaunt feststellen, wie extrem schnell eine schier endlose Anzahl von Fundstellen für den angegebenen Suchbegriff gefunden werden; selbst dann, wenn es sich dabei um eine komplexe Kombination von Suchbegriffen oder eine vollständige Phrase handelt.

Vollautomatisierte Suchroboter (*Webcrawler*, benannt nach dem ersten Programm, das entsprechende Fähigkeiten besaß) hangeln sich von Link zu Link und finden damit theoretisch jede Webseite. Sie speichern einerseits dabei gefundene Links – Referenzen auf andere Dokumente – für weitere Suchläufe und legen gleichzeitig einen Suchwort-Index über die Inhalte der erreichten Webseiten an. Durch die Indexierung wird ein äußerst effizientes Auffinden von Suchbegriffen erreicht. Als Trefferliste werden nur Referenzen auf Dokumente, die die Suchbegriffe beinhalten, zurück geliefert, nicht die betreffenden Dokumente als solche.

Der Marktführer *Google* (weltweit über 50 % aller Anfragen, in Deutschland ca. 90 %) hält Stichworte aus über 8 Milliarden Webseiten im Suchindex. Dafür werden weltweit Rechenzentren betrieben, die die Inhalte der Indizes kontinuierlich auf dem Aktuellen halten. Durch die Spiegelung – das Vorhalten identischer Inhalte an verschiedenen Orten – wird eine Reduzierung des Datenverkehrs, vor allem aber auch ein hohes Maß an Ausfallsicherheit erreicht.

Angesichts der Vielzahl an Fundstellen zu einem Suchbegriff ist die Relevanz der Fundstelle von enormer Bedeutung. Hier liegt die eigentliche Kunst der Suchmaschinen-Betreiber: Wie kann aber – rein maschinell – eine Rangfolge aufgestellt werden, die wichtige Fundstellen von eher zufälligen trennt, die reine Werbung von tatsächlichen Informationen unterscheiden kann? Neben einer formalen Analyse, die unter anderem Querverweise von und zum jeweiligen Dokument berücksichtigt, wird durch Rekursion und das Verfolgen von Suchverläufen zahlreicher Internetbenutzer versucht, die Qualität der Ergebnisse, das Einstufen in eine Rangfolge bei der Anzeige, kontinuierlich zu verbessern. Klickt der Suchmaschinen-Benutzer einen Eintrag in der Trefferliste an, gewinnt die Suchmaschine durch »Abhorchen« der über sie weitergeleiteten Datenpakete zusätzlich Adressinformationen zu Schlagworten. Der dem zu Grunde liegende Algorithmus bleibt bei allen Suchmaschinen-Betreibern ein wohl gehütetes Betriebsgeheimnis. Zu einfach wäre es sonst, die Logik zu überlisten.

Die zum Auffinden von Suchbegriffen aufgebauten Indizes haben jedoch auch einen gewichtigen Nachteil. Da die Suche immer auf Zeichenfolgen basiert, findet keine semantische Einordnung statt. Ob es sich bei den Treffern zum Suchbegriff »Quelle« um Wasserquellen, Literaturhinweise für ein Zitat oder die sprichwörtliche »Quelle allen Übels« handelt, muss letztlich durch den Fragesteller selber beantwortet werden. Erst durch geschickte Verknüpfung von Suchbegriffen kann der Trefferkreis deutlich eingegrenzt werden. Was dabei jedoch kaum gelingt: eine fehlerhafte Schreibweise oder einen anderen Begriff mit gleicher Semantik zu finden – es sei denn, man hat sich selber vertippt[18] oder gibt eine möglichst vollständige Kette von Synonymen mit einer *Oder*-Verknüpfung an. Immerhin existieren Ansätze einer linguistischen Verarbeitung der Suchbegriffe, so dass beispielsweise Wortstämme erkannt werden und somit bei Angabe des Begriffs »Bäume« auch Fundstellen von »Baum« angezeigt werden.

Suchergebnisse

Suchmaschinen erlauben das Verknüpfen von Suchbegriffen, um die Treffer auf – möglichst – sinnvolle Resultate zu begrenzen.

Schauen Sie sich die Suchoptionen bei verschiedenen Suchmaschinen einmal genauer an! Hier können auch komplexe Abfragen zusammengestellt werden. Im Folgenden einige Beispiel für Suchmaschinen – jeweils mit Startseite und erweiterten Suchoptionen.

Google
http://www.google.de/
http://www.google.de/
advanced_search
AltaVista
http://www.altavista.com/
http://www.altavista.com/web/adv
Yahoo
http://www.yahoo.de/
http://de.search.yahoo.com/
web/advanced

Unabhängig von den Formularen kann auch mit weitgehend einheitlicher Syntax in dem Eingabefeld auf der Startseite der Suchmaschinen die Suche verfeinert werden.

- UND begriff_1 & begriff_2
  Beide Suchbegriffe müssen Bestandteil des Dokuments sein.
- ODER begriff_1 II begriff_2
  Einer der Suchbegriffe muss Bestandteil des Dokuments sein.
- PHRASE »begriff_1 begriff_2«
  Die genaue Phrase muss Bestandteil des Dokuments sein.
- EINSCHLUSS begriff_1 +begriff_2
  Begriff_2 muss auch Bestandteil des Dokuments sein.
- AUSSCHLUSS begriff_1 –begriff_2
  Begriff_2 darf nicht Bestandteil des Dokuments sein.

---

18) Die Zeichenfolge »deutschalnd« liefert bei Google immerhin 121.000 Treffer!

Häufig kann auch die Suche auf bestimmte Inhaltsbereiche eingegrenzt werden; typische Kriterien sind:

- HTML-Dokument (Web),
- Bild (Image),
- Video,
- Audio.

Eine der – theoretisch – aussichtsreichsten Suchmethoden wird durch Webverzeichnisse (*Directory*) ermöglicht. Dabei handelt es sich um redaktionell gepflegte Kataloge. Neben zahlreichen kleineren Webverzeichnissen mit meist kommerziellem Hintergrund – wer am meisten bezahlt wird als Erster gefunden – sind vor allem der *Yahoo*-Katalog (http://de.dir.yahoo.com/) und das *Open Directory Project* (http://www.dmoz.org/) hervorzuheben. Prinzipbedingt sind weder die Aktualität der Inhalte noch die Anzahl der Fundstellen mit der von automatisch generierten Indizes vergleichbar. Gerade die mangelnde Aktualität kann in einem Medium, bei dem Inhalte jederzeit hinzugefügt, verändert oder verschoben werden können, zu Verweisen auf »tote Links« und anderen als den gewünschten Inhalten führen. Im Abschnitt *Problematisches* wird ab Seite 127 auf diese und andere Effekte noch eingegangen.

In vielen Fällen erlauben Suchmaschinen auch das Eingrenzen auf Webinhalte in einer bestimmten Sprache, jedoch arbeitet dieser Mechanismus nicht immer zuverlässig. Hier spielt der formale Aufbau der jeweiligen Informationsangebote – konkret: die Qualität des HTML-Codes – eine entscheidende Rolle, um bei der maschinellen Indizierung korrekt eingeordnet zu werden. Dennoch kann es durchaus sinnvoll sein, für die Suche in deutschsprachigen Inhalten die deutsche Seite der Suchmaschine zu wählen (z. B. http://www.google.de), während für das Finden englischsprachiger Dokumente die internationale (US-)Seite (hier: http://www.google.com) qualifiziertere Trefferlisten liefert.

Zwar liegt die Annahme nahe, dass neben Fragen zur nationalen Infrastruktur vor allem die Anzahl der potenziell in Frage kommenden Nutzer – im weitesten Sinne also diejenigen, die die jeweilige Sprache beherrschen und über einen Internetzugang verfügen – den Umfang des Informationsangebots bestimmt, doch gibt es hier keine Zwangsläufigkeit. Island verfügt mit nur wenig mehr als

300.000 Einwohnern über eine nahezu gleiche Anzahl an Internet-Servern (264.000 Hosts) und liegt damit weltweit an Platz 2 hinter den USA. Deutschland verfügt mit 82 Millionen Einwohnern lediglich über 22,6 Millionen Hosts. Da die Zählung für die USA (300 Millionen Einwohner, 316 Millionen Hosts) sämtliche Server der weltweit sehr beliebten Toplevel-Domain *.com* mit einbezieht, liegen die tatsächlichen Verhältnisse gegebenenfalls sogar zu Gunsten des um den Faktor 1.000 kleineren Islands.[19]

Auch wenn die Webcrawler der Suchmaschinen kontinuierlich das Internet durchforsten, kann es dennoch sein, dass ein neu aufgesetzter Server, bedeutende Änderungen oder Erweiterungen im Informationsangebot sofort und nicht erst beim nächsten – mehr oder weniger zufälligen – Besuch des Suchprogramms in den Index aufgenommen werden sollen. Suchmaschinen bieten daher die Möglichkeit, die Leitseite des eigenen Informationsangebots manuell der Suchmaschine bekannt zu machen. Die Verzweigungen zu den einzelnen Dokumenten werden dann automatisch aufgesucht und der Index entsprechend aktualisiert. Wofür dieser Aufwand? – Nun, schließlich hängen mit der *Sichtbarkeit* eines publizierten Informationsangebots vielfältige Motive zusammen: Die Spanne reicht vom ideellen Ansehen bis zum wirtschaftlichen Erfolg. Entsprechend groß ist die Versuchung, durch Tricks einen noch höheren Grad an Aufmerksamkeit für die eigenen Webseiten zu erzielen. Einer der ausschlaggebenden Faktoren dafür ist, in der Anzeigefolge der Suchmaschinen möglichst einen der vorderen Ränge zu erreichen.

Von E-Mail, Chat und Foren zu Web 2.0

Eigentlich liegt es nahe, dass eine Infrastruktur wie das Internet nicht nur für den Transport von Daten zwischen Rechnern eingesetzt wird, sondern auch zum direkten Austausch von Nachrichten zwischen den Benutzern dient. Die Elektronische Post, oder kurz E-Mail, wurde bereits Anfang der 1970er Jahre entwickelt. Doch obwohl die Initiatoren der Internet-basierten Kommunikation zunächst skeptisch begegneten, übertraf das Datenaufkommen durch den Nachrichtenversand von E-Mails bereits kurze Zeit später jenes der bis da-

19) CIA, The World Factbook, 2008.

hin wichtigsten Dienste FTP und Telnet. Ab Mitte der 1980er Jahre konnten E-Mails auch in Deutschland empfangen und versandt werden. Heute sorgen E-Mails für noch mehr Datenverkehr als die Nutzung des Webs (www). Ein erheblicher Teil ist allerdings auf unerwünschte Mitteilungen (*Spam*) zurückzuführen, was noch im folgenden Abschnitt eingehende Betrachtung findet.

E-Mail verfügt neben der meist sehr hohen Übertragungsgeschwindigkeit noch über eine ganze Reihe weiterer Vorzüge. Dazu zählen die Möglichkeiten, Nachrichteninhalte unmittelbar weiterzuverarbeiten, ohne die Texte oder Inhalte erneut erfassen zu müssen. Auch ist es, im Gegensatz zu einem Telefonat, nicht erforderlich, dass beide Partner gleichzeitig verfügbar sind. E-Mails gehen nicht verloren, nur weil der Empfänger erst einige Zeit später in seinen Posteingangsordner schaut! Zudem lassen sich beliebige Dokumente und Dateien an E-Mails anhängen und so gemeinsam versenden. Im Vergleich zur herkömmlichen Briefpost gibt es nur einen bedeutenden Nachteil: Erst durch zusätzliche Maßnahmen wie die elektronische Signatur kann eine Rechtsgültigkeit erreicht werden.

Handelt es sich bei E-Mail um ein professionelles, aber eben asynchrones Werkzeug zum – zeitversetzten – Austausch von Nachrichten und Dateien, so existiert auch eine Gruppe Dienste, die der unmittelbaren Kontaktaufnahme (*Instant Messaging*) dient. Der bekannteste Vertreter ist IRC (*Internet Relay Chat*). Hier geht es – ähnlich wie beim Funk für jedermann (CB-Funk) – um Kanäle, in denen mehr oder weniger wahllos drauflos geplaudert werden kann; allerdings mit einem entscheidenden Unterschied: Es wird nicht gesprochen, sondern geschrieben. Die Beiträge aller anderen Teilnehmer an dem *Chat* (wörtlich: Schwatz) werden ebenso als Text angezeigt. Während beim Funk die Anzahl der Gesprächskanäle technisch begrenzt ist, können beim IRC praktisch beliebig viele Kanäle, und somit neue Gesprächsräume, eröffnet werden. Bekannte Anbieter für *Instant Messaging* sind ICQ (http://www.icq.com) und skype (http://www.skype.com), wobei im zweiten Fall der Fokus zur Internet-Telefonie tendiert.

Eine ganz andere Form der Interaktion bieten neuere Entwicklungen, die zuweilen mit dem Oberbegriff *Web 2.0* umschrieben werden. Für die Benutzer ist dieses Web der zweiten Generation mehr als nur eine unerschöpfliche Informationsquelle, Bestellkatalog für Waren jeder Art oder Unterhaltungsmedium. Hier verschwinden die Grenzen zwischen Informationskonsument und Redakteur. Konkret geht es dabei um virtuelle Gemeinschaften, in denen sich Interessengruppen zusammenfinden und bilateral wie auch öffentlich miteinander kommunizieren. Ein Beispiel aus dem professionellen Bereich ist die Plattform *Xing* (https://www.xing.com), eine andere, die sich an Freizeitnutzer wendet, ist *Wer kennt wen* (http://www.wer-kennt-wen.de/). Zu den wichtigsten Kommunikationsmedien zählen Foren, über die auch auf zahllosen anderen Plattformen diverse Interessengruppen Austausch pflegen. Die Funktion eines Forums ist vergleichbar mit einem schwarzen Brett, an das jedes Gruppenmitglied einen Zettel mit einer Notiz, einer Frage oder einem Angebot anheften kann. Die Leser können dann Antworten verfassen oder den Inhalt kommentieren. In der Regel beobachten Moderatoren das Geschehen und sorgen für das Einhalten gewisser Randbedingungen – sowohl inhaltlicher wie auch formaler Natur, notfalls auch dafür, dass der Umgangston nicht die Spielregeln des guten Anstands verletzt.

Manchmal steht auch nur der Spaß, die Ergebnisse der eigenen Arbeit oder Erlebnisse mit anderen zu teilen, im Vordergrund. Das Portal *Youtube* (etwa: deine Glotze, http://www.youtube.com) bietet jedermann die Möglichkeit, kostenlos eigene Videosequenzen oder Filme für die breite Öffentlichkeit zur Schau zu stellen. Es bedarf wenig Phantasie, dass die Grenzen zwischen Kuriosem und Kommerz hier fließend ineinander übergehen. Interessanter Weise sind es dennoch gerade derartige Ideen, die einerseits erst durch das Internet zu Stande kommen können und auf der anderen Seite aber auch gerade auf die weit verbreitete Nutzung des Internets angewiesen sind. Ganz offensichtlich steht hier das *Dabeisein* – nicht das Konsumieren, sondern die Interaktion – im Vordergrund.

Noch einen Schritt weiter im Einbeziehen der Nutzer gehen *Wikis*. Hier wird, vollkommen freiwillig und uneigennützig, auf die Mitarbeit einer möglichst großen Gruppe gesetzt. Das Ziel ist, das Wissen jedes Einzelnen der gesamten Gruppe – und gegebenenfalls auch darüber hinaus anderen Internet-Benutzern – zur Verfügung zu stellen. Das bekannteste Projekt ist *Wikipedia* (http://de.wikipedia.org), eine Enzyklopädie, die sowohl in Bezug auf inhaltliche Tiefe wie auch Breite, mehr noch an Aktualität, mit gedruckten Lexika mithalten kann. Prinzipiell kann jedermann Artikel verfassen oder bestehende Texte weiter bearbeiten. Herrscht Dissens über Inhalte oder sprachliche Form, so wird dies öffentlich – in Form von Foren – diskutiert. Auf dieser Basis sind seit 2001 allein im deutschsprachigen Angebot mehr als eine dreiviertel Million Artikel zu Stande gekommen, und es werden kontinuierlich mehr. Entsprechende Projekte existieren auch für diverse andere Sprachen, beispielsweise auch für Lëtzeburgisch (Luxemburgisch); hier jedoch bislang nur mit bescheidenen 23.000 Artikeln. Auch im kommerziellen Umfeld eröffnen Wikis neue Wege: Unternehmens-intern als Medium zum Sammeln und Nutzen des auf viele Köpfe verteilten Know-hows, wie auch extern zum Pflegen eines Erfahrungsschatzes, der mit Kunden oder der breiten Öffentlichkeit geteilt wird.

Zeitungen, Zeitschriften und Magazine aus dem Print-Bereich sind bereits seit einiger Zeit im Internet vertreten. Viele Redaktionen haben sich auf das neue Medium eingestellt und publizieren kontinuierlich Neuigkeiten auf ihren Webseiten – ein wesentlicher Unterschied zur periodischen Erscheinungsweise der Printmedien oder der Arbeit von Nachrichtenredaktionen. Durch die weite Verbreitung von Internetzugängen mit hoher Datenrate können auch Radio- und Fernsehsender das Internet als Infrastruktur nutzen. Parallel zum laufenden Programm, das über die Sender ausgestrahlt und damit nur in bestimmten Regionen empfangen werden kann, ist so eine weltumspannende Präsenz gegeben. Insbesondere Radiosender nutzen diesen zusätzlichen Sendekanal. Bei Fernsehsendern besteht eher die Möglichkeit, Nachrichtenbeiträge auch unabhängig von den eigentlichen Nachrichtensendungen anzuschauen. Auch hier stellt die weltweite Verfügbarkeit eine neue Qualität dar, denn selbst der Empfang von Satellitenprogrammen ist auf einzelne Regionen begrenzt.

Viele Angebote im Internet sind kostenlos. Dennoch ist klar: Das Aufbereiten von Informationen – ob eher werblicher Natur für bestimmte Produkte oder tagesaktuellen Nachrichten – ist mit einem gewissen Aufwand verbunden, der letztlich an irgendeiner Stelle auch bezahlt werden muss. Und so sind es auch die meist im Verborgenen bleibenden Infrastrukturen, die sich sowohl in Investitions- wie auch in laufenden Betriebskosten niederschlagen. Die Rechner und Programme wollen erst einmal beschafft sein. Rechenzentren sind nicht nur einzurichten und Kabelanschlüsse zu verlegen, selbst ein hoch automatisierter Betrieb erfordert kontinuierlich ein gewisses Maß an Wartung – und vor allem der nicht unerhebliche Energiebedarf schlägt immer stärker zu Buche. Der Elektrizitätsbedarf für Server und Netzwerkgeräte sowie für den Betrieb häuslicher PCs erreicht in den Industrienationen inzwischen Größenordnungen von 5–10 % des landesweiten Stromverbrauchs.

Klar ist, alles wird bezahlt. Klar ist auch, dass die Betreiber von Infrastrukturen durch Gebühren für Internetzugänge und den Betrieb von Webservern (*Hosting*) auf ihre Kosten kommen. Doch wie lassen sich die unzähligen kostenlosen Informationsangebote erklären? Werbung – wenn auch in ganz unterschiedlicher Ausprägung – spielt dabei eine der wichtigsten Rollen! Viele Firmen und Organisationen nutzen das Internet als Plattform, um sich selbst, ihre Produkte und Dienstleistungen zu präsentieren. In diesem Zusammenhang werden vielfach auch Hintergrundinformationen vermittelt – ist ein Interessent erst einmal beim Sichten dieser Informationen, ist es nur noch ein Mausklick bis zum eigenen Produktangebot! Auch für nichtkommerzielle und karitative Organisationen bietet das Internet eine ideale Möglichkeit zur Öffentlichkeitsarbeit. Der Aufwand, eine Broschüre oder ein Flugblatt zu verfassen, ist unabhängig vom Medium. Hingegen ist die Publikation im Internet nicht nur ungleich schneller, sie ist vor allem auch wesentlich kostengünstiger als der Druck und Versand von entsprechendem Informationsmaterial.

Doch Werbung spielt nicht nur im Sinne der eigenen Werbung eine große Rolle, sondern auch in Werbeanzeigen – wie in den Printmedien oder in Rundfunk und Fernsehen. In gleicher Weise sind dabei die zu erreichenden Zielgruppen wie auch die Reichweite entscheidend. Für Werbeschaltungen sind daher insbesondere Webseiten mit einer großen Anzahl von täglichen Besuchern interessant. Das betrifft beispielsweise Suchmaschinen, von denen viele Benutzer ihre Recherche nach bestimmten Inhalten starten, aber auch Portale, die durch ein umfangreiches Nachrichtenangebot regelmäßig besucht werden. Gerade in Verbindung mit der Angabe von Stichworten für das Auffinden entsprechender Inhalte eröffnet sich für Suchmaschinenbetreiber die Möglichkeit, sehr gezielt – zum Kontext der Indexabfrage passende – Werbeangebote darzustellen. Besonders spannend für den Auftraggeber der entsprechenden Werbung: Das beworbene Produkt ist für den Betrachter mit nur einem Mausklick zu erreichen, noch unmittelbarer kann der Erfolg einer Kampagne nicht sichtbar werden.

Gerade zu einem Zeitpunkt, als es für viele Firmen und Organisationen noch nicht selbstverständlich war, eigene Webserver zu betreiben, wurde eine Vielzahl von Branchenregistern aufgelegt. Die Funktion ähnelt sehr dem Branchentelefonbuch (Gelbe Seiten), nur dass die Suche selten auf eine Region beschränkt ist. Der Eintrag ist ebenso kostenpflichtig. Für den Nutzer in vielen Fällen wenig transparent: Erfolgt die Einordnung innerhalb der Trefferliste auf Grund der Relevanz passender Angebote oder spielen kommerzielle Aspekte – gute Anzeigeplätze nur gegen Gebühr – die Hauptrolle. Heute lassen sich derartige Angebote häufig daran erkennen, dass die Daten schlecht oder gar nicht gepflegt werden und daher nach einiger Zeit zwangsläufig veralten; dies wird am einfachsten an Hand von Adressangaben ersichtlich.

Damit wäre die Brücke schon beinahe zu einem weiteren Thema gespannt: das Internet als Marktplatz. Begonnen hat dieser Trend durch erste Möglichkeiten des Einkaufs im Internet – im Prinzip kaum etwas anderes als bei typischen Versandhäusern, nur dass der Kunde hier ein Tor zum Warenwirtschaftssystem des Verkäufers geöffnet erhält und direkt einen Bestellvorgang auslösen kann. Während erste *Webshops* noch ein gewisses Exotendasein fristeten und zuweilen nur eine recht hakelige Bedienung zum Ziel führte, sind Firmen und Einzelhandel längst auf virtuellen Marktplätzen präsent. Ein interessantes Produktangebot und die Fähigkeit zur Lieferung und Versandabwicklung vorausgesetzt, steht jedem Anbieter damit der gesamte Weltmarkt offen. Die Umsätze des Einzelhandels (B2C, *Business to Consumer*) über das Internet beliefen sich im Jahre 2006 alleine in Deutschland auf rund 40 Mrd. Euro – und werden von den Umsätzen zwischen Unternehmen (B2B, *Business to Business*) um ein Mehrfaches übertroffen. Der Branchenverband BITKOM rechnet bis 2010 mit einem Anstieg von 438 Mrd. auf 781 Mrd. Euro. Damit bleibt der Internethandel in Deutschland auf einem Niveau, das in etwa dem von Großbritannien und Frankreich – Plätze 2. und 3. in Europa – in Summe entspricht.

Neben dem klassischen Handel haben sich zudem noch andere Geschäftsmodelle etabliert. Die Bandbreite ist dabei praktisch unbegrenzt, von der Ausschreibung für die Beschaffung großer Warenmengen oder umfangreicher Dienstleistungen bis zur privaten Tauschbörse. Eine wichtige Kategorie bilden dabei unterschiedliche Formen öffentlicher Versteigerungen. Zwei Beispiele: Aufträge für Handwerker werden in ein Portal eingestellt, zum Beispiel bei http://www.my-hammer.de. Handwerksbetriebe können dann dem potentiellen Auftraggeber Angebote machen oder gegebenenfalls mit ihm Kontakt aufnehmen. Im Fall eines Zuschlags erhält der Portalbetreiber eine Provision vom Auftragswert. Ein besonderes Detail: Da sich Auftragnehmer und Auftraggeber nicht notwendiger Weise zuvor kennen, wären beide Seiten verschiedenen Risiken ausgesetzt. Zahlt der Kunde vereinbarungsgemäß, oder werden zuvor nicht vereinbarte Zusatzarbeiten verlangt? Arbeitet der Auftragnehmer fachgerecht und zuverlässig? – Durch die gegenseitige Bewertung von Kunden und Auftragnehmern wird für alle Nutzer des Portals ein zusätzlicher Nutzen geschaffen. So wird, öffentlich und für alle nachvollziehbar, das gegenseitige Vertrauen gestärkt. Kunden, die später nicht bezahlen, oder Betriebe, die keine gute Arbeit abliefern, werden so schnell entlarvt.

Ein ganz ähnliches Geschäftsmodell verfolgt das Internetauktionshaus *eBay* (http://www.ebay.de/). Sowohl Einzelhändler als auch Privatpersonen können hier Neues und Gebrauchtes anbieten, zur Versteigerung oder auch zu Festpreisen. Das Gebührenmodell ist ähnlich, sieht aber auch Kosten für das Vorstellen des Angebots – unabhängig ob ein Verkauf zu Stande kommt – vor. Der wesentliche Erfolg beruht hier ebenfalls auf dem gegenseitigen Bewerten von Käufer und Verkäufer. Immerhin soll 2008 der Umsatz von eBay damit eine Größenordnung von 8,5 Mrd. US$ erreichen – wohl gemerkt, der Umsatz des Unternehmens, nicht der weltweiten Marktplätze.[20]

Problematisches

Bereits in den vorangegangenen Abschnitten wurden verschiedene Schwierigkeiten angesprochen, die es bei der Nutzung des Internets zu bewältigen gilt. Eine der größten Herausforderungen ist dabei die schiere Menge an Informationen – ohne Suchmaschinen würde das Gros davon nie wahrgenommen werden. Andererseits ist es dann jedoch eher erschreckend, wenn zu einem Suchbegriff 876.345 Ergebnisse gefunden wurden. Wie im betreffenden Abschnitt weiter oben bereits angemerkt, helfen hier nur geschickt gewählte Kombinationen von Suchbegriffen, sofern sich nicht gleich auf den ersten Rängen der Ergebnisliste das Gesuchte finden lässt.

20) heise online, eBay mit Wachstum, vorsichtiger Prognose und einem neuen Chef, 24.01.2008.

Trotz der regelmäßigen Aktualisierung der Indizes durch die Web-crawler kann es vorkommen, dass angebliche Treffer zu keinem Inhalt führen – der Verweis ist »tot«. Gründe dafür gibt es mehrere, am wahrscheinlichsten ist dabei, dass die betreffenden Informationen an einer anderen Stelle abgelegt wurden, nur dort eben leider (noch) nicht gefunden werden. Dies kann technisch die Ablage in einem anderen Verzeichnis oder auf einem anderen Rechner bedeuten, ließe sich jedoch auch durch einen neuen Dateinamen oder das Löschen der Datei erklären. Ebenfalls denkbar ist, dass der betreffende Rechner abgeschaltet oder nicht ans Internet angeschlossen ist. Ob es sich dabei um einen zeitweiligen Ausfall wegen eines Defektes oder eine dauerhafte Abschaltung handelt, kann jedoch nur durch späteres Ausprobieren festgestellt werden. Führt der Verweis zu einem gänzlich unerwarteten Ergebnis, so kann dies im Zusammenhang mit der Übertragung der Domain (siehe hierzu auch den Abschnitt *Internetadresse* im Glossar) an einen anderen Inhaber stehen.

Nicht zu unterschätzen ist die Marktmacht von Suchmaschinen. Durch das Festlegen einer Reihenfolge bei der Darstellung der Trefferliste verfügen Dokumente, die sich auf den ersten Plätzen wiederfinden, über eine ungleich höhere Sichtbarkeit als jene, die erst an Position 7.589 aufgereiht sind. Gerade für die kommerzielle Darstellung von Produkten und Dienstleistungen ist dies von entscheidender Wichtigkeit. Seriöse Suchmaschinen-Betreiber hüten die Algorithmen für das Aufstellen der Reihenfolge daher als strenges Geheimnis. Sie versuchen so Manipulationen vorzubeugen und reine Werbung von allgemeinen Treffern fernzuhalten – auch wenn dem Erfolg zuweilen enge Grenzen beschieden sind.

Eine durchaus für beide Seiten – Suchmaschinen-Betreiber wie auch Benutzer – zweckmäßigere Praxis stellt bezahlte Werbung dar, die als solche kenntlich gemacht ist und dynamisch zum jeweiligen Suchbegriff eingeblendet wird. Der Auftraggeber der Werbung entscheidet, bei welchem Suchbegriff beziehungsweise welchen Wortkombinationen die eigene Werbung erscheint und kann dadurch genau die gewünschte Zielgruppe ansprechen sowie die Streuverluste minimieren. Der Suchmaschinen-Betreiber wird für jeden Klick auf eine solche Werbeanzeige vom Auftraggeber bezahlt – auch wenn es nur kleine Beträge pro Klick sind, geht es dabei um einen Milliarden-Markt! Ein wesentliches Kriterium zur sinnvollen Nutzung von Suchmaschinen ist letztlich die Aufteilung und Platzierung der zur Anzeige gebrachten Inhalte: Ist die Trefferliste von der Werbung kaum zu unterscheiden oder erst am Ende einer langen Reihe von Werbeeinträgen zu finden, gestaltet sich die Arbeit sehr mühselig. – Aus Benutzersicht leidet die Attraktivität der Suchmaschine, was sich letztlich auch in der Anzahl der Klicks auf Werbeanzeigen niederschlägt.

Etwas anders sieht es bei Branchen- und sonstigen Registern aus. Hier existieren unzählige ausschließlich auf Werbung abzielende – und in der Regel automatisch generierte – Listen von Adressbucheinträgen. Spätestens wenn Werbeanzeigen dominieren und kaum noch Informationsinseln auf dem Bildschirm auszumachen sind, dürfte der Besucher nach anderen Informationsquellen Ausschau halten. Damit er dennoch für einen Augenblick verweilt, wird mit vielerlei Tricks gearbeitet, um die Aufmerksamkeit des Betrachters – und sei es nur für Sekundenbruchteile – zu erhaschen. Einziges Ziel: Die Werbung anzuklicken und damit zu dem entsprechenden Werbeangebot gelockt zu werden, mehr noch, weil der Portalbetreiber für jeden Klick vom Auftraggeber des Werbebanners bezahlt wird. Als einfache Regel kann daher gelten: Wo es am meisten blinkt und zappelt, steckt fast immer Werbung dahinter. An dieser Stelle zeigt sich einmal mehr die Gratwanderung zwischen der Werbefinanzierung von Suchmaschinen, Branchenregistern und Portalen und dem Nutzen für die Internetgemeinde.

Wie bereits angerissen, werden etliche dieser Branchen- und Namensregister kaum oder niemals gepflegt. Die Inhalte, einmalig maschinell aus anderen Quellen abgegriffen, erfahren danach keinerlei Aktualisierung. So finden sich vielfach auch seit Jahren veraltete Angaben zu Firmen, Adressen und Kontaktinformationen. Nach einem ähnlichen Muster arbeiten diverse Preissuchmaschinen, die lediglich Online-Marktplätze, Webshops und Auktionen im Internet abgrasen und auf diese Weise einen nützlichen Inhalt vorgaukeln – um letztlich doch nur eine Plattform für Werbung zu sein. – Offensichtlich wird das auch hier immer dann, wenn vielfach auf nicht mehr existierende Angebote verwiesen wird.

Ein ebenfalls schon angesprochenes, strukturelles Problem ist die Diskrepanz zwischen der auf staatlicher Ebene geregelten Rechtsprechung und der weltweiten Verbreitung von Dokumenten und Informationen, von Waren und Dienstleistungen über das Internet. Geht es beim Handel meist um eher harmlose Belange wie Zoll- und Steuerformalitäten, so bergen Themenkreise wie die freie Meinungsäußerung oder die politischen Redefreiheit erhebliche Brisanz. Solange es selbst innerhalb der Europäischen Union keine einheitlichen Regelungen gibt, können beispielsweise in Deutschland verbotene Inhalte wie extremistische Propaganda und Hetzschriften unbehelligt von im benachbarten Ausland betriebenen Servern bereitgestellt werden – wobei der physische Serverstandort für den Abruf der Informationen letztlich vollkommen belanglos ist.

Ein juristisches Vorgehen gegen Betreiber von Servern mit kriminellen oder extremistischen Inhalten und betrügerische Händler ist allein im Geltungsrecht des eigenen Polizeirechts möglich. Ähnlich wie bei Fragen, die durch eine zunehmend globalisierte Wirtschaft aufgeworfen werden, ist auch hier nicht mehr allein der lokale Gesetzgeber in der Lage, Antworten zu finden. Internet und globale Wirtschaftsverflechtungen sind lediglich unterschiedliche Facetten desselben Phänomens, entsprechend kann nur durch eine überstaatliche Einigung eine Lösung für einzelne Fragen gefunden werden. Der Interessenkonflikt unterschiedlicher politischer Systeme ist hier offensichtlich und wird erwartungsgemäß auch auf längere Sicht kaum zu nennenswerten Fortschritten führen. Als hochbedenklich muss zudem der Umstand gewertet werden, dass eine in unserem Kulturkreis als Grundrecht geltende Redefreiheit für einen sehr großen Teil der Menschheit eben gerade nicht selbstverständlich ist. Hier setzen Regierungen ganz im Gegenteil die technischen Mittel des Internet dazu ein, um Inhalte unzugänglich, zumindest jedoch unauffindbar zu machen, indem Suchmaschinen bestimmte Inhalte nicht in ihrem Index führen. Auch westliche Suchmaschinen-Hersteller, darunter Google und Yahoo, haben sich aus wirtschaftlichen Erwägungen auf entsprechende Vereinbarungen beispielsweise mit der chinesischen Regierung eingelassen.

Die Gefahren für das Individuum beginnen jedoch schon viel früher. Aus den verschiedensten wirtschaftlichen Motiven ist das Kaufverhalten von Menschen und Organisationen ein häufiger Untersuchungsgegenstand. Die Kenntnis über die Suche nach bestimmten Stichworten – dahinter könnten sich berufliche und private Interessengebiete verbergen – liefert wichtige Anhaltspunkte. Zudem lassen sich problemlos die Spuren des Internetbenutzers nachvollziehen: Wann und für wie lange wurde ein Webangebot (*Website*) besucht, von welchem Punkt wurde das betreffende (Informations-) Angebot erreicht, wohin wurde als Nächstes navigiert, welche Waren wurden beim letzten Mal angeschaut oder bestellt. Diese und ähnliche Daten werden von vielen Internetservern angelegt – und auf dem privaten oder beruflich genutzten PC lokal abgelegt! Beim nächsten Besuch der betreffenden Webseite werden Sie dann schon persönlich begrüßt! Die technische Bezeichnung für diesen Mechanismus, *Cookie* (Glückskeks), wirkt dagegen recht harmlos. Teilweise verwundert jedoch auch das arglose Verhalten mancher Internetbenutzer, die bereitwillig private Informationen wie Adresse und Telefonnummer, aber auch Jobdaten, Haushaltseinkommen oder die persönliche Krankheitsgeschichte preisgeben. Wie weit die Sammlung diverser privater und wirtschaftlicher Daten aus diesen und anderen Quellen geht, lässt sich daran ablesen, dass inzwischen bis auf Straßennamen- und Hausnummernebene genau Datenbanken existieren, an welche Adresse empfohlen wird, nur noch gegen Vorkasse und nicht mehr auf Rechnung zu liefern. Mithin, wer als mehr und wer als weniger solvent gilt.

Neben dieser vergleichsweise offensichtlichen und legalen Form der Datensammlung gibt es auch Varianten, die zumindest als fragwürdig, wenn nicht gar kriminell einzustufen sind. Unter der Bezeichnung *Computerviren* findet sich eine Gruppe von Programmen, deren Verhalten ähnlich unerwünscht ist wie das der entsprechenden medizinischen Spezies. Der Name wurde nicht ohne Bedacht gewählt – auch wenn es zahlreiche, hier nicht näher betrachtete Varianten von Computerschädlingen gibt: Sie benötigen einen Wirt, vermehren sich explosionsartig und haben störende, wenn nicht gar fatale Folgen für die weitere Benutzung des »infizierten« Rechners. Das Spektrum der Auswirkungen reicht dabei bis hin zum Ausspionieren von Daten oder sogar der Manipulation des Rechners, um ihn für Attacken auf andere Systeme zu missbrauchen. Nicht selten verbergen sich dahinter Jugendliche oder junge Erwachsene, denen es hier an Unrechtsbewusstsein mangelt. Inzwischen gehen derartige Angriffe aber auch von Behörden und Geheimdiensten aus. Die Ziele sind dabei Wirtschaftspionage, das Überwachen der Kommunikation und das Durchsuchen privater Daten – plakativ und verharmlosend zuweilen als Terrorismusabwehr beschrieben.

Eine weitere Kategorie von Software, die in diesem Zusammenhang erwähnt werden muss, ist *Spyware*. Dahinter verbergen sich Programme, die Daten vom PC an andere Rechner im Internet übertragen. Dies kann ganz offensichtlich bei der Registrierung oder Freischaltung einer kommerziellen Software erfolgen oder nebenbei und unter dem Vorwand besondere Informationen etc. zu einem späteren Zeitpunkt zu versenden. – Das Prinzip ähnelt vielen Preisausschreiben, deren einziges Ziel es ist, Werbeadressen zu generieren. Häufig geschieht das Ausspähen von Daten jedoch vollkommen unbemerkt oder mit fadenscheinigen Begründungen. Ein Beispiel, das unter dem Deckmantel des Vorgehens gegen Software-Piraterie stattfindet, ist die Echtheitsprüfung des Windows-Betriebssystems durch *Windows Genuine Advantage* (WGA). Unbemerkt werden dabei zahlreiche Systemdaten an den Hersteller Microsoft übertragen.

Wie wird der Computer vor Viren geschützt?

Zu den wichtigsten Gegenmaßnahmen zählt der Einsatz einer Abwehrsoftware, die jedes Programm vor der Ausführung überprüft und zusätzlich über weitere Möglichkeiten verfügt, entsprechende Schädlinge in anderen Dateien aufzufinden und unschädlich zumachen. Eine regelmäßige Aktualisierung – am besten mindestens einmal pro Woche – ist zwingend erforderlich, um auch vor kontinuierlich erscheinenden neuen Varianten sicher zu sein.

Darüber hinaus ist es gerade auch das persönliche Verhalten, was vor bösen Überraschungen schützen kann: Beim Laden neuer Software sollte immer die Seriosität der Quelle hinterfragt werden. Manche Websites bieten kostenlose Software, die ansonsten teuer zu kaufen wäre – doch Vorsicht, dahinter stecken fast immer illegale und zudem mit Viren verseuchte Angebote. Aber auch die Website selber kann – unsichtbar! – bösartigen Code enthalten.

Im Anhang von E-Mails versandte Dateien sollten ebenfalls nur mit Bedacht geöffnet werden. Handelt es sich um eine Datei im PDF-Format, bestehen keine Risiken. Bei ausführbaren Programmen (Endung: .com, .bat, .exe), aber auch allen Word-,

Excel- und sonstigen Programmen, die Makros (Miniprogramme) enthalten können, ist zumindest Vorsicht geboten. Das Lesen der Mail ist in aller Regel ungefährlich und liefert schon eine gewisse Vorabinformation; unverlangt und von unbekanntem Absender erhalten, sind Anhänge niemals unbedacht zu öffnen.

Eine ganz andere Quelle von Computerproblemen rührt nicht aus bewusst und vorsätzlich in Umlauf gebrachter Malware (*mal*: engl. böse; Schaden verursachende Software), sondern aus unsauber programmierten Hilfsprogrammen oder Computerspielen. Sie können im laufenden Betrieb immer wieder zu Schwierigkeiten führen. Das Erscheinungsbild fällt dabei höchst unterschiedlich aus und reicht von schleppender Ausführung anderer Programme über nicht mehr auf Benutzereingaben reagierende Programme oder Betriebssysteme bis im schlimmsten Fall zu spontanen Abstürzen. Hier hilft in erster Linie das persönliche Verhalten, die Entscheidung, eine solche Software zu installieren – oder besser darauf zu verzichten. Auch eine nachträgliche Deinstallation liefert nicht immer den gewünschten Erfolg, da sich nicht notwendigerweise alle Teile eines automatisch installier-

ten Programms auch wieder vollständig entfernen lassen.
Im schlimmsten Fall läuft dies auf
die komplette Neuinstallation des
Betriebssystems und sämtlicher Programme hinaus – wohl dem, der zu-

mindest die Daten sauber struktu-
riert abgelegt hat; doch dazu mehr
im Abschnitt *Briefe zwischen den
Socken: Datenablage auf dem PC* ab
Seite 196.

Für Spuren, die beim Aufsuchen von Inhalten im Internet hinter-
lassen werden, ist dieser Aufwand noch nicht einmal nötig: Denn seit
2005 sind Betreiber von Internetzugängen in Deutschland gesetzlich
dazu verpflichtet, auf eigene Kosten Einrichtungen für den unmittelbaren Anschluss einer staatlichen Überwachung bereitzustellen. Generell sei dazu angemerkt, dass viele Informationen im Internet als
Klartext übertragen werden und daher mit geringem technischen
Aufwand erfasst und weiterverarbeitet werden können. Dies betrifft
insbesondere auch E-Mails, die damit vom Standpunkt der Datensi-
cherheit bestenfalls das Niveau einer Postkarte besitzen. Entsprechend wird in vielen Ländern der E-Mail Verkehr staatlich überwacht.
Weniger zur Kategorie *schädlich*, aber dennoch im hohen Maße *är-
gerlich* ist das riesige Volumen an unerwünschten E-Mails mit werbli-
chem Hintergrund. Darunter befinden sich häufig fragwürdige,
wenn nicht illegale Angebote, wie Hinweise auf kommerzielle Websites mit pornografischem Inhalt oder der Verkauf von gefälschten
Markenartikeln. *Spam*- oder *Junk-Mail* machen inzwischen weit mehr
als die Hälfte des gesamten E-Mail Verkehrs aus; es wird von jährlich
bis zu 100 Milliarden unerwünschten E-Mails ausgegangen. Daraus
resultiert neben der unnötigen Belastung von Datennetzen und Mail-
servern vor allem auch ein immenser Aufwand, die Werbe-Mails wieder auszusortieren. Längst existieren dafür auch automatische Filter,
um der stetig steigenden Flut Herr zu werden. Die formale Prüfung
des Mail-Inhalts liefert jedoch nur bedingt zuverlässige Anhaltspunkte, weshalb auch mit *White Lists* (gewünschte Absender) und *Black
Lists* (Absender von unerwünschten Mails) gearbeitet wird. Als problematisch erweist sich dabei, dass die Absenderangaben von E-Mails
– genauso wenig wie bei einem Brief oder einer Postkarte – nicht notwendigerweise stimmen müssen. Technische Lösungen für das letztere Problem, der eindeutigen Identifikation des Absenders, sind bereits gefunden. Jedoch kommen entsprechende Entwicklungen einstweilen auf Grund einer noch fehlenden Standardisierung der kon-
kurrierenden Vorschläge nicht zum Abschluss.

Big Brother

Die Orwell'sche Utopie einer Total-
überwachung durch staatliche Orga-
ne ist noch nie so einfach gewesen,
wie seit der Einführung des Internet,
vor allem aber dessen weit verbreiteter und allgegenwärtiger Nutzung.
Die Möglichkeiten, sich hiervor zu
schützen, sind dabei durchaus gegeben, wenn auch wenig bekannt und
zuweilen technisch anspruchsvoll in
der Handhabung. Die Stichworte lau-
ten Verschlüsselung und Anonymi-
sierung, wie werden Daten sicher
übertragen – sicher vor dem Ausspähen und vor Manipulation, wie wird
die Privatsphäre geschützt.

In diesem Zusammenhang wird
denn auch die eigentliche Crux offensichtlich: Nicht das Medium Internet
an sich, sondern die Möglichkeiten –
und Widrigkeiten – bei der Nutzung
müssen erst einmal verstanden sein!
Die Kompetenz im Umgang mit einer Technologie will erlernt sein –
oder schafft neue Abhängigkeiten.
Zum Autofahren genügt seit langem

ein Führerschein, die detaillierte
Kenntnis der Fahrzeugtechnik oder
eine Ausbildung zum Mechaniker ist
dafür keinesfalls erforderlich. Andererseits entstehen bei technischen
Schwierigkeiten so neue Probleme:
Wer schleppt das Fahrzeug ab, wer
hat Ersatzteile und repariert den
Schaden, wie wird die Zeitspanne ohne Fahrzeug überbrückt? Nicht anders verhält es sich mit dem Einsatz
der EDV im Allgemeinen oder der
Nutzung des Internets im Speziellen.

Generell betrifft das Ausspähen
der Privatsphäre nicht das Internet
und dessen Nutzung allein. Es kann
jedoch davon ausgegangen werden –
auch in Deutschland – dass nicht nur
jede E-Mail und jedes Fax, sondern
auch praktisch jedes Telefonat über
ein Mobiltelefon oder eine digitale
Vermittlungsstelle im Festnetz maschinell abgehört werden. Die Grenzen zwischen staatlichen Geheimdiensten und Wirtschaftsspionage
verschwimmen dabei.

Computer

Was ist ein Computer? – In jedem Fall nicht nur eine jener Boxen neben oder auf dem Schreibtisch, oder eines jener tragbaren Geräte mit aufklappbarem Bildschirm, das in Aktentaschen oder Rucksäcken zum ständigen Begleiter mancher Zeitgenossen geworden ist. Längst verfügen unzählige, ganz alltägliche Geräte über dieselben Komponenten wie ein Computer – nicht überall, wo ein Computer darin steckt, steht auch *Computer* darauf! Mikroprozessoren, wie ein gleichnamiger Abschnitt noch zeigen wird, sind geradezu allgegenwärtig in unserer Umgebung.

Die Entwicklung der Mikroprozessoren wurde zum Wegbereiter der *Digitalen Revolution.* Heute existieren praktisch kein Lebensbereich, keine Technologie oder Wirtschaftszweig, die nicht unmittelbar dadurch betroffen sind oder direkt damit im Zusammenhang stehen. Die Auswirkungen sind kaum geringer als 200 Jahre zuvor durch die Erfindung der Dampfmaschine, die mit der *Industriellen Revolution* eine tief greifende gesellschaftliche Veränderung einläutete. Eine vergleichbare Reichweite wird sonst lediglich noch dem Übergang vom Jäger und Sammler zu ersten steinzeitlichen Bauern und Viehhirten zugeschrieben.

Doch was macht den besonderen Charme, die Attraktivität der Computertechnologie aus? Regte zunächst die »Intelligenz eines Elektronengehirns« zu Phantasien und Visionen an, so hat sich vielmehr das unermüdliche Repetieren eines einmal zuvor programmierten Vorgangs – so fehlerfrei oder auch fehlerbehaftet wie die Programmierung und eben gerade fern jeder Intelligenz – als das eigentliche Prä erwiesen. Auch hochleistungsfähige Schachcomputer sind kein Gegenbeweis für die Intelligenz der Maschine: Ein bekanntes Regelwerk, die Kenntnis der Zugfolgen aus unzähligen Meisterpartien und die Fähigkeit, innerhalb kürzester Zeit eine große Anzahl an Spielvarianten auszuprobieren, um letztlich den für den Weg zum Sieg aussichtsreichsten nächsten Schritt zu finden, sind mit schlichter Rechenkapazität sehr wohl zu bewältigen. Ein in den 1990er Jahren von IBM entwickeltes Rechnersystem *Deep Blue* aus 256 speziell für die Berechnung von Schachzügen bestehenden Prozessoren vermochte bis zu 200 Millionen Stellungen pro Sekunde zu berechnen. Damit gelang – nach einer Niederlage in der ersten Runde und anschließender Aufarbeitung der Details aus den sechs gespielten Partien – immerhin im zweiten Durchgang ein Sieg gegen den damals amtierenden Schachweltmeister Garri Kasparow.

Von *Künstlicher Intelligenz*, selbst lernenden und womöglich selbst reproduzierenden Automaten ist dies alles weit entfernt – auch wenn zumindest theoretisch Letzteres nicht unmöglich wäre. Ob eine Maschine jedoch so etwas wie ein Bewusstsein erlangen kann, dürfte dennoch in hohem Maße fraglich, vor allem aber auch ein philosophisches Problem sein. Einstweilen plagen sich viele Menschen mit Unzulänglichkeiten wie einer wenig intuitiven Bedienbarkeit. Die bislang vorherrschende visuelle Interaktion erfordert nicht selten eine tiefe Kenntnis der Abläufe in einem Computerprogramm und stellt Anfänger oder nur gelegentlich damit arbeitende Nutzer vor hohe Zugangsbarrieren. Übervolle Bildschirme, die in bunter Folge Informationen und Möglichkeiten zur Bedienung beinhalten, tragen das ihre zur Verwirrung bei. Die von vielen ersehnte Kommunikation auf der Ebene der natürlichen Sprache steckt immer noch in den Anfängen. Entsprechende Sprachinterfaces taugen bislang nur für allersimpelste Callcenter-Anwendungen, wo präzise Antworten wie »ja« oder »nein«, bestenfalls die Angabe einer Vorgangsnummer (unbedingt in einzelnen Ziffern!) erwartet werden. Wesentlich darüber hinausgehende Fähigkeiten finden sich weiterhin ausschließlich im Bereich *Science Fiction*.

Damit wird die *Digitale Kluft* immer größer – jener informationelle und technische Vorsprung derjenigen, die sowohl über den Zugang zu Computern und digitalen Medien verfügen, vor allem aber auch über die Fähigkeit, damit Ziel führend umzugehen. Dies betrifft nicht nur Teile der Gesellschaften in hoch entwickelten Ländern, die wenig Gelegenheit haben oder hatten, die entsprechende Kompetenz zu erwerben. Es sind vor allem weite Bereiche der Welt betroffen, wo fehlende Infrastrukturen – angefangen bei einer zuverlässigen Elektrizitätsversorgung bis hin zu einem physischen Internetzugang –

dies für die meisten Menschen in unerreichbare Ferne stellen. In demselben Maß, wie das Internet die Distanz durch Raum und Zeit für seine Benutzer auf einen Mausklick reduziert, werden jene, die keinen Zugang zu dieser Informationsquelle und diesem Kommunikationsmedium haben, weiter zurückgelassen.

Fehleinschätzungen

Als die erste programmgesteuerte Rechenmaschine dem Deutschen Reichspatentamt Mitte der 1930er Jahre vorgestellt wurde, um die Erfindung eines jungen Bauingenieurs zu beurteilen, hat es nach jahrelangem Hin und Her wenig Weitsicht bewiesen. Der junge Mann hieß Konrad Zuse – und die Erfindung, die als »nicht patentwürdig« abgelehnt wurde, hieß Z1. Es war die erste programmgesteuerte Rechenmaschine der Welt, der erste Computer.

Auch einige Zeit später war der Siegeszug der Computer noch äußerst ungewiss. Dem Geschäftsführer der IBM, Thomas J. Watson, wird folgende Äußerung zugeschrieben: »I think there is a world market for maybe five computers.« (»Ich denke, es gibt weltweit einen Markt für vielleicht fünf Computer.«)

Nachdem Computer ab den 1950er Jahren für militärische und kommerzielle Zwecke serienmäßig produziert wurden, gab 1977 Ken Olsen, Gründer von Digital Equipment Corporation (DEC) zu bedenken: »Es gibt keinen Grund dafür, dass jemand einen Computer zu Hause haben wollte.« Obwohl sein Unternehmen 1960 mit der PDP-1 bereits den ersten Minicomputer herstellte, konnte er sich noch drei Jahre bevor PCs auf den Markt kamen, nicht vorstellen, dass diese einmal in Millionenstückzahlen – auch in privaten Haushalten – Verbreitung finden würden.

---

1 + 1 = 10

Kaum zu glauben: Der Mythos vom allwissenden Elektronengehirn wurde soeben begraben – und das ausgerechnet mit einem Rechenfehler!

Gesetzt den Fall, Rechner und PCs würden selbst an dieser simplen Rechenoperation scheitern, wäre es denn überhaupt möglich, dieses Manuskript auf einem PC zu verfassen, im Internet nach Informationen zu recherchieren – oder auch nur ein Mobiltelefon zu benutzen? Und sofort stellt sich die nächste Frage: Was haben Textverarbeitung und Internet-Recherche mit der Addition zweier Zahlen zu tun? Dafür bedarf es einiger Aufklärung, über die Funktionsweise eines Rechners, über dessen interne Vorgehensweise beim Abarbeiten von Befehlen.

In der Tat werden im Kern des Rechners – dem Mikroprozessor – nur eine kleine Anzahl von äußerst simplen Verarbeitungsbefehlen ausgeführt. Komplexere Aufgaben werden aus einer mehr oder weniger langen Schrittfolge dieser elementaren Befehle zusammengesetzt. Zu den wenigen Operationen, die unmittelbar und in einem Schritt ausgeführt werden können, gehört die Addition zweier Zahlen. Im Abschnitt *Prozessor, Speicher, Festplatte* werden wir noch sehen, dass selbst eine einfache Addition aus mehreren Schritten im *Microcode* besteht. Wie kann es aber zu dem unerwarteten Ergebnis beim Zusammenzählen von 1 + 1 kommen? – Betrachten wir das Durchführen von Rechenoperationen, insbesondere der Addition, einmal näher.

Eine erste Hürde, die es dabei zu nehmen gilt, ist die Frage nach dem Zahlensystem! Warum dies? – Jedes Kind lernt bereits in der Grundschule, dass eine Zahl aus einer oder mehreren Ziffern besteht und jede Ziffer zehn unterschiedliche Werte (1, 2, 3, 4, 5, 6, 7, 8, 9, 0) annehmen kann. Wir rechnen, ohne uns viel Gedanken darüber zu machen, im Dezimalsystem; die Basis ist – nomen est omen – die 10. Ergibt sich beim Addieren zweier Ziffern ein Ergebnis größer als 9, so wird ein Übertrag in die nächst höhere Dezimalstelle vorgenommen.

Dezimalsystem

Ohne Übertrag $3 + 4 = 7$.
Mit Übertrag $7 + 4 = 11$.

Das Ergebnis der ersten Addition lässt sich in Worten als »sieben Einer« beschreiben, das der zweiten Addition als »ein Einer und ein Zehner«. – Der Übertrag aus der Einerstelle wird in die nächsthöhere Stelle, die Zehnerstelle, vorgenommen.

Im Dezimalsystem lässt sich somit jede Zahl als eine Addition von *Zehner*potenzen darstellen; für die Zahl 783 sieht das so aus:

$$0 \times 1.000 + 7 \times 100 + 8 \times 10 + 3 \times 1 = 783$$
oder $\quad 0 \times 10^3 + 7 \times 10^2 + 8 \times 10^1 + 3 \times 10^0 = 783.$

Dass es keinesfalls eine Selbstverständlichkeit ist, ausschließlich in einem Dezimalsystem zu rechnen, verdeutlicht ein Blick auf die noch aus karolingischer Zeit stammende Münzordnung, die in Großbritannien immerhin bis 1971 Bestand hatte: 1 Pfund Silber (*Pound Stirling*) entsprach 20 Shilling, 1 Shilling war der Gegenwert zu 12 Pence, oder anders ausgedrückt: 240 Pence entsprechen 1 Pfund. – In einigen Regionen Deutschlands war noch kurz vor der Einführung des Euro anstelle von 20 DM umgangssprachlich von »einem Pfund« die Rede.

In der elektronischen Datenverarbeitung ist das Dualsystem, ein Zahlensystem zur Basis 2, gängig. In den Anfängen war dies nicht generell der Fall, sowohl der erste programmgesteuerte *mechanische* Rechner Zuse Z1 (1937) als auch der erste programmgesteuerte *elektronische* Rechner ENIAC (*Electronic Numerical Integrator and Computer*, 1944) arbeiteten beispielsweise nach dem Dezimalsystem. Für das Dualsystem sprechen jedoch nicht nur technische Erwägungen – Relais, Röhren und Transistoren eignen sich bestens als elektrische bzw. elektronische Schalter, die zwischen zwei Zuständen wie EIN und AUS hin- und hergeschaltet werden können, sondern auch die Vereinfachung mathematischer und logischer Operationen. Eine Erkenntnis, die ebenso wie die Einführung des Dualsystems auf Gottfried Wilhelm Leibniz zurückgeht und bereits vor über 300 Jahren gewonnen wurde!

Werden im Dualsystem zwei Zahlen addiert, so sind genau wie im bekannten Dezimalsystem die Überträge zur nächsthöherwertigen Stelle zu beachten. Der entscheidende Unterschied ist die Wertigkeit der nächsthöheren Stelle: Beim Dezimalsystem ist es der Faktor 10, beim Dualsystem der Faktor 2 zur vorherigen Stelle.

Dualsystem
Ohne Übertrag $1 + 0 = 1$ (dezimal: 1)
Mit Übertrag $1 + 1 = 10$ (dezimal: 2)

Ganz analog zum Dezimalsystem lässt sich jede Zahl im Dualsystem als eine Addition von *Zweier*potenzen darstellen; hier ein Beispiel für die Zahl 12:

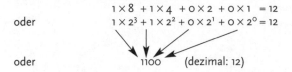

$$1 \times 8 \;+ 1 \times 4 \;+ 0 \times 2 \;+ 0 \times 1 \;= 12$$
oder
$$1 \times 2^3 + 1 \times 2^2 + 0 \times 2^1 + 0 \times 2^0 = 12$$

oder   1100   (dezimal: 12)

Das Beispiel klärt also den vermeintlichen Rechenfehler zu Beginn dieses Abschnitts auf. Die Summe aus $1 + 1$ ergibt auch im Dualsystem 2 – nur führt das bereits zu einem Übertrag in die nächst höherwertige Stelle: Die Darstellung der Zahl 2 im Dualsystem lautet 10.

Tatsächlich erlaubt das Dualsystem einige für Berechnungen sehr vorteilhafte Tricks. Beispielsweise kann eine Multiplikation mit geradem Multiplikator deutlich vereinfacht werden. Ohne zu tief die Al-

Tabelle 6 Dualzahlen.

Dual	Dezimal	Bestimmung
0000	0	$0 \times 2^3 + 0 \times 2^2 + 0 \times 2^1 + 0 \times 2^0$
0001	1	$0 \times 2^3 + 0 \times 2^2 + 0 \times 2^1 + 1 \times 2^0$
0010	2	$0 \times 2^3 + 0 \times 2^2 + 1 \times 2^1 + 0 \times 2^0$
0011	3	$0 \times 2^3 + 0 \times 2^2 + 1 \times 2^1 + 1 \times 2^0$
0100	4	$0 \times 2^3 + 1 \times 2^2 + 0 \times 2^1 + 0 \times 2^0$
0101	5	$0 \times 2^3 + 1 \times 2^2 + 0 \times 2^1 + 1 \times 2^0$
0110	6	$0 \times 2^3 + 1 \times 2^2 + 1 \times 2^1 + 0 \times 2^0$
0111	7	$0 \times 2^3 + 1 \times 2^2 + 1 \times 2^1 + 1 \times 2^0$
1000	8	$1 \times 2^3 + 0 \times 2^2 + 0 \times 2^1 + 0 \times 2^0$
1001	9	$1 \times 2^3 + 0 \times 2^2 + 0 \times 2^1 + 1 \times 2^0$
1010	10	$1 \times 2^3 + 0 \times 2^2 + 1 \times 2^1 + 0 \times 2^0$
1011	11	$1 \times 2^3 + 0 \times 2^2 + 1 \times 2^1 + 1 \times 2^0$
1100	12	$1 \times 2^3 + 1 \times 2^2 + 0 \times 2^1 + 0 \times 2^0$
1101	13	$1 \times 2^3 + 1 \times 2^2 + 0 \times 2^1 + 1 \times 2^0$
1110	14	$1 \times 2^3 + 1 \times 2^2 + 1 \times 2^1 + 0 \times 2^0$
1111	15	$1 \times 2^3 + 1 \times 2^2 + 1 \times 2^1 + 1 \times 2^0$

gebra bemühen zu müssen, leuchtet ein, dass eine Multiplikation sich auf die Addition zurückführen lässt.

Dezimalsystem:
Multiplikation   3 × 4;
Addition   3 + 3 + 3 + 3.

Dualsystem:
Addition   0011 + 0011 + 0011 + 0011

1. Schritt

0011	3
0011	3
0110	6

2. Schritt

0110	6
0011	3
1001	9

3. Schritt

1001	9
0011	3
1100	12

Betrachtet man das Zwischenergebnis des ersten Schritts, so fällt auf, dass das Ziffernmuster der Dualzahlen von 3 und 6 ähnlich ist, lediglich die Einsen sind um eine Stelle nach links verschoben. Dasselbe Muster wird beim Ergebnis des dritten Schritts wiederholt: Die Darstellung der Zahlen 6 und 12 im Dualsystem ist bis auf die Position der Einsen gleich. Eine Multiplikation mit dem Faktor 2 kann somit durch einfaches Verschieben der Zifferngruppe nach links und anschließendes Auffüllen der letzten Stelle mit einer Null bewerkstelligt werden. Eine Multiplikation mit 4 wird demnach durch zweimaliges Ausführen dieser überaus einfachen Rechenvorschrift erfolgen. – Einfacher ist es kaum möglich!

Dieses simple Beispiel macht deutlich, wie sich die Anzahl der Additionen, gerade bei großem Multiplikator, drastisch reduzieren lässt, mithin die Anzahl der internen Rechenschritte und Wartezeit bis zur Ausgabe eines Ergebnisses durch den Einsatz des Dualsystems minimiert wird.

Tatsächlich beherrschen Mikroprozessoren nur eine sehr begrenzte Menge an Befehlen, viele davon ähnlich der hier vorgestellten Art. Eine weitere zu erwähnende Gruppe sind Operationen, die das Abholen von Daten aus dem Speicher und das Ablegen von Ergebnissen erlauben. Obwohl das Programmieren auf dieser maschinennahen Ebene mühselig und auch fehlerträchtig ist, erlaubt es doch, die Möglichkeiten der betreffenden Rechnerkomponenten optimal auszuschöpfen. So verwundert es nur wenig, dass ausgerechnet bei einigen Banken und Versicherungen – Nutzern kommerzieller Großrechnersysteme – noch heute Programme dieser Art (*Assembler*) im Einsatz sind. Die Geschwindigkeit bei der Datenverarbeitung von Tausenden von angeschlossenen Arbeitsplätzen ist hier maßgeblich. Das Thema wird in dem weiter unten folgenden Abschnitt *Programmieren und Programme* noch eingehend betrachtet.

Prozessor, Speicher, Festplatte

Die wichtigste Komponente von Computern, der Prozessor, wurde im vorangegangenen Abschnitt bereits mehrfach erwähnt. Seine Aufgaben sind das Manipulieren von Daten mittels mathematischer oder logischer Operationen, wie

Bild 40 Mikroprozessor.

- addiere a + b,
- vergleiche a mit b,
- verschiebe a von b nach c.

Er besteht aus zwei Hauptelementen, dem eigentlichen Rechenwerk (ALU, *Arithmetic Logical Unit*) und einer Steuereinheit. Die zu verarbeitenden Daten und die Ergebnisse werden in ebenfalls auf dem Prozessorbaustein untergebrachten Registern zwischengespeichert. Doch wo kommen die Daten her, wo werden die Ergebnisse abgelegt? Bild 41 zeigt dafür noch eine weitere Komponente, den Arbeitsspeicher.

Der Arbeitsspeicher erfüllt dabei zwei Aufgaben. Im unteren Teil hält er die zur Verarbeitung anstehenden Daten bereit und legt die daraus resultierenden Ergebnisse ab. Im oberen Teil des Speichers befinden sich die Programmdaten: Anweisung für Anweisung werden sie schrittweise von der Ablaufsteuerung gelesen und in jeweils einem oder mehreren Teilschritten – siehe *Microcode*, weiter unten – zur Datenverarbeitung durch die Steuereinheit und die ALU genutzt.

Durch fehlerhafte Programmierung, beispielsweise dem Ablegen von Resultaten in einer falschen Speicherzelle, ist es durchaus möglich, dass die Informationen einer Programmanweisung überschrieben werden. Dies führt zu einem fehlerhaften Programmverhalten, häufig auch zum Absturz des Programms – ein undefinierter Zustand, in dem keinerlei Benutzerhandlung mehr akzeptiert wird, und

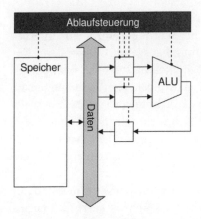

Bild 41 Schematischer Aufbau eines Computers.

der nur durch das Beenden des Programms, notfalls durch eine übergeordnete Instanz wie dem Betriebssystem oder sogar das Abschalten des Rechners, bereinigt werden kann.

Der in Bild 41 skizzierte Aufbau stellt die Basis für die weit überwiegende Mehrzahl aller Computer dar. Diese grundlegende Rechnerarchitektur (*Von-Neumann-Architektur*) wurde bereits kurz nach dem Zweiten Weltkrieg durch John von Neumann definiert und umfasst außerdem noch Komponenten zur Ein- und Ausgabe der Daten. Werfen wir noch einmal einen Blick auf die Abläufe im Mikroprozessor. Auch ein einfacher Befehl wie die Addition zweier Zahlen setzt sich aus mehreren Teilschritten (*Microcodes*) zusammen: Zunächst müssen die beiden zu addierenden Zahlen aus dem Speicher geholt und den Registern des Rechenwerks zugeführt werden. Gleichzeitig ist das Rechenwerk auf die Operation »Addition« einzustellen. Nach Ausführen der Addition ist das Ergebnis schließlich wieder in eine Zelle des Speichers zurückzuschreiben.

Die jeweils spezifische Abfolge von Unterschritten stellt dabei nichts anderes als ein kleines Programm dar: eine Vorschrift für das Abarbeiten einzelner Befehle. Für die technische Realisierung gibt es im Wesentlichen zwei Varianten. Zum einen kann die Abfolge der jeweils zu einem Befehl gehörenden Unterschritte als Ablauflogik hart verdrahtet, das heißt physisch aufgebaut, werden – was einen erheblichen Aufwand bedeutet. Der andere Weg ist deutlich eleganter, hier enthält ein Speicher alle Informationen, die für die Ausführung der einzelnen Teilschritte erforderlich sind.[21] Für das Abarbeiten eines Programmbefehls werden Schritt für Schritt die einzelnen Unterbefehle aus dem Speicher ausgelesen und ausgeführt. Besonderer Nebeneffekt: Sofern der Speicherinhalt auch nachträglich manipuliert werden kann, sind sogar spätere Änderungen oder Ergänzungen an den Befehlsequenzen möglich. Das Verfahren einer auf Mikroschritten basierenden Steuerung findet sich nicht nur in Mikroprozessoren, sondern auch in Maschinensteuerungen (SPS, speicherprogrammierbare Steuerungen), sogar in programmgesteuerten Waschmaschinen, wieder.

Es ist offensichtlich, dass eine mehr oder weniger große Zahl an Unterschritten die Ausführungszeit eines Befehls wesentlich beeinflusst. Für besonders rechenintensive Einsatzfälle wie beispielsweise die Simulation von Vorgängen (Wetterprognosen!), aber auch die Unterstützung aufwändiger Grafiken in Spielkonsolen wurden bereits früh Prozessoren entwickelt, die nur über eine begrenzte Anzahl von Befehlen verfügten, diese dafür jedoch innerhalb möglichst weniger Schritte im Microcode ausführen können. Entsprechend wird zwischen Prozessoren mit vollständigem Befehlssatz (CISC, *Complete Instruction Set Computer*) und reduziertem Befehlssatz (RISC, *Reduced Instruction Set Computer*) unterschieden. Dieser Themenbereich wird im folgenden Abschnitt *Rechner für jeden Fall: Mainframe, Vektorrechner, Server, PC* noch einmal aufgegriffen und vertieft.

Bevor Daten verarbeitet werden können, müssen sie jedoch zunächst einmal erfasst sein. Ebenso sind die Resultate eher von geringem Wert, wenn sie sich den Augen des Betrachters entziehen. Ergänzend zum in Bild 41 dargestellten Aufbau sind daher zusätzliche Komponenten zur Ein- und Ausgabe der Daten erforderlich. Typische Bedienelemente sind eine von der Schreibmaschine abgeleitete Tastatur, Bildschirme und Drucker. Daten können auch automatisch erfasst werden, wie beispielsweise an Supermarktkassen, wo ein Laserscanner Strichcodes auf den Etiketten abtastet. Hinter dem Strichcode verbirgt sich eine eindeutige Identifikation eines Artikels, für den im Warenwirtschaftssystem ein Verkaufspreis hinterlegt ist. Der Kassencomputer erstellt eine Liste aus Artikeln und deren jeweiligem Preis und berechnet am Ende die Summe. Weitere Varianten einer

---

21) Man beachte: Hier wird der Microcode, der zur elementaren Steuerung des Mikroprozessors dient, seinerseits über eine speicherprogrammierbare Steuerung realisiert.

automatischen Datenerfassung sind industrielle Messsysteme, die Parameter für die Mengenbestimmung oder Qualitätssicherung erfassen. Auch das 2005 in Deutschland in Betrieb genommene LKW-Mautsystem (Toll Collect) verarbeitet vollautomatisch die Daten *aller* vorbeifahrenden Fahrzeuge – nicht nur von LKWs.

Zur Anzeige der Resultate, vor allem aber auch zur Interaktion, wie die Aufforderung zur Eingabe von Kommandos an das Programm, wurden neben Bildschirmen beispielsweise auch Fernschreiber (Ausgabe auf Endlospapier) eingesetzt. Die Darstellung war zunächst mit dem Datenformat auf Lochkarten – siehe weiter unten – eng verknüpft. Auch wenn Lochkarten längst Vergangenheit sind und andere Speichermedien vorherrschen, ist bei Großrechnersystemen bis heute 80 Zeichen/Zeile ein gängiger Standard für die Bildschirmanzeige.

Selbst als die Datenverarbeitung mit der Einführung des Personal Computers (PC) nicht mehr allein Sache von Profis war, orientierte sich die Bedienung zunächst weiter am gewohnten Schema. Neben den begrenzten Möglichkeiten zur Visualisierung der Informationen war insbesondere die wenig benutzerfreundliche Bedienung von Programmen der springende Punkt: Verarbeitungskommandos muss der Bediener auswendig beherrschen, schlimmer noch, auch die Ablaufstruktur – wann und in welcher Reihenfolge ist welches Kommando anzugeben – muss dieser erst einmal erlernen.

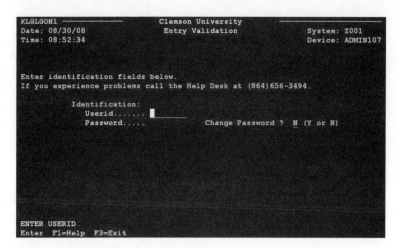

Bild 42 Zeichenorientierte Benutzeroberfläche.

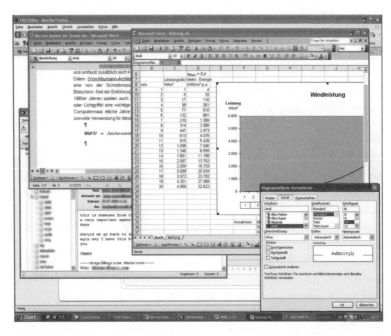

Bild 43 Grafische Benutzeroberfläche.

Eine erste wichtige Unterstützung bilden Menüs, Listen zur Auswahl von in der jeweiligen Dialogsituation anwendbaren Kommandos. Dieses Prinzip wurde mit der Einführung grafischer Benutzeroberflächen Mitte der 1980er Jahre immer weiter ausgebaut, um die Benutzung von Programmen intuitiv und selbsterklärend zu gestalten. In diesem Zusammenhang spielen auch Zeigeinstrumente wie Maus, Trackball oder Lichtgriffel eine wichtige Rolle. Interessanterweise wurde die Computermaus bereits etliche Jahre zuvor (1968) erfunden – nur gab es ohne grafische Benutzeroberflächen keine sinnvolle Verwendung für dieses Gerät.

Während bei zeichenorientierter Darstellung lediglich eine einwandfreie Lesbarkeit der 80 Zeichen pro Zeile zu gewährleisten ist, spielt bei grafischen Benutzeroberflächen insbesondere die Anzahl der Bildpunkte – oder anders ausgedrückt – die Auflösung des Bildschirms die entscheidende Rolle: Je höher die Anzahl der Bildpunkte, desto mehr Details lassen sich abbilden. Zwangsläufig sind dabei die Abmessungen des Bildschirms zu beachten, damit – trotz hoher grafischer Auflösung – einzelne Details nicht zu klein und damit kaum

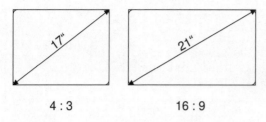

4 : 3   16 : 9

Bild 44 Größenverhältnisse von Bildschirmen.

noch erkennbar wiedergegeben werden. Die Angabe der Bildschirmgröße erfolgt üblicherweise in Zoll (1 = 2,54 cm) für die Bildschirmdiagonale.

Zunächst lehnte sich das Breite-zu-Höhe-Verhältnis der Bildschirmdarstellung an das von Fernsehbildern bekannte Verhältnis von 4 : 3 an; so konnten dieselben Kathodenstrahlröhren wie für Fernseher eingesetzt werden. Inzwischen existieren auch breitere Darstellungsformate. Dies hängt sowohl mit der optimierten Wiedergabe von Spielfilmen im Kinoformat 16 : 9 als auch einer besseren Ausnutzung der für Laptopbildschirme zur Verfügung stehenden Fläche zusammen.

Als universelles Medium zur Benutzerinteraktion dient die Tastatur nicht nur zum Schreiben – ganz gleich ob es sich dabei um Pro-

Tabelle 7 Typische Bildschirmauflösungen.

Bezeichnung		Auflösung
CGA		640 × 200
EGA		640 × 350
VGA	4 : 3	640 × 480
SVGA	4 : 3	800 × 600
EVGA, XGA	4 : 3	1024 × 768
XGA, XGA+	4 : 3	1152 × 864
SXGA	5 : 4	1280 × 1024
HD 720	16 : 9	1280 × 720
WXGA*	16 : 10	1280 × 800
WSXGA	16 : 9	1600 × 900
UXGA	4 : 3	1600 × 1200
HD 1080	16 : 9	1920 × 1080
QXGA	4 : 3	2048 × 1536
UD	16 : 9	3840 × 2160

* Der Begriff wird für eine breite Palette von Bildschirmen mit
768–845 Zeilen und 1280–1376 Bildpunkten pro Zeile benutzt.

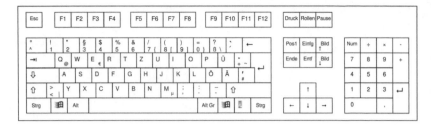

Bild 45 Computertastatur.

grammierung, das Schreiben eines Briefes oder das Erfassen von Daten handelt, sondern erlaubt über besondere Tastencodes auch das Absetzen von Steuerkommandos. Dazu dienen nicht nur die Reihe der Funktionstasten[22] F1–F12, sondern vor allem auch Kombinationen aus den Tasten *Steuerung* (Strg) und *Alternate* (Alt) jeweils einzeln oder gemeinsam mit anderen Tasten.[23] Das Beherrschen derartiger Tastencodes erlaubt eine sehr zügige Bedienung, ist aber bei weitem nicht jedermanns Sache: Neben der sehr abstrakten Vorgehensweise und wenig eingängigen Erlernbarkeit besteht immer auch die Gefahr von unbemerkten Fehlbedienungen.

Verschiedene Aufgaben sind mit einer Datenerfassung per Tastatur kaum oder nur sehr unkomfortabel zu bewältigen, dazu zählen insbesondere originär grafische Tätigkeiten, wie das Zeichnen von Plänen in den Bereichen Architektur, Maschinebau oder Elektrotechnik. Bereits für die ersten computerbasierten Entwurfswerkzeuge (CAD, *Computer Aided Design*) waren daher verschiedene Hilfsmittel als elektronischer Ersatz für den Zeichenstift eingeführt worden. Bis heute am weitesten verbreitet sind Maus und Trackball. Beide arbeiten nach demselben Prinzip, die Bewegung einer geführten Kugel auf einer planen Fläche wird zur Positionierung eines Zeigers (*Cursor*) auf dem Bildschirm verwendet. Während beim Trackball die Kugel direkt mit den Fingern positioniert wird, erfolgt bei der Maus eine indirekte Bewegung durch das Hin- und Herschieben des gesamten Gehäuses. Anstelle der Kugel und einer mechanischen Bewegungsab-

22) Die Funktionstasten sind ein Relikt aus der Epoche, als es ausschließlich Großrechner gab. Später wurden die Tasten auch zur Steuerung von PC-Programmen verwendet.

23) In Windows-Betriebssystemen werden darüber hinaus spezielle Funktionstasten unterstützt, die mittlerweile zum Standardumfang der meisten Tastaturen gehören.

Bild 46 Computermaus (Quelle: Thomas Schichel).

tastung werden inzwischen meist optische Sensoren eingesetzt, die ohne bewegte Teile auskommen.

Durch Gestaltungselemente wie Pull-down-Menüs und Symbolleisten lassen sich viele Kommandos in Form von selbsterklärendem Klartext oder durch intuitive und einprägsame Symbole übersichtlich anordnen. Eine zweckmäßige Bedienung – insbesondere der Symbolleisten – erfordert ein Zeigegerät wie beispielsweise eine Computermaus.

Für Kiosksysteme zur Selbstbedienung – dazu zählen Fahrkarten- und Bankautomaten – gibt es auch Bildschirme mit integrierten Be-

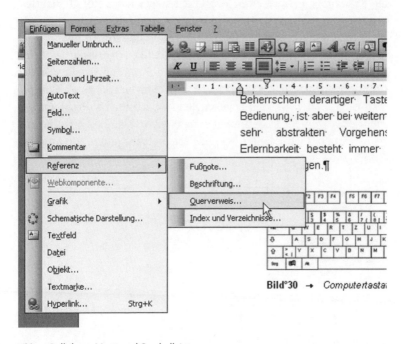

Bild 47 Pull-down-Menü und Symbolleisten.

dienelementen (*Touchscreen*). Entweder werden direkt am Bildschirmrand Drucktasten positioniert, deren jeweilige Funktion auf dem Bildschirm angezeigt wird, oder der Bildschirm enthält selber Schaltersymbole, die durch direktes Berühren mit einem Finger ausgelöst werden können. Dafür wird in der Ebene unmittelbar vor dem Bildschirm ein unsichtbares Raster aus Infrarot-Lichtstrahlen installiert, das durch den Finger an einer Stelle unterbrochen wird. Die Position des Fingers lässt sich durch Sensoren (in der Skizze im Bild 48 unten und rechts) sehr einfach ermitteln.

Außer der Datenerfassung und Programmbedienung per Bildschirm, Tastatur und Maus sind auch andere Medien zur Interaktion im Einsatz. Dazu zählten – insbesondere zu Beginn des Computerzeitalters – vor allem Lochkarten. Daten wie auch Programme zu deren Verarbeitung wurden zunächst in Kartonstreifen gestanzt. Diese wurden dann sequentiell eingelesen und anschließend das Resultat wieder in Form von Lochkarten ausgeworfen. Heute erscheint dies als geradezu abenteuerlicher Aufwand, das Prozedere hatte seinerzeit jedoch einen unschätzbaren Vorteil: Es wurden keine teuren und in der Kapazität eng limitierten Massendatenspeicher benötigt. Stattdessen trug man die Lochkarten – in wohl sortierter Reihenfolge und ohne Eselsohren – in einer schuhkartongroßen Box ins Archiv.

Damit wäre bereits ein wesentlicher Gedanke angerissen: Was passiert mit den Daten, wenn der elektrische Strom abgestellt und der Computer ausgeschaltet wird? Jeder, der schon einmal einen Computer im laufenden Betrieb abgeschaltet hat, kennt das Problem: Ein mehr oder weniger katastrophaler Datenverlust ist die Folge! Bereits früh wurden Technologien wie das Magnetband auch zur Speiche-

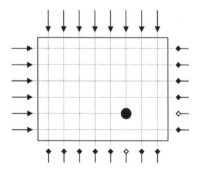

Bild 48 Prinzip des Touchscreens.

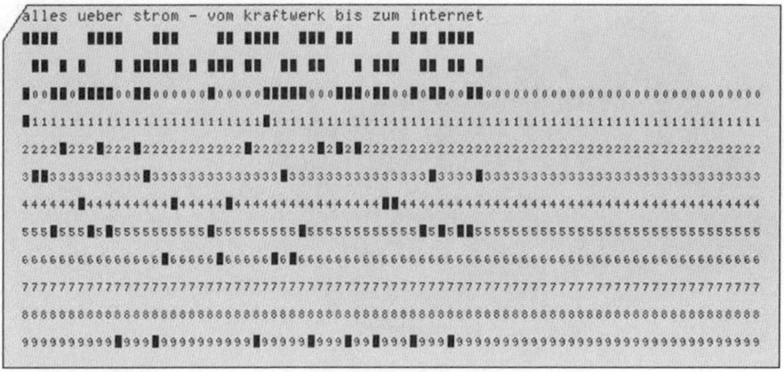

alles ueber strom - vom kraftwerk bis zum internet

Bild 49 Lochkarte.

rung von Computerdaten herangezogen. Trommelspeicher und auch erste Festplatten hatten zwar im Vergleich zu heute enorme Abmessungen – kühlschrankgroße Geräte konnten ein Datenvolumen von gerade einmal 10 MByte speichern – erlaubten jedoch ein schnelles Laden von Programmen und Daten nach dem Start des Computers, vor allem aber auch ein sicheres Speichern nach der Eingabe oder Verarbeitung. Heute sind Festplatten die wichtigsten Massendatenspeicher. Bei Abmessungen von ca. 10 cm × 15 cm und einer Bauhöhe von 2,5–4,4 cm verfügen sie über bis zu 1.500 GByte Speicherplatz. Ausgedruckt auf DIN A4 Papier entspricht diese Datenmenge einem Stapel (nicht: Kette) von 55 km Höhe und 25.000 t Masse.

Die Datenspeicherung auf einer Festplatte – der Name deutet auf den festen Plattenkörper im Gegensatz zu den früher weit verbreiteten Floppydisks (flexible Diskette, Wechselmedium) – erfolgt wie auf einem Magnetband, also genauso wie bei einem Tonbandgerät oder Kassettenrekorder. In einer Kunststofffolie sind kleine magnetisierbare Partikel eingebettet, die durch ein äußeres Magnetfeld dauerhaft ihre magnetische Orientierung ändern (Schreiben des Speichers). Mit einem hochempfindlichen Magnetsensor lassen sich die Informationen wieder lesen.

Die Anordnung der Daten auf einer *Platte* hat gegenüber dem Medium *Band* einen entscheidenden Vorzug: Die Informationen von einem Band können nur sequentiell nach einander gelesen werden – was beim Hören von Musik meist der Fall ist. Soll hingegen ein wahlfreier Zugriff auf eine beliebige Information erfolgen, ist ein mehr oder weniger zeitaufwändiges Rangieren an die entsprechende Stelle

Bild 50 Festplatte (geöffnet).

des Bandes erforderlich. Zum Speichern von Informationen, die in beliebiger Folge geschrieben und gelesen werden können, eignet sich daher eine rotierende Platte wesentlich besser. Im ungünstigsten Fall muss gerade einmal eine Umdrehung abgewartet werden, was bei Geschwindigkeiten von 5.400 oder 7.200 Umdrehungen/min im Bereich einer Zehntelsekunde liegt. Die Positionierung des Schreib-/Lesekopfes in radialer Richtung erfolgt ähnlich zügig. Bandspeicher werden aus diesem Grund heute im Wesentlichen für Archivierungszwecke eingesetzt.

Nun stellt sich augenscheinlich die Frage, wenn Festplatten riesige Datenmengen speichern und ein Zugriff auf diese Daten so unerhört schnell erfolgt – wofür ist dann noch ein Arbeitsspeicher (RAM, *Random Access Memory*, Speicher mit wahlfreiem Zugriff) erforderlich? Dafür spricht vor allem der Aspekt der Geschwindigkeit: Die Arbeitsgeschwindigkeit moderner Prozessoren ist derart hoch, dass selbst eine Zehntelsekunde mehr als eine Ewigkeit lang ist. Die Zyklen für das Abarbeiten eines Befehls erfordern einen Zeitaufwand im Bereich einer Milliardstelsekunde (1 ns), teilweise sogar noch darunter – der Prozessor wäre also die meiste Zeit am Warten. Da das Adressieren und Auslesen einer Speicherzelle im Arbeitsspeicher moderner RAM-Bausteine immer noch um den Faktor 10–100 langsamer erfolgt, verfügen Prozessoren zusätzlich über einen sehr schnell arbeitenden Zwischenspeicher auf dem eigenen Chip (*Cache*), um unnötige Wartezyklen zu vermeiden. Andererseits benötigen die RAM-Bausteine jedoch eine kontinuierliche Energieversorgung – bereits eine kurzzeitige Unterbrechung der Versorgungsspannung führt zum Verlust des Speicherinhalts. Somit sind beide Speichertypen, RAM und Festplatte, erforderlich.

Auch wenn Festplatten neben der extremen Kapazität inzwischen eine bemerkenswerte Zuverlässigkeit und Betriebssicherheit erreicht haben, ist gerade in mobilen Rechnern ein nichtflüchtiger Speicher ohne mechanisch bewegte Komponenten wünschenswert. Entsprechende Bausteine, die auch nach dem Abschalten der Stromversorgung ihren Inhalt beliebig lange speichern, sind seit längerem bekannt. Erst vor wenigen Jahren kamen jedoch Bausteine auf den Markt, die sowohl über hinreichende Speicherkapazität als auch über eine hohe Zahl an Schreibzyklen[24] verfügen. Insbesondere letzterer Punkt war lange Zeit kritisch, da anders als bei vielen Anwendungsszenarien in elektronischen Geräten eine Festplatte – oder hier: deren Ersatz – ausgesprochen häufig mit neuen Daten beschrieben wird. Dem derzeit noch deutlich höheren Preis steht ein um den Faktor 50 schnellerer Zugriff auf die Daten gegenüber. Ein weiterer Unterschied zwischen *Solid State Drives* (SSD, nichtflüchtiger Halbleiterspeicher) und Festplatten ist die Kapazität. Momentan erhältliche mobile Computer verfügen über Festplatten mit mehreren Hundert Gigabyte, während die Halbleiter-Pendants sich – einstweilen – mit 64 oder maximal 128 GByte begnügen müssen.

Eine weitere Kategorie von Datenspeichern sind Wechseldatenträger – wie der Name bereits andeutet, sind sie nicht fest im Computer eingebaut. Im PC-Bereich gehören zu dieser Gruppe unter anderem Floppydisks, CD-ROMs, DVDs, USB-Sticks, Memorycards, in der professionellen EDV spielen auch Magnetbänder weiterhin eine wichtige Rolle. Derartige Medien sind für die Verbreitung von Software und Archivierung von Daten unerlässlich. Außerdem ermöglichen sie den Transport von Daten und Programmen zwischen Rechnern, die über keine Netzwerkverbindung verfügen, oder wo diese auf Grund der Übertragungsgeschwindigkeit für die anstehende Datenmenge nicht in Frage kommt. Selbst im Zeitalter von Glasfaserkabeln und Internet kann ein LKW voller Magnetbänder mitunter die Daten schneller ans Ziel befördern als eine Netzwerkverbindung!

24) Wiederholtes Löschen von Speicherzellen und Speichern neuer Inhalte.

Bild 51 Disketten; 3,5 Floppy (links), 5,25 Floppy (rechts); (Quelle: Thomas Schichel).

Dem Thema Computer-Netzwerke ist weiter unten ein eigener Abschnitt *Der Anschluss an die Welt – Netzwerke* gewidmet.

Neben unterschiedlichen Dimensionen, Zugriffsgeschwindigkeit auf die Daten und vor allem der maximal speicherbaren Datenmenge gibt es noch ein wesentliches Merkmal zur Einordnung dieser Medien: Einige können nur einmalig mit Daten beschrieben werden – ein nachträgliches Löschen oder Ändern der Daten ist nicht möglich. Auch wenn diese Eigenschaft auf den ersten Blick wenig sinnvoll erscheint, ist sie für die Software-Verteilung und Datenarchivierung durchaus zweckmäßig. Erkennbar ist diese Eigenschaft an dem Kürzel ROM (*Read Only Memory*, nur Lesespeicher).

Eine weitere Unterscheidung ist anhand der Art der Datenspeicherung möglich. Bei Floppydisks und Bändern handelt es sich um magnetische Speicher, CDs und DVDs werden optisch abgetastet und geschrieben, Memorycards und USB-Sticks sind reine Halbleiterspeicher und funktionieren wie die weiter oben erwähnten Solid State

Bild 52 Halbleiterspeicher; USB-Stick (links), Memorycard (rechts); (Quelle: Thomas Schichel).

Bild 53 Optische Speicher; CD (links), DVD (rechts);
(Quelle: Thomas Schichel).

Drives. Gerade die immer leistungsfähigeren Halbleiterspeicher haben die jahrzehntelang genutzten Floppys inzwischen komplett abgelöst. Magnetbänder werden dem hingegen immer noch eingesetzt – hauptsächlich zur Datensicherung in Rechenzentren.

Rechner für jeden Fall: Mainframe, Vektorrechner, Server, PC

Prinzipiell ist jeder Gegenstand, ist jede Komponente, die ein Schalten zwischen zwei Zuständen erlaubt, für den Bau einer Datenverarbeitungsanlage geeignet. Entsprechend lässt sich an der Entwicklung von Computern ein Stück weit der allgemeine technische Fortschritt nachvollziehen.

Die erste programmierbare Rechenmaschine stellte Konrad Zuse 1938 im elterlichen Wohnzimmer fertig: Eine Mechanik, die aus ca. 30.000 Blechen bestand, von einem Staubsaugermotor angetrieben wurde und rund eine Tonne wog. Unvermeidbare Fertigungstoleranzen führten jedoch dazu, dass die Anlage nie ganz fehlerfrei arbeitete. Ein Nachbau des im Zweiten Weltkrieg zerstörten Zuse Z1 ist heute im Deutschen Technikmuseum in Berlin zu besichtigen.

Bereits im selben Jahr erkannte der Mathematiker und Begründer der Informationstheorie Claude Shannon, dass sich Relais (elektromagnetische Schalter) ebenfalls für den Bau von Computern eignen. Die 1941 vorgestellte Anlage Zuse Z3 arbeitete bereits nicht mehr mechanisch, sondern mit elektromagnetischen Relais. So konnte die Arbeitsgeschwindigkeit der Z3 mit 5 Hz gegenüber der Z1 (1 Hz) deutlich erhöht werden.

Bild 54 Zuse Z1, Nachbau des ersten mechanischen
Computers von 1938.

Durch den Einsatz von Elektronenröhren konnte 1946 der ENIAC
(*Electronical Numerical Integrator and Computer*) nicht nur die Rechenleistung von Zuses Z3 – trotz deren fortschrittlicherer Architektur – bei weitem übertreffen, es war auch der erste elektronische
Rechner überhaupt. Eine Addition war nun in 0,2 ms durchführbar,
1.000-fach schneller als mit elektromechanischen Relais. Mit einer

Bild 55 Modernes Relais (Quelle: Thomas Schichel).

Taktrate

Das Umlegen eines Schalters erfordert immer einen gewissen Zeitaufwand. Für einen mechanischen Schalter liegt diese Zeitspanne im Bereich von Zehntelsekunden, bei elektronischen Schaltern sind Größenordnungen von bis zu 0,000.000.000.01 s (10 ps, 10 Pikosekunden) erreichbar. Erst wenn alle Ergebnisse eines Verarbeitungsschritts stabil anliegen, kann das Resultat weiterverarbeitet werden. Entsprechend ist die Taktrate des Prozessors festzulegen: So hoch wie möglich, um eine hohe Verarbeitungsleistung zu erzielen, aber so niedrig wie nötig, damit ein stabiles Verhalten gewährleistet ist.

Um von Generation zu Generation bei den Prozessoren eine immer noch höhere Taktrate zu erzielen, sind insbesondere kleinere Dimensionen für die einzelnen »Schalter« notwendig. Nur so lässt sich die Laufzeit der Signale, vor allem aber die elektrische Arbeit zum Umlegen der elektronischen Schalter und damit die Abwärme reduzieren. Aktuelle PC-Prozessoren haben eine Leistungsaufnahme von bis zu 130 Watt. – Unter energetischen Gesichtspunkten sind Prozessoren somit hocheffiziente Heizplatten!
In Tabelle 8 – weiter unten – findet sich ein Überblick über die Entwicklung der Taktrate wichtiger Prozessorfamilien.

Stellfläche von 17 m × 10 m und einer Masse von 27 t waren auch die Abmessungen von ENIAC beachtlich. Der Elektrizitätsbedarf für die mehr als 17.000 Elektronenröhren belief sich auf 174 kW, ausreichend um ein ganzes Dorf oder eine große Siedlung zu versorgen.

Die Elektronenröhren waren jedoch nicht nur hinsichtlich ihres Energiehungers problematisch, sie hatten auch eine sehr begrenzte Lebensdauer. Da bereits der Ausfall einer einzelnen Röhre die Funktionstüchtigkeit der ganzen Maschine beeinträchtigte, waren Stillstandszeiten unvermeidlich.

Bereits wenig später stand mit dem Transistor ein elektronisches Bauelement zur Verfügung, dass die beiden größten Nachteile von Elektronenröhren der Vergangenheit angehören ließ. Der Energiebedarf sank dramatisch bei gleichzeitig wesentlich kleineren Abmessungen und vor allem einer enorm gesteigerten Zuverlässigkeit. Der von den Bell-Forschungslaboratorien für die United States Air Force entwickelte TRADIC (*Transistorized Airborne Digital Computer*) war 1955 der erste aus Halbleiter-Transistoren und -Dioden aufgebaute Computer. Bei einer Leistungsaufnahme von nur noch 100 W dauerte das Ausführen einer Operation lediglich 1 µs (eine Millionstelsekunde). Bereits wenige Jahre später wurden Transistor-Computer kommerziell und in Serie gefertigt.

Bild 56 ENIAC, der erste elektronische Computer von 1946.

Der nächste Entwicklungsschub wurde durch die Einführung integrierter Schaltkreise (IC, *Integrated Circuit*) ab Mitte der 1960er Jahre ausgelöst. Nun war es möglich, Schaltungen aus zahlreichen Transistoren direkt auf einem Chip und in einem Herstellungsprozess aufzubauen. Dadurch reduzierten sich Abmessungen und Energiebedarf nochmals beträchtlich. Zudem wurde damit der Grundstein für eine sehr kostengünstige Massenfertigung von Rechnern und anderen elektronischen Geräten gelegt.

Bild 57 Transistor (Quelle: Thomas Schichel).

Bild 58 Integrierte Schaltung (Quelle: Thomas Schichel).

Etwa zum selben Zeitpunkt begann sich die Entwicklung von Rechnern in verschiedene Kategorien aufzuteilen. Eine neue, kleinere Klasse von Computern, die nur (!) noch die Größe von einem Schrank besaß, trat neben die bis dahin üblichen Rechner, die teilweise ganze Säle füllten. Diese Minicomputer waren zudem in Anschaffung und Unterhalt wesentlich günstiger, was der weiten Verbreitung für kommerzielle und wissenschaftliche Zwecke sehr entgegen kam. Aus heutiger Sicht würden die betreffenden Systeme als *mittlere Datentechnik* eingestuft werden.

Großrechner – auch als *Mainframe* oder *Host* bezeichnet – und Minirechner verfolgen auch heute noch dasselbe Verarbeitungskonzept: Es existiert lediglich *eine* zentrale Instanz zur Datenspeicherung und –verarbeitung. Eine mehr oder weniger große Anzahl an Benutzern hat über *Terminals* Zugriff auf Programme und Daten. Die Terminals dienen ausschließlich der Bedienung, sie verfügen im Gegensatz zu PCs über keine eigenen Prozessoren zur Datenverarbeitung. Die hohe Zuverlässigkeit sowie die Vorzüge von zentralem Betrieb und Verwaltung sind heute immer noch wichtige Pluspunkte. Der wesentliche Einsatz dieser Rechnersysteme ist der Betrieb von umfangreichen Datenbanken. Das Augenmerk liegt dabei auf einer möglichst kurzen Antwortzeit, auch wenn Hunderte Benutzer auf dieselben Datenbanken zugreifen, wie es für die Sachbearbeitung in Banken, Versicherungen und öffentlichen Dienststellen typisch ist. Berechnungen im engeren Sinne spielen eine eher untergeordnete Rolle, sind allerdings auch nicht vollständig vernachlässigbar, wie Anwendungen in der Buchhaltung oder Kontenführung verdeutlichen.

Bild 59 Moderner Mainframe, IBM z9.

Dies steht jedoch im offensichtlichen Gegensatz zu komplexen Berechnungen, wie sie beispielsweise für die Simulation chemischer oder physikalischer Vorgänge – Paradebeispiel: Wettervorhersage – erforderlich sind. Mit *Vektorrechnern* wurde eine eigene Kategorie von Computern (scherzhaft *Number Cruncher*, Zahlenknacker) entwickelt, deren Einsatzgebiet genau diese Domäne ist. Ihre interne Architektur erlaubt die zeitgleiche Verarbeitung mehrerer Operationen in einem Schritt. Dies erfordert eine besondere Form der Programmierung, beschleunigt jedoch den Ablauf rechenintensiver Programme erheblich.

Mit dem Aufkommen von PCs zu Beginn der 1980er Jahre änderte sich das Konzept, später auch das Gesicht der Datenverarbeitung. Neben der Prozessorkapazität zentraler Großrechner- und Minicomputersysteme existierte jetzt auch direkt am Arbeitsplatz ein Computer, auf dem Programme ablaufen und der Daten speichert und verarbeitet. Vom Büroarbeitsplatz (intelligente Schreibmaschine, Buchführung etc.) bis zur industriellen Messdatenerfassung eröffnete sich dabei ein weites Einsatzfeld. Schnell zeigte sich jedoch, dass einzelne

Systeme nicht besonders effizient sind, wenn regelmäßig mehrere Sachbearbeiter auf dieselben Daten zugreifen wollen oder Daten zur weiteren Verarbeitung an einen anderen Arbeitsplatz weitergegeben werden sollten. Ein Ausdrucken auf Papier mit anschließender Neuerfassung konnte nicht der Weisheit letzter Schluss sein. Auch der Austausch von Disketten war wenig komfortabel und fehlerträchtig. So wurden bereits knappe 10 Jahre später die ersten Computernetzwerke eingeführt – mehr zu diesem Thema im Abschnitt *Der Anschluss an die Welt – Netzwerke* ab Seite 177. Dennoch ist gerade in größeren Unternehmen die anfängliche Euphorie schnell verflogen. Das manuelle Installieren und Warten Hunderter PCs, vor allem aber der geregelte Zugriff auf umfangreiche Datenbestände erforderten maschinelle Unterstützung. Ein neuer Rechnertyp – *Server* (lat. *servus*, Sklave, Diener) – entstand. Dabei handelt es sich um einen Sammelbegriff für Computer in einem breiten Leistungsspektrum, das vom leistungsfähigen PC bis zu Systemen reicht, die aus der mittleren Datentechnik abgeleitet wurden.

Server-basierte Netzwerke zählen heute zu den Kernsystemen kommerzieller Datenverarbeitung, in vielen Unternehmen haben sie die früher typischen Großrechner verdrängt. Anstelle eines Mainframes findet sich heute eine mehr oder weniger große Anzahl von Servern, die mit zahlreichen PCs zusammenarbeiten. Um unter diesen Bedingungen einen effizienten Betrieb zu gewährleisten, finden Konzepte wie Rezentralisierung und Virtualisierung große Beachtung.

Virtuelle Welten

Ein virtuelles Bild von einem Objekt kann man im Spiegel betrachten – aber was hat das mit einem PC zu tun?

Auf einem zentralen Server läuft eine Software ab, die das Installieren mehrerer unabhängiger Instanzen eines PC-Betriebssystems – und entsprechender Benutzerprogramme – erlaubt. Der Sachbearbeiter arbeitet nur noch mit einer Minimalkonfiguration an seinem Arbeitsplatz, die lediglich ein Abbild (!) des auf dem Server ablaufenden – virtuellen – PCs erhält. Letztlich kommt dies dem Konzept der zentralen Verarbeitung auf dem Mainframe und der Arbeit an einem Terminal recht nahe.

Das Ziel dieses Vorgehens ist vorrangig die einfachere und effizientere Verwaltung der zahlreichen PCs in Unternehmen.

Eine weitere Gruppe von Computern stellen *Workstations* dar. Sie sind bezüglich der Leistungsfähigkeit zwischen Minicomputern und

PCs angesiedelt. Der Einsatzzweck sind rechenintensive Arbeitsplätze wie CAD (*Computer Aided Design*, Computer-unterstützter Entwurf) in der mechanischen Konstruktion und bei der Entwicklung elektronische Schaltungen, sowie anspruchsvolle grafische Dokumentenbearbeitung in der Druckvorstufe. Auch für die Animation von Grafiken (Zeichentrickfilm) und *Special Effects* in Spielfilmen werden diese hochleistungsfähigen Rechner herangezogen. Bedingt durch die rasante Steigerung der Leistungsfähigkeit von PCs existieren Workstations heute kaum noch als eigenständige Kategorie.

Überhaupt ist es noch nie einem Industriezweig über eine so lange Periode gelungen, eine vergleichbar dynamische Entwicklung zu durchlaufen, wie der Computerbranche. Seit Jahrzehnten verdoppelt sich die Speicherkapazität der jeweils aktuellen Generation an RAM-Bausteinen im 18-Monatstakt. Diese empirische Beobachtung wird als Moore'sches Gesetz – nach Gordon Moore, ihrem Urheber und einem der Gründer des Halbleiterherstellers Intel – bezeichnet. In noch rasanterem Tempo schreitet die Rechenleistung von Computern voran. Im Durchschnitt der vergangenen Jahrzehnte wurde nur wenig mehr als ein Jahr benötigt, um die Rechenleistung jeweils zu verdoppeln! Waren es 1986 1 GFLOPS (*Giga Floating Point Operations per Second*, Milliarden Fließkommaberechnungen pro Sekunde), eine Milliarde (giga, 10^9) Operationen pro Sekunde – erreicht von einer *Cray 2*, so wurde 1997 bereits die Marke von 1 TFLOPS, einer Billion (tera, 10^{12}) Operationen, durch den Rechner *ASCI Red* überschritten. Im Frühsommer 2008 erreichte der *Roadrunner* mehr als 1 PFLOPS, eine Billiarde Operationen (peta, 10^{15}) – siehe auch den Abschnitt *Präfix* im Glossar. Der Supercomputer Roadrunner[25] – in der Tierwelt ein Vogel, der nur gelegentlich fliegt, dafür aber sehr flott zu Fuß ist – bringt es auf mehr als 2.000 t und benötigt eine elektrische Anschlussleistung von 2 MW, ausreichend für eine kleine Stadt oder eine große Elektrolokomotive.

Um die Rechenleistung immer weiter zu erhöhen, existieren zwei Ansätze: Der Übergang zu immer kleineren Dimensionen, um die Wege und damit die Übertragungszeit einzelner elektronischer Signale zu verkürzen, sowie das Erhöhen der Schaltgeschwindigkeit, mit

25) Vielleicht erweckt der Roadrunner auch bei dem einen oder anderen Leser Erinnerungen an eine Trickfilmfigur gleichen Namens, die sich mit »Kojote Karl« diverse Verfolgungsrennen liefert.

der zwischen einer logischen 0 und einer logischen 1 hin- und hergeschaltet wird. Für beide Ansätze sind technische Grenzen absehbar.
Sie resultieren einerseits aus der Forderung nach immer feineren Dimensionen, die – bis zur Einführung von Quantencomputern – letztlich in der Größenordnung weniger Atome kaum noch Spielraum
lässt, wie auch der elektrischen Energie, die beim Schalten der Bits im
Computer letztlich nur in Wärme umgewandelt wird. Prozessoren erreichen dabei heute bereits eine auf die Oberfläche bezogene Heiz-
leistung, die nicht mehr mit der von Herdplatten und Bügeleisen,
sondern eher mit der Wärmeentwicklung in einem Kernreaktor ver-
glichen werden muss.[26] Für noch leistungsfähigere Rechner wird damit das Abführen der ausschließlich in Wärme umgesetzten Leistung
zum beherrschenden Problem für den laufenden Betrieb.

Dennoch verlangen Anwendungen wie die Simulation von Klima-
modellen nach immer noch mehr Rechenleistung. Eine Verfeinerung
des Stützstellengitters um den Faktor 10 für aussagekräftigere Prog-
nosen geht mit einem Faktor 10.000 in den Rechenaufwand ein. Bezogen auf die künftige Entwicklung der Supercomputer würde das
bedeuten, dass die Leistung eines Großkraftwerks (1 GW) für den Betrieb eines entsprechend leistungsfähigeren Rechners gerade ausrei-
chen könnte.

Vom Kraftwerk bis zum Internet

Der Kreis beginnt sich zu schließen: vom Kraftwerk über den Superrechner bis zum Internet. Ubiquitäre
Rechenleistung ist weniger eine Frage der technischen Machbarkeit als
der Deckung des für den Betrieb erforderlichen Energiebedarfs. Dass
ausgerechnet die Verarbeitung von
Informationen – also eines immateriellen Gutes – durch den Hunger
nach Energie gebremst wird, wirkt
schon etwas kurios.

Gerade in diesem Punkt zeigt sich
ein immenser Vorsprung natürlicher
Systeme, einer sich über unzählige
Generationen vollziehenden Evolution: Der menschliche Organismus
kommt mit einer täglichen Energie-
zufuhr von 3–4 kWh aus – und muss
damit weit mehr als nur das Gehirn
versorgen.

Erreicht wird die enorme Rechenleistung der Supercomputer
durch massive Parallelität: Hunderte oder Tausende von Prozessoren
arbeiten nebeneinander. Ein Hauptaugenmerk liegt dabei auf einer

---

26) Spektrum der Wissenschaften, Superrechner mit Playstation
   Chip, 08/2008.

möglichst geschickten Programmierung, die die Fähigkeiten einer auf viele Prozessoren verteilten Verarbeitungsleistung auszunutzen vermag.

Moderne PC-Prozessoren greifen dieses Konzept auf und verfügen ebenfalls über mehrere parallel arbeitende Prozessorkerne auf einem Chip. Die Rechenleistung aktueller Modelle (Stand: 2008) erreicht mit mehr als 20 GFLOPS das Niveau von Supercomputern Anfang der 1990er Jahre.

Tabelle 8 Maximale Taktraten von PC-Prozessoren.

Prozessor	Einführung	Taktrate
Intel		
4004	1971	740 kHz
8008	1972	800 kHz
8080	1974	3,1 MHz
8086	1978	10 MHz
80186	1982	16 MHz
80286	1982	12,5 MHz
80386 DX	1985	33 MHz
80486 DX	1989	50 MHz
80486 DX2	1992	66 MHz
Pentium	1993	66 MHz
Pentium II *	1998	450 MHz
Pentium III *	1999	1,4 GHz
Pentium IV *	2002	3,8 GHz
Core 2 Duo **	2006	3 GHz
AMD		
K5	1996	133 MHz
K6	1997	300 MHz
K6-2	1998	650 MHz
Athlon *	1999	3,2 GHz
Phenom **	2007	2,6 GHz

* verschiedene Modellreihen
** mehrere Prozessorkerne auf einem Chip

Programmieren und Programme

Was ist ein Programm? Der Begriff kommt in Wortkombinationen wie Fernsehprogramm, Wahlprogramm oder Waschprogramm vor – aber dennoch verfügt nur letzteres über größere Gemeinsamkeiten mit einem Computerprogramm: eine strukturierte Abfolge von vordefinierten Befehlen. Wie in Bild 60 skizziert, lassen sich Koch- und Backrezepte recht anschaulich als Programm, beispielsweise für einen imaginären Küchenroboter, darstellen. Versuchen wir an diesem stark vereinfachten Beispiel – es fehlen unter anderem sämtliche Angaben zu Mengen und anderen physikalischen Größen wie Temperatur, Teigzähigkeit, Backdauer – den Hintergrund von Programmen und Programmierung nachzuvollziehen.

Algorithmus und Programm

Eine Abfolge von Anweisungen zur Herstellung eines Kuchens ist zunächst ein abstrakter Algorithmus. – Erst durch eine Anpassung für das konkrete Ausführen der Befehle auf einer Maschine (hier: Prozessor) entsteht ein Computerprogramm.

Als erstes fällt auf, dass die in Bild 60 dargestellten Anweisungen wohl für einen des Lesens mächtigen Menschen (den »Backroboter mit den zwei Ohren«!) nachvollziehbar sind, eine Maschine hingegen trotz strukturierter Notation nicht wirklich damit etwas anfangen könnte. Für die Bäckerin oder den Bäcker wäre letztlich noch nicht einmal eine formale Struktur erforderlich, solange nur die Abfolge der einzelnen Schritte und deren Bedeutung erkennbar bleiben. Eine Maschine – oder präziser: der Prozessor – benötigt jedoch zunächst einen Übersetzer, der die Anweisungen in eine für sie lesbare Form überträgt. Genau diese Funktion übernimmt ein *Compiler*, ein Hilfsprogramm, das als maschineller Übersetzer den für den Programmierer lesbaren *Quellcode* in ein neues, für den Prozessor ausführbares Programm umsetzt (*Assembler*).[27]

Jeder, der schon einmal eine automatische Übersetzung im Internet – beispielsweise http://www.webtranslate.de, http://www.google.de/language_tools und http://de.babelfish.yahoo.com – oder ein entsprechendes PC-Programm benutzt hat, wird die Unzulänglichkeiten einer maschinellen Übersetzung kennen: Lassen sich einfache Sätze noch halbwegs befriedigend in eine andere Sprache übersetzen, so

27) Für Interpretersprachen wie REXX oder Java wird vom Compiler ein Bytecode generiert, der erst zur Laufzeit des Programms vom Interpreter in Maschinensprache umgesetzt wird.

liefert die Übertragung von Redewendungen oder komplizierteren Phrasen kaum noch brauchbare Ergebnisse. Damit der Compiler

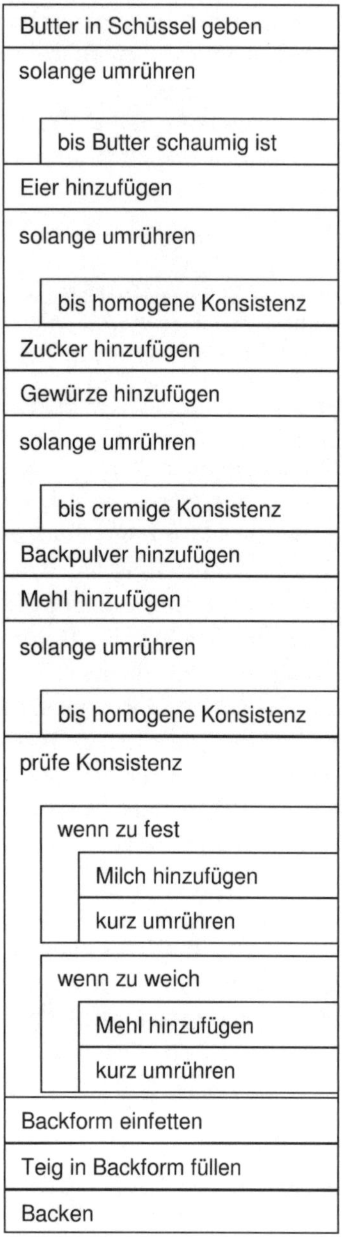

Butter in Schüssel geben

solange umrühren

> bis Butter schaumig ist

Eier hinzufügen

solange umrühren

> bis homogene Konsistenz

Zucker hinzufügen

Gewürze hinzufügen

solange umrühren

> bis cremige Konsistenz

Backpulver hinzufügen

Mehl hinzufügen

solange umrühren

> bis homogene Konsistenz

prüfe Konsistenz

> wenn zu fest
>
> > Milch hinzufügen
> >
> > kurz umrühren
>
> wenn zu weich
>
> > Mehl hinzufügen
> >
> > kurz umrühren

Backform einfetten

Teig in Backform füllen

Backen

Bild 60 Rührkuchen-Programm.

nicht an Unwägbarkeiten wie einer mehrdeutigen Semantik in der natürlichen Sprache scheitert, stellen diese Hilfsprogramme strenge Anforderungen an die Syntax und die zu verwendenden Schlüsselwörter im Quellcode. Nur so kann eine formal fehlerfreie Übertragung in ein für den Prozessor ausführbares Programm garantiert werden.

Doch genauso wenig wie es nur zwei Sprachen gibt, zwischen denen Texte – wie zum Beispiel das Backrezept für Rührkuchen – zu übersetzen sind, gibt es auch nicht nur einen Prozessor, für den aus dem Quellcode Programme zu erstellen sind. Jeder Prozessor benötigt einen speziell auf seinen individuellen Befehlssatz und seine Architektur abgestimmten Compiler. Wie wir im folgenden Abschnitt *Betriebssystem – das Getriebe zwischen Maschine und Programm* ab Seite 171 noch kennen lernen werden, ist es zudem erforderlich, in den Ablauf von Programmen steuernd eingreifen zu können. Die Möglichkeiten dafür werden durch das jeweilige Betriebssystem determiniert. Der Compiler muss also sowohl auf die Eigenschaften des Prozessors als auch die Vorrausetzungen des Betriebssystems abgestimmt sein! Für das Erstellen eines PC-Programms ist neben dem spezifischen Befehlssatz von PC-Prozessoren also auch vorab zu klären, ob auf dem PC beispielsweise ein Windows- oder ein Linux-Betriebssystem installiert ist, in Einzelfällen vielleicht sogar OS/2 oder DOS. Abweichend verhält es sich mit Apple-Systemen, da hier nicht nur ein anderes Betriebssystem (MAC OS), sondern zusätzlich auch ein unterschiedlicher Prozessortyp die Basis bilden.

Aber schauen wir noch einmal den Compiler näher an. Er soll nicht nur bestimmte Kontrollstrukturen wie

- *prüfe-bedingung-dann-tue-das-eine-sonst-tue-das-andere;*
- *wiederhole-etwas-solange-bis-eine-bedingung-erfüllt-ist;*

in entsprechende Prozessoranweisungen übersetzen, sondern auch mehr oder weniger komplexe Befehle wie

- *finde-ein-zeichen-in-einem-text;*
- *multipliziere-zwei-zahlen;*
- *ziehe-die-quadratwurzel-aus-einer-zahl;*
- *verschiebe-daten-an-einen-anderen-ort.*

Entsprechend dem Einsatzzweck unterschiedlicher Programme dominieren durchaus verschiedene Typen solcher Befehle, so dass eine Reihe von Befehlssätzen entstanden, um Programmierer bei der Arbeit zu unterstützen – dabei handelt es sich um nichts anderes als verschiedene Programmiersprachen. Grundsätzlich wird zwischen maschinennaher Programmierung und höheren Programmiersprachen unterschieden. Letztere sind erheblich komfortabler in der Nutzung, weisen sie doch einen mehr oder weniger hohen Grad an Abstraktion auf, der die Übertragung von Programmen auf andere Prozessortypen erleichtert und vor allem Programmierer von fehlerträchtigen und aufwändigen Arbeiten befreit. Begonnen hat die Ära der Software jedoch mit *Assembler*-Programmen (*to assemble*, montieren). Denn die ersten Computer waren nicht nur handwerkliche Einzelstücke – wenn auch von beachtlichen Dimensionen und erheblicher Komplexität, sie erforderten auch eine individuell am jeweiligen Prozessor und dessen Eigenschaften ausgerichtete Programmierung. Entsprechend traf auch auf Letztere unbedingt das Attribut *handwerklich* zu. Immerhin erlaubte dies eine optimale Ausnutzung der knappen und kostspieligen Hardwareressourcen. Im hohen Grade nachteilig war jedoch, dass für jeden Rechner immer wieder neue Programme entwickelt werden mussten.

Die Notwendigkeit für das Jonglieren mit einzelnen Speicherzellen und unkomfortablen Maschinenbefehlen änderte sich erst mit der Entwicklung von Compilern – diese erforderten jedoch eine gewisse Mindestkapazität an Speicher und Verarbeitungsleistung, so dass die Programmierung mit Hochsprachen erst im Zeitalter von Transistorcomputern aufkam. Trotz der mühevollen Programmierung sind Assembler-Programme auch heute weiterhin in durchaus nennenswertem Umfang im Einsatz. Dies betrifft nicht nur einfache Gerätesteuerungen mit billigen Mikroprozessoren, sondern vor allem auch Großrechnerprogramme. Ein erfahrener Programmierer ist durch Assembler-Programmierung in der Lage, die Laufzeit von Programmen wesentlich zu optimieren – ein Vorzug der gerade bei der Massendatenverarbeitung zur Geltung kommt.

Im Folgenden seien einige Programmiersprachen kurz vorgestellt. Die Auswahl ist – wie wir noch sehen werden – exemplarisch und unvollständig, gibt aber dennoch einen Einblick in die der Materie zu Grunde liegenden Philosophie.

Für numerische Berechnungen wurde mit *Fortran (Formula Translation)* die erste höhere Programmiersprache überhaupt entworfen. Und obwohl die Entwicklung bereits mehr als 50 Jahre zurückliegt, wird diese Programmiersprache weiterhin in hohem Maße genutzt: Zu groß ist die Anzahl der Bibliotheken mit Routinen für die unterschiedlichsten Arten von Berechnungen, als dass auf diesen Fundus ernsthaft verzichtet werden könnte, zu unkalkulierbar und risikobehaftet der Aufwand für eine Neuimplementierung in moderneren Programmiersprachen. Ein wichtiger Gesichtspunkt dabei ist auch die Ablaufgeschwindigkeit, doch dazu später mehr.

Nur kurze Zeit später entstand *COBOL (Common Business Oriented Language)*. Im Gegensatz zu umfangreicheren Berechungen für mathematisch-naturwissenschaftliche Einsatzfelder steht für kaufmännische Anwendungen das Hantieren mit großen Datenbeständen sowie deren Erfassung und Ausgabe im Mittelpunkt des Interesses. Auch COBOL ist nach mehr als 45 Jahren immer noch weit verbreitet, insbesondere im Bereich von Großrechnern und der mittleren Datentechnik.

Einen wichtigen Schritt in Richtung allgemeiner Nutzung stellt die Programmiersprache *C* dar. Vor gut 30 Jahren wurde damit eine universelle Sprache entwickelt, die sich gleichermaßen zur Systemprogrammierung wie auch zum Realisieren von Anwenderprogrammen eignet. Die Möglichkeiten zur hardwarenahen Programmierung eigenen sich zum Erstellen sehr performant ablaufender Programme, schränken eine Nutzung desselben Codes in anderen Umgebungen jedoch stark ein, zudem ist die Art der Programmierung vergleichsweise fehlerträchtig. C ist trotz dieser – je nach Sichtweise und Einsatzzweck – Vorzüge und/oder Unzulänglichkeiten die heute am weitesten verbreitete Programmiersprache. Sie wird insbesondere auch für die meist im Verborgenen agierenden Prozessoren in zahllosen Steuerungen und Geräten – *Embedded Systems*, eingebettete Systeme – verwendet; doch dazu später noch mehr.

Allen hier vorgestellten – und zahlreichen weiteren – Programmiersprachen ist eines gemeinsam: Wie die Abfolge der Befehle in unserem Beispielprogramm »Rührkuchen« in Bild 60 andeutet, dienen sie zur *prozeduralen* Beschreibung eines Vorgangs. Dieser streng formale Ansatz wurde vor ca. 25 Jahren durch Objekt-orientierte Programmiersprachen ergänzt. Anstelle einzelner Daten und einer Vielzahl darauf anwendbarer Operationen treten hier Datenobjekte mit mehr oder weniger komplexen Datenstrukturen und spezifisch darauf zugeschnittenen Operationen. Zur Veranschaulichung sei an dieser Stelle ein kleines Beispiel vorgestellt: Eine *Klasse* von Objekten – nehmen wir »Fahrzeuge« – verfügt über gewisse Eigenschaften (*Attribute*) und lässt das Ausführen bestimmter Funktionen (*Methoden*) zu. »Kraftfahrzeuge« sind ein bestimmter Typ von »Fahrzeugen« (eine Unterklasse von Fahrzeugen) und verfügen damit unter anderem auch über dieselben Attribute und Funktionen (Konzept der *Vererbung*). Genauso lässt sich mit der weiteren Bildung von Unterklassen in PKWs, LKWs, Busse etc. verfahren. Das Objekt-orientierte Vorgehensmodell erhebt damit den Anspruch, eher den Vorgängen im menschlichen Gehirn zu entsprechen und sich daher für die Abbildung von Vorgängen der *realen Welt* zu eignen. Aus programmiertechnischer Sicht erlaubt es, komplexe Strukturen und Funktionen zu kapseln, was aus verschiedenen hier nicht näher erwähnten Gründen vorteilhaft ist. Zu den bekanntesten Vertretern der Gruppe der Objekt-orientierten Programmsprachen gehören *Smalltalk*, *C++* und *Java*.

Wie viele Programmiersprachen braucht der Mensch?

Ein Gefühl für die Größenordnung möge folgendes skurril anmutende Beispiel geben.

Als das US-Verteidigungsministerium in den 1970er Jahren feststellte, dass allein im eigenen Hause mehr als 450 unterschiedliche Programmiersprachen im Einsatz waren, wollte es aus naheliegenden Gründen dieser Vielfalt Einhalt gebieten – und entwickelte eine weitere Programmiersprache (Ada, nach Ada Lovelace, Mathematikerin im 19. Jahrhundert). Immerhin verlief das Projekt erfolgreich, denn ein gutes Jahrzehnt nach der Einführung von Ada war die Zahl der im US-Verteidigungsministerium verwendeten Programmiersprachen auf 36 gesunken.

Die aktuelle Zahl an Programmiersprachen (Stand: Oktober 2008) wird von der History of Programming Languages (HOPL, http://hopl.murdoch.edu.au) mit 8.512 angegeben – und übertrifft damit die Zahl der weltweit gesprochenen Sprachen von derzeit ca. 6.500 deutlich.

Die Notwendigkeit, eine oder gar mehrere Programmiersprachen zu beherrschen, um einen Computer nutzen zu können, besteht bereits seit längerer Zeit nicht mehr. Inzwischen existiert eine breite Palette an kommerzieller Software, standardisierten Programmen, die von einer Vielzahl von Anbietern vermarktet werden. Es liegt dabei auf der Hand, dass eine weite Verbreitung von PCs in privaten Haushalten erst möglich wurde, als entsprechende Produkte verfügbar wurden – ebenso, wie dieser Massenmarkt eine hohe Attraktivität auf die Anbieter von Software ausübt und für immer neue Produkte sorgt. In anderen Bereichen – insbesondere dort wo Mainframes geschäftskritische Unternehmensprozesse unterstützen – wird nach wie vor ein großer Teil der Programme von den Betreibern dieser Rechner selber erstellt, selbst wenn die Inhalte des alltäglichen Geschäftsbetriebs von Technik und Datenverarbeitung weit entfernt sind.

Betriebssystem – das Getriebe zwischen Maschine und Programm

Eine der vornehmsten Eigenschaften von Computern, so haben wir in den vorhergehenden Abschnitten erfahren, ist die freie Programmierbarkeit. Daraus erwächst aber auch die zwangsläufige Notwendigkeit, Programme zu erstellen beziehungsweise zu erwerben, um der Hardware eine Daseinsberechtigung zu verleihen. Waren es zunächst der Entwurf und die Konstruktion, vor allem auch der manuelle Aufwand für die Herstellung der Computer, die für den Hauptanteil der Kosten verantwortlich waren, so ist heute die immer aufwändigere und komplexere Software – Programme mit einer kaum noch zu beschreibenden Funktionsvielfalt – an diese Stelle getreten. Somit stellt sich die berechtigte Frage, aus welchem Grund zusätzlich auch noch Betriebssysteme (OS, *Operating System*) benötigt werden?

Häufig trägt ein Blick in die Vergangenheit maßgeblich zur Erklärung bei. Die ersten und über lange Zeit wichtigsten Datenspeicher waren Lochkarten wie in Bild 49 auf Seite 151. Der Operator – jene Person, die den Computer bediente – erhielt vom Programmierer einen Stapel Lochkarten mit den Programmdaten und lud die Daten mittels einer Leseinheit in den Arbeitsspeicher des Computers. Nach Abarbeiten des Programms wurden die Resultate auf Papier gedruckt. Dann erst konnte der nächste Lochkartenstapel eingelesen werden.

Somit machte die eigentliche Rechenzeit nur einen Bruchteil der Zeit aus, die für das Ausführen eines Programms benötigt wurde. Um nun die kostbare Rechenzeit des Computers effizienter zu nutzen, war es erforderlich, während ein Programm in einem Bereich des Arbeitsspeichers ablief, bereits das Einlesen der Lochkarten in einen anderen Bereich des Arbeitsspeichers zu veranlassen. Analog war mit der Ausgabe der Resultate an den Drucker zu verfahren. Dabei wird schnell deutlich, dass für diese Vorgänge eine Steuerung erforderlich ist, die nicht allein auf manuellen Handlungen beruht. Schließlich war die Bedienung weit entfernt von heute üblichen Bildschirmen und Tastaturen: Die Eingabe erfolgte über Schalter und manuell gesteckte Kabel; einfache Leuchtanzeigen oder Mechaniken dienten zur Darstellung von Maschinenzuständen.

Damit werden die Funktionen von Betriebssystemen deutlich: Sie dienen zur Überwachung des Ablaufs von Programmen und stellen dem Prozessor Hardwareressourcen wie Arbeitsspeicher (RAM) und externe Speichermedien (Festplatten, Wechseldatenträger), aber auch Geräte zum Datenaustausch wie Modem oder Netzwerkverbindung zur Verfügung. Wichtig ist zudem auch das Einbinden von Geräten für die Ein- und Ausgabe von Daten, die Anzeige auf einem Bildschirm oder der Ausdruck auf Papier, genauso wie das Erfassen per Tastatur und mittels Zeigeinstrumenten wie einer Maus oder einem Lesegerät für Strichcodes an einer Supermarktkasse oder in einem Warenlager.

Hilfsprogramme (*Driver*, Treiber) dienen zur Ansteuerung dieser unterschiedlichen Geräte und ermöglichen verschiedene Einstellungen. Ein Beispiel verdeutlicht den Sachverhalt: Selbst Sprachen mit lateinischer Schrift verfügen über zahlreiche länderspezifische Sonderzeichen und je nach Sprache auch unterschiedliche Häufigkeitsverteilungen einzelner Buchstaben. Dies führt zu verschiedenen Tastaturlayouts.

Durch Auswahl der jeweiligen Zeichensatztabelle (*Codepage*) wird sichergestellt, dass die Zeichen den einzelnen Tasten korrekt zugeordnet und auch auf dem Bildschirm richtig dargestellt werden. – Man beachte bei den in Bild 61 dargestellten Tastaturlayouts beispielsweise die Position des Buchstaben Z, die in allen drei Fällen unterschiedlich ist, Ähnliches gilt auch für die Satzzeichen. Auf der französischen Tastatur fällt zudem die Positionierung der Ziffern 1 bis 0 auf: Sie sind nur in Verbindung mit der Umschalttaste erreichbar!

Doch kehren wir noch einmal zu unserem Beispiel weiter oben zurück. Immerhin können dank eines Betriebssystems mit den soeben beschriebenen Eigenschaften jetzt mehrere Programme gleichzeitig bearbeitet werden. Für die Nutzung des Computers bedeutet dies je-

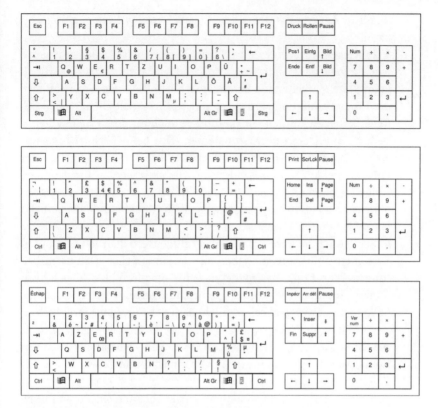

Bild 61 Layout von Computertastaturen (von oben nach unten: Deutsch, Englisch, Französisch).

doch weiterhin, dass ein Zugriff auf Daten und Programme immer nur von einem Benutzer – hier: dem Operator – möglich ist.

Sollen also mehrere Benutzer gleichzeitig mit einem Computer arbeiten, so muss das Betriebssystem dafür sorgen, dass Zugriffe auf Programme nicht zu Konflikten führen.

Damit von mehreren Benutzern auch auf dieselben Datenbestände zugegriffen werden kann, müssen die Programme potenzielle Konflikte beim Zugriff auf die Daten verhindern. Eine Möglichkeit, dieses Problem von vornherein zu umgehen, liegt in der *Batch*-Verarbeitung (*batch*, Bündel). Alle Dateneingaben oder Änderungen werden tagsüber nur gesammelt und erst nach Betriebsende sequentiell verarbeitet. Nachteilig wirkt sich dabei aus, dass Aktualisierungen erst am folgenden Tag sichtbar werden, also beispielsweise der tatsächliche Lagerbestand von den Angaben im DV-System abweichen kann. Im Gegensatz dazu wird bei *Online*-Systemen im Dialog gearbeitet, jede Eingabe oder Änderung von Daten wird unmittelbar und für alle im System arbeitenden Benutzer sichtbar. Der höhere Aufwand bei der Programmierung wird akzeptiert, um jederzeit mit aktuellen Daten arbeiten zu können – insbesondere auch für deren weitere Verarbeitung in anderen Rechnersystemen. Um beim Beispiel Lagerverwaltung zu bleiben: Jeder Bestellvorgang führt unmittelbar zu einer entsprechenden Bestandsänderung. Dadurch werden nicht nur etwaige Lieferzeiten für nachfolgende Besteller desselben Artikels beeinflusst, sondern gegebenenfalls auch direkt Nachbestellungen beim Lieferanten ausgelöst.

Schließlich sei noch kurz auf das Laufzeitverhalten von Computer-Systemen eingegangen. Neben der kommerziellen Datenverarbeitung werden Computer heute auch für praktisch alle Bereiche von Steuerungs- und Überwachungseinrichtungen eingesetzt. In solchen Fällen ist es zwingend erforderlich, dass der Computer innerhalb einer festgelegten Zeitspanne auf ein äußeres Signal reagiert (*Real-time*-Fähigkeit). Andernfalls drohen Störungen – beispielsweise in Fertigungsprozessen – oder gar Gefahr für Leib und Leben. In diesem Zusammenhang ist es die Aufgabe des Betriebssystems dafür zu sorgen, dass unabhängig von aktuell gerade ablaufenden Programmen ein anstehender Messwert innerhalb eines vordefinierten Zeitintervalls verarbeitet und gemäß des Steuerprogramms in den Betriebsablauf eingegriffen wird.

Im Bereich von Großrechnern dominieren die Betriebssysteme *zOS* (IBM) und deren Vorgänger *OS/390* und *MVS*. Der Urahn MVS ist heute nicht mehr im Einsatz. Für Server und Systeme der mittleren Datentechnik werden vor allem eine Reihe von UNIX-Varianten – darunter *AIX* (IBM), *HP-UX* (Hewlett-Packard), *Solaris* (Sun Microsystems) und *Linux* – eingesetzt, außerdem auch *i* (IBM), (früher *OS/400*). Bei Linux handelt es sich um eine lizenzfreie Software, die in Gemeinschaftsarbeit zahlloser freiwilliger Programmierer entstand.

In der PC-Welt existierten zunächst eine Reihe konkurrierender Systeme, die auch auf unterschiedlicher Prozessor-Hardware aufgebaut waren. Aus der Weiterentwicklung von *CP/M* (Digital Research) entstand *DOS* (Microsoft), der Quasistandard der IBM-kompatiblen

PCs. Erwähnenswert ist noch *TOS* für zeitweilig recht weit verbreitete Arbeitsplatzrechner von Atari, das bereits über eine grafische Benutzeroberfläche (GUI, *Graphical User Interface*) verfügte. Auch der von Apple vorgestellte Lisa verfügte mit dem Mac OS schon über diese benutzerfreundliche Ausstattung. Aus der Zusammenarbeit zwischen IBM und Microsoft sollte ein Nachfolger für DOS, *OS/2*, hervorgehen. Darüber kam es jedoch zum Zerwürfnis zwischen den Partnern, so dass IBM OS/2 alleine weiterentwickelte und vermarktete. Microsoft stellte mit *Windows* ein eigenes Betriebssystem vor, das wesentliche Elemente der grafischen Oberflächen des Mac OS kopierte – ein diesbezüglicher Lizenzstreit dauerte von 1988 bis 1997 und wurde durch eine Zahlung an die Firma Apple in dreistelliger Millionenhöhe beigelegt. Zu diesem Zeitpunkt dominierte Microsoft bereits den Softwaremarkt für PC-Produkte, so dass die für den Vergleich gezahlte Summe keine nennenswerte Belastung darstellte. Produkte aus der Windows-Familie sind heute maßgeblich am Markt führend, darüber hinaus sind weiterhin Mac OS-Systeme und Linux für PCs im Einsatz.

Weiche Ware?

Die Begriffe Soft- und Hardware gehören längst zum alltäglichen Sprachgebrauch, doch was verbirgt sich dahinter? – Ist Software wirklich weich?

Eine einfache Kategorisierung kann wie folgt vorgenommen werden: Alles das, was sich in die Hand nehmen lässt, ist Hardware – alles andere die Software. Folglich handelt es sich bei Hardware beispielsweise um Computerkomponenten wie Prozessor, Speicher, Festplatte, Platinen, Tastatur, Bildschirm, aber auch um Datenträger wie Disketten, Magnetbänder oder USB-Sticks. Software beschreibt hingegen alle immateriellen Güter wie Programme, Daten oder Betriebssysteme.

ASCII, JPEG und PDF – aus Daten werden Informationen

Nach den vorangegangenen Abschnitten über Programme und Betriebssysteme soll zumindest noch ein Aspekt näher betrachtet werden, der sich auf die Daten – von deren Verarbeitung die ganze Zeit die Rede ist – bezieht. Eingangs des Kapitels wurden bereits Folgen aus Nullen und Einsen vorgestellt, später die Berechung von 1 + 1. Es war von Lagerbeständen zu lesen und Befehlen, die ein Prozessor als

Anweisung für das Durchführen einer bestimmten Operation entgegennimmt. Wie nun, so stellt sich der irritierte Leser die Frage, wie nun soll aus einer mehr oder weniger langen Folge, die nur aus den Zeichen o und 1 besteht, eine sinnvolle Information ermittelt werden?

In der Tat mutet es verwirrend an, wenn eine Folge wie 0100 0001 so unterschiedliche Informationen wie den Großbuchstaben A, die Zahl 65 oder einen Sprungbefehl als Anweisung für einen Mikroprozessor der Familie 8051 repräsentieren kann. Noch unübersichtlicher wird es, wenn es gilt all die Daten, die beim Erstellen dieses Manuskripts anfallen, korrekt einzuordnen. Neben dem eigentlichen Text sind auch Informationen zur Schriftart, der Nummerierung von Bildern und Tabellen, die Referenzen auf Überschriften und Bilder sowie schließlich die Grafiken und Bilder als solche alle in einer einzigen – und zugegebener Maßen recht langen – Folge von Nullen und Einsen abgelegt. Das, wovon hier die Rede ist, wird als *Datei* bezeichnet.

Spätestens an dieser Stelle wird also deutlich, aus welchem Grund Daten, die mit einem bestimmten Programm erstellt worden sind, weder für den menschlichen Betrachter noch ein anderes Programm einen entschlüsselbaren Inhalt ergeben. Es ist wie bei einem Formular, bei dem lediglich die ausgefüllten Felder, dicht an dicht und ohne den erklärenden Text am Rand, als eine fortlaufende Kette von Textzeichen zusammengefügt werden. Ohne Kenntnis der Schablone – wo beginnt und endet jedes Eingabefeld, welchen Inhalt repräsentiert die Eingabe – wäre bereits ein einfacher Text kaum noch auswertbar.

Um zumindest einen Hinweis auf das – häufig synonym mit dem originären Programm verwendete – Datenformat zu erhalten, wurde bereits früh eine Konvention eingeführt. Sichtbar wird die Herkunft einer Datei an der Dateinamenserweiterung, jenen drei Buchstaben, die durch einen Punkt getrennt dem Dateinamen nachgestellt sind.

Tabelle 9 stellt lediglich einige der gebräuchlichsten Dateiformate vor. Neben den aufgeführten Dateinamenserweiterungen gibt es zahllose weitere, so existieren allein mehrere Dutzend verschiedene Grafikformate für Bilddateien.

Der findige PC-Benutzer und die nicht weniger findige PC-Benutzerin mögen natürlich den Einwand vortragen, dass Dateinamen mehr oder weniger nach Belieben vergeben werden können – und dies betrifft selbstverständlich auch die Endung. Wie sich unschwer

Tabelle 9 Beispiele für Dateitypen.

Endung	Typ	Programm
txt	einfacher Text	diverse Editoren
exe	ausführbares Programm	diverse Compiler
doc	Textverarbeitung	Microsoft Word, OpenOffice Writer
jpg	Bild, komprimiert	diverse Bildbearbeitung
bmp	Bild, nicht komprimiert	diverse Bildbearbeitung
pdf	Druckdaten	diverse Druckertreiber, Adobe Produkte
mpg	Video	diverse Player
mp3	Audio	diverse Player

erraten lässt, ist dieses Vorgehen jedoch höchst unzweckmäßig, steht man doch einige Zeit später vor einem kaum noch zu bewältigendem Problem: Mit welchem Programm kann die betreffende Datei betrachtet oder bearbeitet werden? Zudem lassen sich Programme nur in Ausnahmefällen durch eine geänderte Dateinamenserweiterung austricksen. Für den Betrachter unsichtbar werden zusätzliche Informationen beim Speichern abgelegt, die die tatsächliche Herkunft der Datei beschreiben.

Der Anschluss an die Welt – Netzwerke

Bereits lange bevor das Internet seinen hohen Bekanntheitsgrad erlangte und für weite Benutzerkreise zugänglich wurde, war die Datenkommunikation wichtiger Bestandteil der Computernutzung. Dies betraf sowohl den Einsatz für kommerzielle als auch private Zwecke, wenn auch mit unterschiedlicher Motivation und technischen Lösungen.

In Firmen und Organisationen ist der Zugriff auf eine gemeinsame Informationsbasis, vor allem auf bereits existierende Dokumente anderer Sachbearbeiter, von Bedeutung. Neben rein administrativen Belangen wie der kontinuierlichen Software-Wartung – das Einspielen von Aktualisierungen (*Update*) und fehlerbereinigten Programmen (*Patch*) – ist der unkomplizierte Zugriff auf gemeinsam genutzte Formulare, Daten und andere Dokumente die Triebfeder für eine *Vernetzung* der PCs. Erst letzterer Umstand hat den PC zu einem der wichtigsten Werkzeuge an Büroarbeitsplätzen werden lassen.

Die technische Grundlage dafür sind lokale Computer-Netzwerke (LAN, *Local Area Network*), die neben der kollektiven Nutzung von Daten und Dokumenten, eben auch die gemeinsame Verwendung von Druckern und anderen Geräten innerhalb einer Firma oder auf einem Campus erlauben. Der Anschluss an Netzwerke findet über eine Komponente mit dem Namen Netzwerkkarte (*Network Adapter, Host Adapter*) statt. In der ferneren Vergangenheit musste eine entsprechende Zusatzkarte in die Basisplatine des PCs (*Motherboard*) eingesteckt werden. Heute finden Netzwerkkabel praktisch an jedem PC und Laptop Kontakt: Die entsprechende Funktionalität ist längst Bestandteil der Hauptplatine geworden. – Daran lässt sich zweifellos die hervorragende Bedeutung eines Netzwerk-Anschlusses für den PC ablesen!

Einhergehend mit der Verbreitung von mobilen Computern eröffnete sich die Fragestellung nach einer passenden Technologie zum Anschluss an Netzwerke – die gerade gewonnene Freiheit von der Steckdose zur Stromversorgung (zumindest temporär) sollte nicht durch die Notwendigkeit für ein Kabel zum Netzwerkanschluss wieder zunichte gemacht werden. Die Konsequenz ist eine drahtlose Datenübertragungstechnik auf der Basis von Funkwellen, die die Frequenzbereiche um 2,4 GHz und 5,5 GHz nutzt. WLAN (*Wireless Local Area Network*) sorgt innerhalb von Gebäuden und im Freien bei einer Entfernung von bis zu 300 m um entsprechende Basisstationen für eine Netzwerkverbindung mit einer Datenrate von bis zu 54 MBit/s. Kommerzielle Basisstationen (*Hotspot*) sind auch an zahlreichen öffentlichen Plätzen wie Flughäfen, Bahnhöfen und Hotels eingerichtet.

Im Bereich der privaten Computernutzung spielten lokale Netzwerke erst später eine Rolle: Welcher Haushalt verfügte schon über mehr als einen Computer? Durch den Einzug von Laptops änderte sich dies nach und nach. Auch hier steht die gemeinsame Nutzung von Daten und Dateien sowie von Ressourcen wie Drucker oder Internetzugang im Vordergrund. Deutlich früher entwickelte sich hingegen eine besondere Art von Happenings zur Freizeitgestaltung: *LAN-Parties*. Nächte- und wochenendenlang treffen sich Anhänger und Begeisterte diverser Computerspiele, die nun nicht allein gegen ein Programm, sondern mit Verbündeten und Gegnern innerhalb des lokalen Netzes virtuelle Kämpfe oder Rollenspiele austragen. Vom zuweilen eher dürftigen intellektuellen Anspruch der Kampfspiele einmal abgesehen, ergibt sich immerhin eine neue Qualität der Interaktion: Die Spielfiguren verfügen allesamt über menschliche Bediener, wenn auch Szenerie, Darstellung und Handlung durch das Programm festgelegt sind.

Gleicher unter Gleichen oder Herr und Diener?

Wenn von der gemeinsamen Nutzung eines Druckers, einer Festplatte oder anderer Hardwareressourcen durch mehrere PCs gesprochen wird, ist zwischen zwei verschiedenen Typen von Computer-Netzwerken zu unterscheiden.

Die einfachste Form stellen dabei Peer-to-Peer-Netze dar: Jeder Computer ist hier gleichberechtigt und stellt seine Ressourcen allen anderen Computern innerhalb des Netzwerks zur Verfügung. Diese für kleine Installationen adäquat erscheinende Lösung besitzt jedoch einen entscheidenden Nachteil: Jeder Rechner, der für andere Benutzer irgendwelche Dienste bereitstellt, muss auch eingeschaltet sein. Gegebenenfalls ist zudem der vorherige Start bestimmter Programme erforderlich. Vor allem aber ist im Vorfeld auf jeden der angeschlossenen Rechner der Zugriff durch externe Benutzer zu reglementieren, wer darf welche Ressourcen nutzen, wer darf Inhalte sehen oder ändern. – Das Einrichten und die Pflege der diversen Einstellungen werden hier schnell zum Alptraum.

Bereits bei wenigen Computern, insbesondere aber für größere Installationen empfiehlt sich daher das Einrichten dedizierter Server (Client-Server-Netzwerk). Die Konfigurations- und Wartungsarbeiten konzentrieren sich hier auf den oder die Server; den Arbeitsplatz-PCs ist lediglich noch der Name von ihrem Server im Netzwerk mitzuteilen.

Jenseits der lokalen Netzwerke existierte bereits früh eine weitere Infrastruktur, die zunächst nur über Modemverbindungen – später auch ISDN – erreichbar war. Elektronische Mailboxsysteme (BBS, *Bulletin Board Service*) entstanden bereits ab Ende der 1970er Jahre, teilweise sogar mit weltweiter Bedeutung, wie beispielsweise das *FidoNet*. Neben einem elektronischen Postfach (E-Mail-Adresse) gehören Foren und Download-Bereiche zum Austausch von Software zu den Dienstleistungen der Betreiber. Ein ähnliches Netz mit öffentlichen Foren ist das inzwischen im Internet aufgegangene *Usenet*. Die Bedienung über Kommandozeilen-orientierte Benutzeroberflächen, aber auch die Gebühren für die Modemverbindung grenzten den Interessen- und Nutzerkreis in beiden Fällen deutlich ein. Etwas anders verhielt es sich in den USA, wo Ortsgespräche auch heute noch kostenlos sind. Durch die weite Verbreitung von Internetzugängen ist die Bedeutung der Mailboxsysteme stark zurückgegangen, dennoch existieren einige weiterhin.

Bei Netzwerken, die sich über Größenordnungen jenseits von Gebäuden oder einem begrenzten Campus erstrecken, wird von einem WAN (*Wide Area Network*) gesprochen. Über lange Zeiträume dominierten leitungsvermittelte Netze, die für das Übertragen von Sprachdaten (Telefonie) ausgelegt sind. Immerhin existierte mit dem im Jahre 1980 eingeführten Datex-P-Netz der Deutschen Telekom bereits ein Paket-orientiertes Datennetz – wenn auf Grund der Kostenstruktur auch hauptsächlich für kommerzielle Anwender. Die maximale Datenrate des heute noch betriebenen Datex-P-Netzes liegt bei 64 kBit/s. Durch DSL-Anschlüsse steht inzwischen ein auf die Belange der Datenübertragung und – derzeit – bis zu 16 MBit/s schneller Paket-orientierter Zugang bereit.

Pakete und Strippen

Anders als bei lokalen Netzwerken, wo die Datenübertragung praktisch ausnahmslos Paket-orientiert stattfindet, sind bei Weitverkehrsnetzen lange auch leitungsvermittelte Verbindungen – wie für die Telefonie – genutzt worden.

Der wesentliche Unterschied: Im Fall der Paket-orientierten Übertragung besteht ständig zu allen angeschlossenen Teilnehmern eine Verbindung, eine Leitung ist nicht für einen einzelnen Teilnehmer reserviert. Wie im Abschnitt *TCP/IP und DNS – Adressen im Internet* beschrieben, finden die Datenpakete dennoch ihren Weg ans gewünschte Ziel.

Paket-orientierte Verbindungen gehen daher sehr viel ökonomischer mit den Leitungskapazitäten um. In Sendepausen oder bei nur teilweiser Nutzung der zur Verfügung stehenden Bandbreite können über ein und dieselbe Leitung Daten aus mehreren verschiedenen Verbindungen übertragen werden. Andererseits kann aus genau denselben Gründen eine definierte Datenrate – wie sie bei leitungsvermittelten Verbindungen üblich ist – nicht garantiert werden.

Auf Grund der besonderen Bedeutung sollen im Folgenden lokale Computernetzwerke (LAN) näher betrachtet werden. Hier spielt sich im kleinen Maßstab ein ähnliches Geschehen wie im Internet ab. Für den Aufbau einer solchen Infrastruktur sind – genau wie für die Vermittlungsstellen im Telefonnetz – eine Reihe von Geräten erforderlich, die hier kurz vorgestellt werden sollen.

Ein erster Schritt beim Aufbau von Netzwerken betrifft die Architektur. Bild 62 gibt einen Überblick über gängige Netzwerk-Topologien. Teilweise spiegelt sich die Topologie auch in den unterschiedlichen Technologien zur *Datenübertragung* wider:

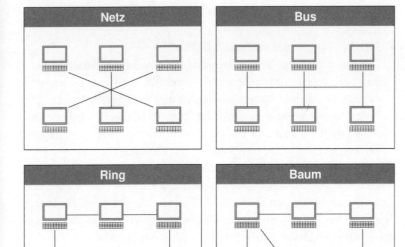

Bild 62 Netzwerk-Topologien.

- Ethernet
  Der wichtigste Vertreter – erlaubt eine baumartige Struktur aus einzelnen Bus-orientierten Segmenten. Alle angeschlossenen Systeme dürfen – bei freier Leitung – wahllos senden, innerhalb eines Segmentes kann es dabei zu Datenkollisionen kommen. In diesem Fall senden die beteiligten Stationen nach einer zufälligen Wartezeit nochmals; der Name des Datenübertragungsprotokolls ist Programm: CSMA/CD, *Carrier Sense Multiple Access/Collision Detection.*
- Token Ring
  In sicherheitsrelevanten Umgebungen ehemals weit verbreitet, inzwischen durch Ethernet abgelöst. Ein *Token* (Staffelstab) wird von Anschluss zu Anschluss gereicht, nur wer es gerade besitzt, darf senden. Dadurch werden Kollisionen beim Senden wie im Ethernet vermieden.
- ARCNET (*Attached Resources Computer Network*)
  ARCNET setzt auf eine ähnliche technische Infrastruktur wie Ethernet, nutzt für das Übertragungsprotokoll jedoch ebenfalls ein

Token. Diese Technologie ist nur noch im industriellen Umfeld zu finden.

- FDDI (*Fiber Distributed Data Interface*)
  Der Name verrät es bereits, hier ist eine Glasfaserverbindung die Basis der Infrastruktur. Zentrale Netzwerkkomponenten werden durch eine Ringstruktur realisiert, an diesen Ring lassen sich Netzwerksegmente anbinden. Der Ring darf dabei beachtliche Dimensionen – bis zu 200 km Länge – annehmen. Senden darf wiederum nur, wer gerade über das Token verfügt.

Neben dem physischen Datentransport muss ein Netzwerk auch das Zustellen der Daten an die korrekte Zieladresse sicherstellen. In der Telefonie wird in diesem Zusammenhang von *Vermittlungsschicht* gesprochen – bei Computer-Netzwerken ist es das *Netzwerkprotokoll.* Bereits ausgiebig vorgestellt wurde das Internetprotokoll TCP/IP, das in der weit überwiegenden Anzahl an lokalen Netzwerken ebenfalls zum Einsatz kommt.

Ein in den 1980er und 1990er Jahren weit verbreitetes Netzwerkprotokoll war IPX/SPX von der Firma Novell. Für die damals noch deutlich spärlicher ausgestatteten PCs eignete es sich besser als das aufwändigere TCP/IP, wurde inzwischen von Letzterem aber nahezu vollständig verdrängt.

Ebenfalls zu den Protokollen aus der Hand einzelner Hersteller stammen SNA – aus der Großrechnerwelt, von IBM – und DECnet von Digital Equipment. Während IBM längst auf TCP/IP setzt, existiert die Firma Digital Equipment schon lange nicht mehr. 1989 wurde sie vom PC-Hersteller Compaq übernommen, später ereilte Letzteren ein ähnliches Schicksal durch das Verschmelzen mit Hewlett Packard (HP).

Der Vollständigkeit halber sei auch NetBIOS (*Network Basic Input Output System*) von Microsoft erwähnt, obwohl es sich im engeren Sinne dabei um gar kein Netzwerkprotokoll handelt. NetBIOS erlaubt keine Adressierung in unterschiedlichen Segmenten und ist damit ausschließlich für sehr kleine Installationen – zum Beispiel beim Aufbau von Peer-to-Peer-Netzwerken – geeignet.

Mit dem Wissen um Netzwerk-Technologien zur Datenübertragung und -adressierung gut gerüstet, kann nun eine eingehende Betrachtung der Netzwerkinfrastruktur vorgenommen werden. Das vielleicht augenscheinlichste Medium, die Kabel, sollen hier aus

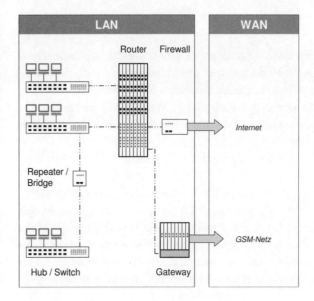

Bild 63 Netzwerkinfrastruktur.

Gründen des zur Verfügung stehenden Raumes nicht Gegenstand weiterer Betrachtungen sein – dennoch, auch auf diesem Sektor existiert eine große Vielfalt! Wenden wir uns vielmehr den Geräten zu, die am Ende der jeweiligen Verbindungskabel zu finden sind, den Geräten, die explizit die Netzwerkinfrastruktur ausmachen.

Repeater

Die Kabellängen dürfen je nach Technologie eine bestimmte Länge nicht überschreiten, da andernfalls der Signalpegel zu schwach wird (*Kabeldämpfung*). *Repeater* verstärken das Signal, so dass längere Distanzen überbrückt werden können. Dabei ist jedoch zu beachten, dass es in Abhängigkeit von Parametern wie Medium (Kabeltyp), Netzwerkprotokoll und Datenrate maximal zulässige Entfernungen zwischen zwei Geräten (*Knoten*) innerhalb eines Netzes gibt, die durch die Signallaufzeiten bedingt werden.

Hub

Ein *Hub* dient zum Anschluss mehrerer Geräte in einem Netz. Auch wenn die Verbindungskabel sternförmig zum Hub verlaufen, ist die Netzwerk-Topologie in den meisten Fällen ein Bus. Aus elektronischer Sicht ähnelt der Hub einem *Repeater* mit mehreren Anschlüssen. Ankommende Datenpakete werden an alle angeschlossenen Geräte weitergeleitet.

Eine weitere wichtige Aufgabe des Hub betrifft die Betriebssicherheit von Netzwerken. Ist ein Kabel defekt, so sind alle in dem jeweiligen Netzwerksegment angeschlossenen Geräte davon betroffen. Durch den Anschluss jedes einzelnen Geräts an einen Hub ist nur das Gerät am defekten Kabel betroffen. – Die Verkabelung der Hubs untereinander und mit anderen Netzwerkkomponenten erfolgt in aller Regel in Räumen und über Kabeltrassen die ausschließlich dem Zutritt durch Fachpersonal vorbehalten sind. Hier sind Defekte seltener, dann jedoch mit spürbareren Folgen.

An einem Hub können – soweit entsprechende Anschlüsse vorhanden sind – durchaus unterschiedliche Kabelmedien angeschlossen werden, jedoch nicht unterschiedliche Netzwerktypen.

Im Gegensatz zu einem Hub nimmt ein *Switch* bereits eine Sortierung der Datenpakete vor und leitet sie jeweils nur an die korrekte Zieladresse weiter. Dies führt zu einer deutlichen Erhöhung des Datendurchsatzes.

Bridge

Auf Grund der Paket-orientierten Datenübertragung müssen sich alle an einem Netzwerk angeschlossenen Arbeitsplätze die zur Verfügung stehende Bandbreite teilen. Dies kann bei großen Netzwerken zu erheblichen Beeinträchtigungen beim Datendurchsatz führen. Daher ist es zweckmäßig Computernetze zu segmentieren. Auf diese Weise steht in jedem einzelnen Segment die volle Bandbreite zur Verfügung und wird somit jeweils nur auf eine kleinere Anzahl von Rechnern aufgeteilt. Die einzelnen Segmente eines Netzwerks werden über eine *Bridge* (Brücke) verbunden. Das Auftrennen eines Netzwerks in logische Segmente ist der wesentliche Unterschied zum *Repeater*.

Durch das Segmentieren und geschickte Positionieren von Bridges kann der Durchsatz in einem Netzwerk erheblich beschleunigt werden.

Switch

Eine Weiterentwicklung der *Bridge* ist der *Switch* (Schalter). Er vereint die Funktionen von Bridge (Trennung der angeschlossenen Segmente) und Hub (Anschluss mehrerer Computer). Durch eine Weiterleitung der Datenpakete jeweils nur an das korrekte Ziel wird im Vergleich zum Hub der Datendurchsatz deutlich beschleunigt.

Router

Router dienen zur Weiterleitung von Datenpaketen in andere Netzwerke. Dabei kann es sich durchaus um unterschiedliche technische Netze – beispielsweise LAN und DSL oder Ethernet und FDDI – handeln.

Router bilden den Kern des Internets. An den Internet-Knoten stellen sie die Verbindung zwischen den einzelnen Verbindungen des Internets und den Zugangsnetzen der Internet-Provider her.

Da im Bereich der lokalen Netzwerke heute praktisch nur noch das TCP/IP-Protokoll zum Einsatz kommt – die Hersteller-basierten Protokolle NetBIOS, SNA, DECnet und IPX/SPX sind de facto bedeutungslos, sind auch früher gängige Multiprotokoll-Router nicht mehr gefragt.

Bridge, Hub und Router

Viele Anschlüsse und noch viel mehr Fragen – das haben alle Netzwerkkomponenten gemeinsam, oder?

Dabei ist es ganz einfach: Ein Hub erlaubt den Anschluss mehrerer Geräte (Computer, Drucker) innerhalb eines Netzwerks. Die Bridge teilt das Netzwerk in Segmente und der Router ermöglicht die Verbindung unterschiedlicher Netzwerke.

Gateways dienen ebenfalls der Verbindung von Netzwerken, hier geht es jedoch nicht um die Lösung des technischen Anschlusses, als vielmehr um das korrekte Interpretieren der Daten für eine andere Umgebung.

Gateway

Gateways (Übergang) erlauben das Austauschen von Daten zwischen Netzen mit verschiedenen Übertragungsprotokollen, beispielsweise das Versenden von SMS-Nachrichten aus dem Internet. Dafür wird eine Umsetzung zwischen dem TCP/IP-Protokoll im Internet und dem GSM-Protokoll des Mobiltelefonnetzes benötigt.

Firewall

Vielleicht erinnert sich der eine oder andere Leser oder Leserin bei dieser Überschrift an den Roman »Die Brandmauer« von Henning Mankell. Der Krimi spielt vor dem Hintergrund einer weit reichenden Computer-Manipulation. Im Roman kommt erst sehr spät die Verbindung zwischen dem Titel und der Bezeichnung für eine gleichnamige Netzwerkkomponente (*Firewall*) zu Stande. Dies hängt unter anderem auch damit zusammen, dass eine Übersetzung der Bezeichnungen für *Hub, Bridge, Router* oder eben auch *Firewall* keineswegs gebräuchlich ist.

Während bei einer *Brandmauer* im Bauwesen die Funktion einleuchtend und selbsterklärend ist – eine Wand, die der Ausbreitung eines Feuers zumindest für eine bestimmte Zeit standhält –, ist die Übertragung des Begriffs auf Computer nicht ganz so intuitiv: Um welche Gefahren geht es hier, vor denen eine *Firewall* schützen soll?

So paradox es klingen mag, nach all den phantastischen Möglichkeiten, die das Internet bereitstellt – und in den vorangegangenen Kapiteln sind bei weitem nicht alle vorgestellt worden! –, die Firewall schützt vor Übergriffen aus dem Internet auf ein hinter dieser Schutzmauer liegendes (lokales) Netzwerk. Wer mit einem PC oder aus einem lokalen Netzwerk eine Internetverbindung aufbaut, wird mit größter Sicherheit bereits innerhalb weniger Minuten – egal welche Websites besucht werden, ob gearbeitet, eingekauft oder privaten Vergnügungen nachgegangen wird oder der PC einfach nur eingeschaltet ist – Opfer böswilliger Attacken.

Automatisch operierende Systeme grasen systematisch jede offene Tür zu einem am Internet angeschlossenen Computer ab. Einmal fündig geworden, stehen höchst unterschiedliche Ziele auf der Tagesordnung. Sie reichen vom Ausspähen von Daten bis zur – unbemerkten – Übernahme der Kontrolle über den Computer. So lassen sich zu einem späteren Zeitpunkt ferngesteuert und mit enormer Rechenleistung – eben jener zahllosen gekaperten Rechner – Angriffe auf Systeme von Behörden und Organisationen durchführen, die selbst leistungsfähige Computer in die Knie zwingen. Die Aufgabe der Firewall ist es also, einen Schirm zwischen Internet und lokalem Netzwerk oder dem eigenen PC aufzubauen. Anders als eine Brandmauer soll diese Firewall jedoch sehr wohl überwindbar sein: Sonst käme keine E-Mail ans Ziel und das Browserfenster bliebe leer. Es handelt sich eher um eine Tür als um eine Mauer. Eine Tür, die sich im jeweils richtigen Moment öffnen und schließen muss. Um bei diesem Bild zu bleiben: Die Kunst besteht darin, dem Türsteher klare Anweisungen zu erteilen, wer passieren darf und wer draußen bleibt.

Dies kann durch explizite Regeln geschehen, die jedes einzelne Datenpaket betreffen (Anweisung für den Türsteher: kein Einlass mit Turnschuhen) oder den Datenverkehr über einzelne Zugänge (*Ports*) regeln – alle mit Mitgliedsausweis zum Seiteneingang an der rechten Seite. Eine Firewall kann ein eigenständiges Gerät sein – empfehlenswert für großen Datendurchsatz und erhöhte Sicherheitsbedürfnisse – oder als eine Software-Komponente (*Desktop-Firewall*) auf dem PC den Datenverkehr kontrollieren. Letztere Variante erlaubt auch die Überwachung von Programmen, die wissentlich oder automatisch den Kontakt mit Servern im Internet suchen. Ein in diesem Zusammenhang zuweilen gebrauchter Begriff ist *Spyware* – Programme, die Benutzer- oder Systemdaten an Dritte weiterreichen.

Selbst wenn sich die Gefahren durch Computerviren und Angriffe aus dem Internet deutlich unterscheiden, ist ganz offensichtlich, dass die Möglichkeiten zur Verbreitung von *Malware* (dazu gehören neben Viren auch Trojanische Pferde (*Trojaner*) und *Würmer*) durch die Vernetzung ganz extrem zugenommen haben.

Mikroprozessoren – rien ne va plus!

Wenn sich die geneigte Leserin und der nicht minder geneigte Leser zum Abschluss des Kapitels noch einmal einige Details Revue passieren lassen, so fällt die immense Durchdringung, die unser Alltag durch die Computertechnik erfahren hat, ganz besonders auf.

Nicht die geradezu abenteuerliche Entwicklung von Konrad Zuses tonnenschwerer Mechanik über Relais und Röhren bis hin zur Miniaturisierung von Computern auf einem einzigen Chip und auch nicht die kaum noch fassbare Steigerung der Rechenleistung sind so bemerkenswert wie die Allgegenwärtigkeit in unserer Umgebung. Bei weitem steht nicht überall *Computer* darauf, wo auch ein Mikroprozessor darin steckt. Und dies betrifft weit mehr Produkte, als vielleicht erwartet. Ein wenig augenscheinlich wurde dies anlässlich der Sorgen beim Datumswechsel zum Jahr 2000. Prozessoren stecken nicht nur zu tausenden in Industrieanlagen, sie regeln als *intelligente Sensoren* auch diese Anlagen und sind für praktisch alle Bereiche von Steuerungs- und Überwachungseinrichtungen im Einsatz. Die Palette reicht von einfachen Maschinensteuerungen bis zur Leitzentrale eines Industriekomplexes oder Kernkraftwerks, vom PKW über Bahnen und Flugzeuge bis zu lebenserhaltenden Systemen im Krankenhaus.

Es geht bei Computern also um weit mehr als nur die kommerzielle Datenverarbeitung in Banken, Versicherungen und Behörden oder farbenfrohe Spielzeuge für Kinder. Ein über den Schreibtisch schweifender Blick offenbart beispielsweise folgendes Szenario: Neben dem PC finden sich Drucker, DSL-Router und ein Komforttelefon – keines dieser Geräte wäre ohne Mikroprozessor im bekannten Maße funktionsfähig. Dasselbe gilt für das Mobiltelefon in der Jackentasche – oder, wie wäre es mit einem Besuch im Wohnzimmer? Satellitenreceiver und DVD-Player, Surround-Anlage und Spielekonsole, ja selbst die lernfähige Fernbedienung für all diese Geräte – alle sind undenkbar ohne Mikroprozessor. Insbesondere die letzten beiden benötigen ausgesprochene Hochleistungsprozessoren, für das mathematische Aufbereiten eines Audiosignals über bis zu acht Lautsprecherkanäle, das Kompensieren der Raumakustik oder die Berechnung ruckelfreier Bilder für die Darstellung auf dem Fernsehbildschirm. Dagegen wirkt es schon beinahe selbstverständlich, dass Mikroprozessoren auch längst Einzug in zahllose Spielzeuge gehalten haben.

Zahlreiche Elektrogeräte – von der programmgesteuerten Waschmaschine bis zur automatischen Klimaanlage, von der Alarmzentrale bis zur Heizungsteuerung und sogar der Blutdruckmesser für's Handgelenk – verfügen über Funktionen, die ohne Mikroprozessoren kaum realisierbar wären. Bei als *intelligent* bezeichneten Haussteuerungen für Licht, Jalousien und andere Funktionen wäre es schon beinahe vermessen, an etwas anderes zu denken.

Die inzwischen in vielen PKWs zu findenden GPS-Satellitennavigationssysteme sind ebenfalls nichts anderes als Computer, die mit einer leistungsfähigen Software den optimalen Weg auf einer digitalisierten Landkarte finden. Mit Hilfe eines GPS-Sensors und gegebenenfalls weiterer Informationen – aus Umdrehungen der Hinterachse, Beschleunigungssensoren – wird dabei die eigene Position entlang der kalkulierten Route verfolgt.

Es gibt – von einem Spaziergang in der Natur einmal abgesehen – praktisch keinen Lebensbereich, der nicht in hohem Maße von Mikroprozessoren durchdrungen ist. Nur bitte lassen Sie dafür Mobiltelefon, Digitalfotoapparat, Multifunktionsarmbanduhr, MP3-Player, Navigationsgerät und Cardiomonitor zu Hause!

Strom im Alltag

Auch wenn es keinesfalls die Intention des Autors ist, eine Do-it-yourself-Anleitung für Elektroarbeiten im und um den Haushalt zu liefern, so sollen am Ende dieses Buches dennoch einige exemplarische Tipps & Tricks vorgestellt werden. Angefangen mit der Bedeutung von Farben einzelner Adern in Kabeln bis hin zur strukturierten Datenablage auf dem PC – und anderen Dingen, die mit Strom aus der Steckdose zu tun haben –, auch wenn der Stecker nicht immer zur Steckdose passt.

Was ist denn das für ein Draht? (1) – waren die letzten Worte des Sprengmeisters

Ordnung ist das halbe Leben – und so existieren für die unterschiedlichen Farben der einzelnen Adern bei elektrischen Kabeln und Leitungen im Haushalt nicht nur ästhetische Gründe, sondern auch handfeste Überlegungen. Der Umgang mit gefährlicher Netzspannung erfordert Sorgfalt nicht nur beim Einbau von Kabeln, Steckdosen und Lichtschaltern, sondern auch beim nachträglichen Verlegen neuer Anschlüsse und Verbindungen. Auch Jahre später soll es keinem der Beteiligten so ergehen, wie dem über die verschiedenen Drähte grübelnden Sprengmeister – der sein Unwissen mit dem Leben bezahlt.

Visuell besonders hervorgehoben wird generell der Schutzleiter. Mit gelb-grünen Längsstreifen hebt er sich deutlich von den andern Aderfarben – braun und blau – ab. Die Funktion, nomen est omen, liegt im Schutz von Personen: Über diesen Draht wird eine Verbindung zwischen Erdleiter und Geräten, die über einen entsprechenden Anschluss verfügen, hergestellt. Im Fall eines Gerätedefektes wird damit sichergestellt, dass beim Berühren der betreffenden Maschine oder Anlage keine gefährliche elektrische Spannung auftreten kann. Ein Unterbrechen oder Vertauschen dieses Drahtes würde die schützende Funktion zunichtemachen und muss daher unbedingt vermieden werden. Bei Installationen in Altbauten sind unter Umständen noch rote Adern als Schutzleiter zu finden. – Doch Achtung: Auch die beispielsweise von einem Lichtschalter kommende und somit gefährliche Spannung führende Ader kann hier rot sein.

Bei korrekter Verdrahtung einer Steckdose führt die schwarze Ader den Außenleiter (L, *Live Wire*; umgangssprachlich: *Phase*), die blaue Ader den Neutralleiter (N, *Neutral*, umgangssprachlich: *Rückleiter*) und die gelb-grüne Ader den Schutzleiter (PE, *Protective Earth*, umgangssprachlich: *Schutzerde*). Von der in der Vergangenheit zuweilen geübten Praxis, eine Steckdose durch das Zusammenführen von Schutzleiter und Neutralleiter zu einem Nullleiter nur über zwei Adern anzuschließen, sollte unbedingt Abstand genommen werden.

Tabelle 10 Aderfarben bei fest verlegten Kabeln.

Kabel	Farbe	Bezeichnung	
1-phasig	schwarz	Außenleiter	*Phase*
bis April 2006 *	blau	Neutralleiter	*Rückleiter*
	grün-gelb	Schutzleiter	*Schutzerde*
1-phasig	braun	Außenleiter	*Phase*
ab Jan. 2003 *	blau	Neutralleiter	*Rückleiter*
	grün-gelb	Schutzleiter	*Schutzerde*
3-phasig	schwarz	Außenleiter 1	*Phase 1*
bis April 2006 *	schwarz	Außenleiter 2	*Phase 2*
	braun	Außenleiter 3	*Phase 3*
	blau	Neutralleiter	*Rückleiter*
	grün-gelb	Schutzleiter	*Schutzerde*
3-phasig	braun	Außenleiter 1	*Phase 1*
ab Jan. 2003 *	schwarz	Außenleiter 2	*Phase 2*
	grau	Außenleiter 3	*Phase 3*
	blau	Neutralleiter	*Rückleiter*
	grün-gelb	Schutzleiter	*Schutzerde*

* Angaben entsprechend der Übergangsfrist in DIN VDE 0293

Bei dreiphasigen Anschlüssen im Haushalt, beispielsweise für einen Elektroherd oder einen Durchlauferhitzer, spielt die Reihenfolge der Phasen meist keine Rolle. Anders sieht es jedoch mit elektrischen

Bild 64 Mantelleitung für Verlegung in der Wand
(Quelle: Thomas Schichel).

Maschinen in Werkstätten und Industrie aus: Hier ist die farbliche Kennzeichnung der Außenleiter zu beachten, um die korrekte Drehrichtung der Motoren zu gewährleisten.

Es werde Licht

Beim Einsatz eines Phasenprüfers ist nicht nur höchste Vorsicht wegen des Kontakts zur Haushaltsspannung geboten, es ist auch zu berücksichtigen, dass beim Überprüfen von z. B. Steckdosen nur an einem der Kontakte ein Signal der Glimmlampe erscheint. Gleiches gilt – je nach Schalterstellung – auch für Lichtschalter.

Arbeiten an elektrischen Leitungen und Einrichtungen sind ausschließlich ausgebildetem Personal vorbehalten. Die vorgenannten Hinweise ersetzen keine einschlägige Ausbildung.

Was ist denn das für ein Draht? (2) – Starthilfe

Regelmäßig zu Beginn der kalten Jahreszeit ist es wieder so weit: Wenn eine Autobatterie den Anlasser nicht mehr in Schwung bringt, dann fast immer, wenn es kalt ist. Dabei wäre die Starthilfe von einem PKW zum anderen gar nicht schwierig, wäre da nicht der Wintermantel, der die Bewegungsfreiheit so einschränkt und gerade erst in der Reinigung war.

Das Ende der Lebensdauer einer Autobatterie ist dabei weniger eine Frage der – zumindest als solcher empfundenen – größtmöglichen Unannehmlichkeit als viel mehr der mechanischen Arbeit, die beim Anlassen eines kalten Motors durch das entsprechend den Außentemperaturen zähere Motoröl deutlich höher ausfällt als im milden Sommer. Erschwerend kommt hinzu, dass der Ladezustand der Batterie nach der vorabendlichen Stauerparty – inklusive eingeschalteten elektrischen Verbrauchern, wie Heckscheibenheizung, Scheibenwischer und Heizgebläse, das Fahrlicht sowieso – keineswegs optimal ist und seinerseits, durch die Außentemperatur bedingt, niedriger ausfällt als im Sommer, wenn sowieso alles leichter geht.

Bevor also die Fahrt zur nächsten Tankstelle oder Werkstatt angetreten werden kann, muss der Schlitten erst einmal wieder flott gemacht werden, und das geht mit der Starthilfe durch einen anderen Verkehrsteilnehmer in wenigen Minuten. – Wenn man weiß was zu tun ist, schneller als das Lesen der folgenden Zeilen!

Gleiche Spannung?

Auch wenn es heute kaum noch zu Problemen kommen dürfte: Bevor irgendwelche Kabel zwischen den Fahrzeugen angeschlossen werden, sollte überprüft werden, dass beide Fahrzeuge mit derselben Spannung im Bordnetz arbeiten. Bei PKW sind das praktisch immer 12 V, bei LKW 24 V. Ältere Motorräder können über eine 6 V Anlage verfügen, der alte VW-Käfer tat dies übrigens ebenso!

Auch sollte die Batterie des Geberfahrzeugs nicht wesentlich kleiner sein, da sie andernfalls die erforderlichen Ströme nicht schadlos liefern kann.

Verbraucher aus – Warnblinker an

Alle unnötigen elektrischen Verbraucher abschalten! Das gilt insbesondere für den Empfänger der Starthilfe. Da das Fahrzeug mit der Geberbatterie möglichst dicht an die Batterie des Empfängers rangiert werden muss, sind kurzfristige Behinderungen des Verkehrs nicht immer vermeidbar – entsprechend unbedingt die Engpassstelle absichern und Warnblinker einschalten!

Strippen 1

Bei den Starthilfekabeln ist auf ausreichenden Querschnitt der Kupferadern zu achten, da hier kurzfristig enorme Stromstärken zu Stande kommen. Als Faustregel gilt: Je größer der Motor des anzulassenden Fahrzeugs, desto größer der Kupferquerschnitt – und für Dieselmotoren lieber noch etwas mehr. 16 mm² reichen nur für kleinere Motoren (unter 2.000 ccm), besser 25 mm² verwenden. Für Motoren über 3.000 ccm sollte der Querschnitt nicht unter 35 mm² betragen.

Strippen 2

Auch wenn es nur zwei Verbindungen mit je zwei Klemmen sind, die Reihenfolge beim Anklemmen ist sicherheitsrelevant!

1. rotes Pluskabel an Nehmerbatterie (Plus-Pol);
2. rotes Pluskabel an Geberbatterie (Plus-Pol);
3. schwarzes Massekabel an Geberbatterie (Minus-Pol);
4. schwarzes Massekabel an Nehmerbatterie (Minus-Pol), besser noch an den Motorblock oder ein stabiles (nicht lackiertes – blankes!) Metallteil in der Nähe der Batterie.

Nach dem Beenden des Starthilfevorgangs werden die Kabel genau in umgekehrter Reihenfolge wieder abgeklemmt. Dabei Vorsicht mit dem Pluskabel walten lassen: Leicht kann mit dem offenen Ende ein Kurzschluss – zum Beispiel gegen ein Teil der Karosserie des Nehmerfahrzeugs – hergestellt werden, solange es noch an dessen Batterie angeschlossen ist.

Motoren an – und los geht's

Am besten noch vor dem vierten Schritt den Motor des Geberfahrzeugs anlassen und bei erhöhter Leerlaufdrehzahl (2.000–4.000 Umdrehungen pro Minute) laufen lassen. Auf jeden Fall aber bevor der erste Anlassversuch beim liegen gebliebenen Fahrzeug unternommen wird. Andernfalls wäre es möglich, dass hinterher beide Batterien leer sind. Nachdem der Motor des Pannenfahrzeugs angesprungen ist, beide Motoren im Leerlauf laufen lassen.

Verfügt das Nehmerfahrzeug über einen Dieselmotor, bitte im Eifer des Gefechts das Vorglühen nicht vergessen!

Während des Starthilfevorgangs sollten unbedingt die Batterien und Kabel im Auge behalten werden. Sollte es zur Funkenbildung kommen oder gar Rauch aus Kabeln und Batterien aufsteigen: Sofort die Starthilfe abbrechen und die Kabelverbindung lösen; zur Not reicht es, das Massekabel vom Nehmerfahrzeug zu trennen.

Sollte sich die Farbe oder Form der Kabel verändert haben, könnten diese – wegen zu geringen Querschnitts – außerordentlich heiß geworden sein. Stabile Arbeitshandschuhe schaffen diesmal Abhilfe; für das nächste Starthilfe-Projekt sind unbedingt Kabel mit größerem Querschnitt anzuschaffen. Und nicht vergessen: Die glühend heißen Kabel erst einmal einige Minuten abkühlen lassen, bevor sie wieder im Kofferraum verstaut werden.

Ende gut – alles gut

Sollte die Nehmerbatterie tiefstentladen gewesen sein – daran zu erkennen, dass noch nicht einmal die Innenraumleuchte oder der Warnblinker vor dem Überbrücken der Batterien funktionierten – so sollte die Verbindung zwischen den Batterien noch wenige Minuten bestehen bleiben, um empfindliche elektronische Schaltungen vor Regelspitzen im Nehmerstromkreis zu schützen; die angeklemmte Geberbatterie puffert diese, bis die Nehmerbatterie sich wieder etwas erholt hat.

Und nachdem der Motorraumdeckel verriegelt und die Kabel wieder verstaut sind, kann die Fahrt nun endlich losgehen – oder war da vielleicht noch das Warndreieck am Straßenrand?

Briefe zwischen den Socken: Datenablage auf dem PC

Die Ablage von meist weniger geliebten Unterlagen des täglichen Lebens ist nicht unbedingt eine Tätigkeit, die mit wirklichem Enthusiasmus angegangen wird. Doch spätestens, wenn sich in der großen Ablagemappe neben Mietvertrag und Telefonrechnungen auch die jährlichen Aufstellungen des lokalen Energieversorgers finden, Nebenkostenabrechnungen, Kontoauszüge, Abonnementsverträge und Kaufbelege zu einem bunten Durcheinander führen, ist der nächste verregnete Sonntag gerettet. – Stück für Stück, am besten mit Trennblättern nach Inhalten sortiert, finden die einzelnen Dokumente Platz in einem oder mehreren Ordnern, Heftern oder Sammelmappen.

Bevor nun die Thematik der Überschrift – Datenablage auf dem PC – zum Tragen kommt, können wir uns freuen: Nicht nur über die sinnvolle Beschäftigung an jenem verregneten Wochenende oder das Überwinden des inneren Schweinehundes, nein, vor allem darüber, dass jedes Stück Papier unmittelbar im Klartext gelesen werden kann! Eine ähnliche Vorgehensweise mit Dateien auf dem PC – erst sammeln, später sortieren – lässt sich bestenfalls mit einem wohlbekannten Zitat belegen: *Wer zu spät kommt, den bestraft das Leben*.[28] Insbesondere erweist es sich im Nachhinein geradezu fatal, bei der Vergabe von Dateinamen unbedacht vorzugehen. Aber immer der Reihe nach.

Wer käme wohl auf die Idee, die nunmehr wohl sortierten Unterlagen im Wäscheschrank zu deponieren? Briefe zwischen den Socken, Telefonrechnungen bei den T-Shirts und Verträge bei den Schuhen – oder war es doch bei den Putzutensilien? Auch diese Art der Ordnung ließe keine dauerhafte Freude aufkommen. Genau wie ein größerer Bücherschrank selten wahllos bestückt ist, im Küchenschrank Tassen und Teller, Töpfe und Lebensmittelvorräte vorteilhafter Weise übersichtlich geordnet sind, so sollte auch die Datenablage auf dem PC ein gewisses Mindestmaß an Planung und Struktur genießen. Denn anders als bei den Papieren, deren Inhalt in aller Regel durch einfache in Augenscheinnahme ersichtlich ist, sind Dateien zunächst nur an ihrem Namen erkennbar. Der Inhalt des Dokuments ist erst nach dem Öffnen sichtbar. – Dieser scheinbar nur geringe Unterschied erweist sich jedoch als im höchsten Maße unerfreulich, wenn sich 27 Briefe mit den wenig aussagekräftigen Bezeichnungen wie »brief_11«, »brief_12« etc. angesammelt haben. Selbst nach dem Öffnen und Betrachten des Inhalts besteht immer noch ein hohes Risiko der Verwechselung: Handelte es sich bei »brief_11« um das Schreiben an die Bank, oder war das »brief_12« – ach nein, das war ja die Kündigung der Versicherung ...

Glücklicherweise sind die Zeiten passé, in denen ein Dateiname nur aus maximal acht Zeichen bestehen durfte und dafür außer Buchstaben (natürlich *keine* Umlaute!) und Ziffern lediglich Unterstrich »_« und Gedankenstrich »-« benutzt werden konnten. Irgend-

---

28) Das Zitat wird dem sowjetischen Staatschef Michail Gorbatschow zugeschrieben, als er im Oktober 1989 anlässlich des 40. Jahrestages der Gründung der DDR ein Interview gab. Vermutlich war es jedoch sein persönlicher Sprecher Gennadi Gerassimow, der diese Formulierung in einer Pressekonferenz prägte (Quelle: 15 Jahre danach, Frankfurter Allgemeine Sonntagszeitung, 03.10.2004).

wo ist also für Dateinamen ein Mittelweg zu finden, zwischen einer nicht zu langen Bezeichnung und Abkürzungen, die dennoch lesbar sind, zu intuitiven Namen, die auf den ersten Blick eine formale Einordnung erlauben – und die nach zwei Monaten noch genauso aussagekräftig sind wie am ersten Tag.

Dasselbe gilt für das Einsortieren in Ordner (auch: Verzeichnisse oder *Directories*). Eine Struktur lässt sich sinnbildlich wie ein Aktenschrank für die Papiere anlegen. Anstelle von physischen Einteilungen wie Schrank, Tür, Ebene, Fach, Aktenordner und Register innerhalb der Mappe tritt nun eine mehr oder weniger tief gestaffelte logische Struktur. Die nach wie vor gängige Methode vieler Programme, von den Benutzern angelegte Dateien in unmittelbarem Zusammenhang mit dem Installationsort der eigenen Programmdateien zu verknüpfen, ist nicht nur im höchsten Maße unübersichtlich, sondern stellt für eine sinnvolle Datensicherung eine erhebliche Schwierigkeit dar.

Defekte an Festplatten – dem physischen Datenspeicher im Computer – treten im Vergleich zu Wohnungsbränden vergleichsweise häufig auf: Zwar muss die Feuerwehr wegen Wohnungsbränden in

Bild 65 Beispiel für eine Verzeichnisstruktur zur Dateiablage.

Deutschland 150-mal ausrücken – täglich! –, doch entspricht das, auf den Bestand an Wohnungen hochgerechnet, nur einem Brand pro Wohnung innerhalb von 700 Jahren, mithin einer Zeitspanne, die nur die allerwenigsten Gebäude überstehen.[29], [30] Demgegenüber ist die statistische Wahrscheinlichkeit eines Defekts von Computer-Festplatten mit einem Schadensfall in 75 Jahren rund 10-fach höher.[31] Wie wenig auf die Statistik Verlass ist, zeigt die Erfahrung des Autors, der lange vor Erreichen des 150. Lebensjahres bereits an zwei selbst genutzten Rechnern Festplattenausfälle zu beklagen hatte. Ohne regelmäßige Datensicherung – das erste dieser Ereignisse in den 1980er Jahren führte zu einem deutlichen Lerneffekt – ist der Bestand an Daten und Dokumenten im Fehlerfall kaum noch zu retten.

Special: Stecker

Telefonie

Abgesehen davon, dass aus Gründen der elektrischen Kompatibilität – hier: die unterschiedlichen Pegel und Übertragungsverfahren für analoge Telefonie und ISDN – durchaus verschiedene Steckernormen ihre Berechtigung haben, gibt es bei aktuell gängigen Telefonsteckern eine ähnliche Vielfalt wie im Bereich Elektrizitätsversorgung. Hier spiegeln sich die partikularistischen Interessen aus Monopolen wider, die zuweilen mehr als ein Jahrhundert Bestand hatten.

Die folgende Übersicht stellt die wichtigsten derzeit gebräuchlichen Anschluss-Systeme vor. Auf Grund von jahrzehntelangen Übergangsphasen sind darüber hinaus auch weiterhin Steckernormen im Einsatz, die offiziell bereits vor längerer Zeit abgelöst wurden.

29) Technische Mitteilungen, Bedeutung des Arbeits- und Brandschutzes in deutschen Unternehmen, 2006.
30) Statistisches Bundesamt Deutschland, Bautätigkeit/Wohnungsbestand in Deutschland, 2006.
31) Universität Trier, Institut für Telematik, Vorlesung Sicherheit in offenen Netzen, SS 2001.

Tabelle 11 Anschlüsse für Telefonie.

Abbildung	Typ	Bemerkung
	TAE[1]	Deutsche Norm für analoge Telefonie links: TAE-N (Telefon); mitte, rechts: TAE-F (Fax, Modem, Anrufbeantworter)
	ADo	Frühere deutsche Norm
	RJ45[1]	ISDN IAE: 4-polig für ISDN UAE: 4- oder 8-polig
	RJ11[1]	International
	F-010[2]	Frankreich
	431A[3]	Großbritannien, Zypern, Israel, Hong Kong und Neuseeland
	610[4]	Australien

Fortsetzung auf nächster Seite

Tabelle 11 Fortsetzung

Abbildung	Typ	Bemerkung
	Telebrás[2]	Brasilien
	TDO	Österreich
	SS 455 15 50	Schweden
	TT87/TT89[5]	Schweiz, und Liechtenstein
	Protea[6]	Südafrika

1) Quelle: Thomas Schichel
2) Quelle: http://www.adaptelec.com
3) Quelle: http://www.maplin.co.uk
4) Quelle: http://www.accesscomms.com.au
5) Quelle: http://www.pcp.ch
6) Quelle: http://www.ellies.co.za

Elektrizitätsversorgung

Trotz stetig zunehmender Handelsbeziehungen, politischer und wirtschaftlicher Verflechtungen zeigt sich kaum ein so von partikularistischen Interessen gekennzeichnetes Feld wie das der Stromanschlüsse für Haushaltsgeräte. Nicht weniger als 13 Standards sind derzeit weltweit im Einsatz – ältere Normen nicht mitgerechnet. Dass eine Differenzierung bei den mechanischen Abmessungen – in begrenztem Umfang – durchaus zweckmäßig ist, um unterschiedliche Spannungsniveaus wie zum Beispiel 120 V in Nord- und Mittelamerika sowie 230 V in Europa, Afrika und Asien nicht zu verwechseln, wurde bereits früher ausgeführt. Doch selbst bei Berücksichtigung der unterschiedlichen Netzfrequenzen (50 Hz in Europa, Afrika und Asien, 60 Hz in Nord- und Mittelamerika) wären bereits vier Varianten hinreichend. Dem entgegenzuhalten ist der enorme Umrüstungsaufwand, der zudem über Jahrzehnte hinweg ein mehr oder weniger ausgeprägtes Nebeneinander der verschiedenen Steckersysteme bedingen würde.

Doch eine Steckdose ist mehr als nur der Anschlusspunkt an das öffentliche Elektrizitätsnetz: Neben dem mechanischen und elektrischen Kontakt spielen hier auch Sicherheitsaspekte und technische Randbedingungen, wie beispielsweise die Strombelastbarkeit, mit hinein. Für leistungsfähige Maschinen, teilweise sogar bereits für Haushalts-übliche Geräte, existieren damit in vielen Ländern mehrere Steckernormen nebeneinander.

Bei den im Folgenden vorgestellten 15 Steckertypen handelt es sich ausschließlich um für private Haushalte übliche Verbinder. Bereits hier werden Elektrogeräte mit größerer Leistung (Herd, Durchlauferhitzer, semi-professionelle Elektrowerkzeuge) über Kabelklemmen mit großem Querschnitt direkt angeschlossen oder verfügen über andere, hier nicht aufgeführte, mehr-phasige Drehstromstecker. Zudem gilt auch an dieser Stelle der bereits zu den Telefonsteckern angeführte Vermerk: In privaten Haushalten lassen sich auch bereits seit Jahrzehnten abgelöste – und an dieser Stelle nicht aufgeführte – Standards finden. Beide Aufstellungen erheben daher nicht den Anspruch auf Vollständigkeit.

Tabelle 12 Steckertypen für Haushaltsstrom.

Abbildung	Typ	Bemerkung
	A	Verbreitung vor allem in den USA, Kanada, Mexiko, Taiwan, Japan, Teilen Südamerikas sowie vereinzelt in Europa, Afrika und Asien.
	B	Verbreitung vor allem in den USA, Kanada, Mexiko, Taiwan und Japan.
	C[1]	Eurostecker Kompatibel zu allen in Europa vorhandenen Systemen, mit Ausnahme von Großbritannien, Irland, Malta und Zypern.
	C[1]	Konturenstecker Da der Eurostecker nur bis max. 2,5 A belastet werden darf, steht für Geräte mit höherer Leistung der Konturenstecker zur Verfügung.
	D	Weit verbreitet in Asien und Afrika, auch in der Karibik und Südamerika. Früher war diese Norm auch in Großbritannien gebräuchlich und wurde inzwischen durch Typ G abgelöst.
	E	Standard aus Frankreich, auch in Belgien, Polen, Monaco, Tschechien, Slowakei, Tunesien und vielen ehemaligen französischen Kolonien im Einsatz.
	F[1]	Das in Deutschland entwickelte und zum Standard erhobene System ist auch in weiten Teilen Europas im Einsatz.

Fortsetzung auf nächster Seite

Tabelle 12 Fortsetzung

Abbildung	Typ	Bemerkung
	F[1]	Um eine Kompatibilität zwischen deutschem Typ F und französischen Typ E zu erreichen, wurde die Norm CEE-7/7 mit Aufnahme für den bei Typ E vorhandenen Erdungszapfen entworfen.
	G	Standard aus Großbritannien, auch im Mittleren Osten und Asien im Einsatz.
	H	Standard aus Israel, zum Eurostecker Typ C kompatibel.
	I	Standard aus Australien, auch in Neuseeland, Papua Neuguinea. Teilweise auch in China und Südamerika im Einsatz.
	J	Norm in der Schweiz und Liechtenstein, außerdem auch in Spanien, Afrika und Mittelamerika genutzt. Der Vorschlag für eine internationale Norm für 230-V-Steckverbinder gemäß IEC 60906-1 verfügt über ein ähnliches Steckergesicht, ist aber mechanisch inkompatibel.
	K	Standard in Dänemark, außer in Grönland, auch in Afrika und Asien im Einsatz.
	L	Standard in Italien, auch in Afrika und Südamerika im Einsatz.
	M	In Südafrika weit verbreitet; auch in Afrika und auf dem Indischen Subkontinent im Einsatz.

1) Quelle: Bachmann GmbH & Co. KG

Computer

Jeder der einen PC sein eigen nennt kennt die unerfreuliche Situation: Das neue Gerät wird hoffnungsvoll aus der Verpackung geschält – und auf einmal liegen zig Kabel und Kleinteile neben dem Computer. Doch der Anschein täuscht, die Situation ist längst nicht so kompliziert, wie vermutet. Jedes Gerät, jedes Kabel, das einen Anschluss sucht, verfügt über einen ganz bestimmten Stecker. So ist sichergestellt, dass (beinahe!) kein Verwechseln oder Vertauschen möglich ist – lediglich die jeweils passende Anschlussbuchse ist auf der Rückseite des Computers zu finden.

Auch heute noch weit verbreitet sind PCs mit Basisplatinen nach dem 1996 eingeführten ATX-Standard und daraus abgeleiteten Varianten.

Schauen wir die verschiedenen Peripheriegeräte – und die zur Verbindung erforderlichen Kabel – einmal der Reihe nach an. Die wichtigsten Komponenten – Bildschirm, Tastatur und Maus – machen den Anfang, denn ohne sie ist kein Betrieb des Rechners möglich.

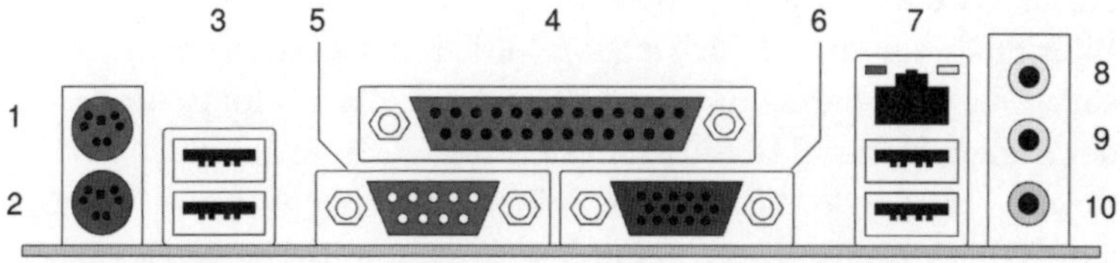

1	grün	Maus
2	violett	Tastatur
3		USB (2-fach)
4	magenta	Parallele Schnittstelle (Drucker)
5	cyan	Serielle Schnittstelle
6	blau	VGA-Schnittstelle (Monitor)
7		Netzwerkanschluss und USB (2-fach)
8	blau	Audio-Eingang
9	grün	Kopfhörer, Lautsprecher
10	rosa	Mikrofon

Bild 66 Anschlüsse am PC (gemäß ATX-Spezifikation).

Bildschirm

Aus der Zeit der Kathodenstrahlbildschirme (CRT, *Cathode Ray Tube*) stammt der *VGA-Anschluss* (*Video Graphics Array*) zur Übertragung eines *analogen* Bildsignals. Trotz der weiten Verbreitung von Flachbildschirmen (LCD, *Liquid Cristal Display*), die in den meisten Fällen direkt mit einem Digitalsignal versorgt werden können, ist der VGA-Anschluss noch immer am weitesten verbreitet.

Für die Übertragung von Bildsignalen mit hoher grafischer Auflösung – größer als 1.280 × 1.024 Bildpunkte, SXGA – ist der VGA-Anschluss nur bedingt geeignet. Die hierfür benötigte Übertragungsbandbreite erreicht bei 60 Hz Bildwechselrate und 8 bit Farbtiefe (entsprechend 16,7 Mio. Farben) immerhin eine Größenordnung von 1,9 GBit/s. Die Störanfälligkeit der analogen Signalübertragung hängt wesentlich von der Qualität des Verbindungskabels ab; auch Leitungslängen von mehreren 10 m können mit hochwertigen Kabeln überbrückt werden.

Der technische Nachfolger heißt *DVI* (*Digital Visual Interface*) und ermöglicht die *digitale* Übertragung des Bildsignals. Dies ist insbesondere für LCD- und andere Flachbildschirme vorteilhaft, da sie im Gegensatz zu konventionellen Bildschirmen direkt mit dem Digitalsignal aus dem PC angesteuert werden können. Eine Wandlung des Bildsignals von digital nach analog entfällt im Computer dabei ebenso wie die Rückwandlung von analog nach digital im Bildschirm, was der Bildqualität und Übertragungsleistung zu Gute kommt.

Die maximale Datenrate einer DVI-Verbindung beträgt 3,96 GBit/s (*Single Link*), damit lassen sich grafische Auflösungen von bis zu 1.600 × 1.200 (UXGA), gegebenenfalls auch noch 1.920 × 1.200 Pixel (WUXGA) bei den oben genannten Bedingungen – 60 Hz Bildwechselrate, 16,7 Mio. Farben – unterstützen. Durch zusätzliche Kontakte (*Dual Link*) lässt sich die doppelte Datenmenge übertragen, so dass Auflösungen von bis zu 2.560 × 1.600 Bildpunkten möglich sind.

Kabel mit DVI-D-Steckern übertragen ausschließlich digitale Daten, DVI-I-Stecker erlauben zusätzlich auch die Übermittlung analoger Bildsignale. Aus diesem Grund können DVI-D-Stecker zwar in eine DVI-I-Buchse gesteckt werden, anders herum ist es jedoch nicht möglich. Bei Kabellängen über 5–10 m sind zusätzliche Leitungsverstärker erforderlich.

Bild 67 VGA-Stecker (Mini D-Sub, 15-polig); (Quelle: Thomas Schichel).

Für noch höhere grafische Auflösungen sind bereits weitere Verbindungsnormen definiert; die wichtigste ist *Display Port* und unterstützt mit einer Übertragungsbandbreite von bis zu 10,8 GBit/s grafische Auflösungen von maximal 3.072 × 1.920 oder 2.560 × 1.600 Bildpunkten.

Bild 68 DVI-D-Stecker (Single Link); (Quelle: Thomas Schichel).

Tastatur

Die Computertastatur hat in den verschiedenen PC-Generationen immer wieder andere Anschlüsse erhalten. Neben einiger Irritation bei den Benutzern hat dies immerhin bei den Herstellern von Adapter-Steckern zu einem gewissen Umsatz geführt.

Die erste Generation von PCs zu Beginn der 1980er Jahre verfügte für den Anschluss der Tastatur über einen 5-poligen DIN-Stecker, wie er nach Deutscher Norm auch für die Verbindung von Hifi-Geräten vorgesehen ist. Da zur Bedienung der wenigsten Stereo-Verstärker oder Tonbandgeräte jedoch eine Computer-Tastatur erforderlich ist, hielt sich die Verwechslungsgefahr in Grenzen.

Ab 1987 führte IBM eine neue Reihe von PCs unter der Bezeichnung *Personal System/2* (PS/2) ein. Die Geräte verfügten über eine ganze Reihe an wichtigen technischen Innovationen, waren jedoch in verschiedener Hinsicht technisch nicht kompatibel mit der Generation der bis dato angebotenen PCs. Ein Beweggrund war sicher, die Konkurrenz jener Hersteller von *IBM-kompatiblen* PCs abzuschütteln. Letztlich führte der Weg in eine Sackgasse, wenn auch verschiedene Standards dieser Geräte sich bis heute am Markt gehalten haben; der bereits genannte VGA-Anschluss für den Bildschirm zählt dazu, das bis vor wenigen Jahren noch gängige 3,5-Zoll-Diskettenformat ebenso. Auch die seinerzeit eingeführten Anschlüsse mit 6-poligen Mini-DIN-Steckern für Tastatur (violett) und Maus (grün): die PS/2-Stecker.

Heute verfügen die meisten Peripheriegeräte wie Tastaturen, Computer-Mäuse oder Drucker über einen USB-Anschluss – mehr dazu weiter unten.

Bild 69 DIN-Stecker (5-polig); (Quelle: Thomas Schichel).

Bild 70 PS/2-Stecker (Mini-DIN, 6-polig, violett); (Quelle: Thomas Schichel).

Maus

Als die ersten PCs auf den Markt kamen, erfolgte die Bedienung ausschließlich mit der Tastatur. Der Einsatz eines Zeigeinstruments wie einer Computer-Maus war dabei weder erforderlich noch möglich. Erst nachdem Computer über grafische Benutzeroberflächen verfügten, änderte sich daran etwas. Zu den ersten Systemen zählten jedoch ausschließlich solche, die auf *anderen* technischen Plattformen aufsetzten als die IBM-kompatiblen PCs. Dazu gehörten der Atari ST mit dem *Graphical Environment Manager* (GEM), der Commodore Amiga mit dem *Magic User Interface* (MUI) oder Apples MacIntosh. Aus dieser Riege ist nur die Firma Apple heute noch am Markt vertreten. Erst einige Jahre später erschien mit den Betriebssystemen *OS/2* von IBM und *Windows* von Microsoft die grafische Benutzeroberfläche auch auf dem PC.

Als Universalanschluss – auch für andere Peripheriegeräte – hatte sich bereits die serielle Schnittstelle (*COM-Port*) etabliert. Sie war im Zusammenhang mit dem Anschluss von Terminals an Großrechner bereits in den 1960er Jahre entwickelt worden. Je nach Anforderungen an die Datenrate erlaubt die serielle Schnittstelle Kabel-Verbindungen, die Distanzen von mehreren Hundert Metern überbrücken.

Es gibt zwei Ausprägungen für Geräteanschlüsse, einen 9-poligen D-Sub-Gerätestecker (erfordert ein Kabel mit einer Kupplung!) und alternativ eine 25-polige D-Sub-Buchse. Auf Grund der vielfältigen Nutzungsmöglichkeiten wurden häufig mehrere serielle Schnittstellen in einen Computer eingebaut. Dabei wurde der COM-Port 1 mit einem 9-poligen Gerätestecker, der COM-Port 2 mit einer 25-poligen Einbaubuchse ausgestattet.

Mit der Einführung der PS/2-Systeme konnte die Maus über einen eigenen 6-poligen Mini-DIN-Stecker – baugleich wie jener für die Tastatur – an den Computer angeschlossen werden. Dadurch wurde eine serielle Schnittstelle frei für andere Zwecke, beispielsweise den Anschluss eines Modems.

Die serielle Schnittstelle ist inzwischen praktisch vollständig durch den USB-Anschluss, ihren technischen Nachfolger, abgelöst worden.

Bild 71 Serielle Schnittstelle (D-Sub-Kupplung, 9-polig, cyan); (Quelle: Thomas Schichel).

Bild 72 Serielle Schnittstelle (D-Sub-Stecker, 25-polig); (Quelle: Thomas Schichel).

Bild 73 PS/2-Stecker (Mini-DIN, 6-polig, grün); (Quelle: Thomas Schichel).

Drucker

Drucker wurden lange Zeit über die parallele Schnittstelle am LPT-Port (*Line Printing Terminal*) angeschlossen. Das entsprechende Kabel verfügt über einen 25-poligen D-Sub-Stecker für den Anschluss am PC und einen 36-poligen Centronix-Stecker für die Anbindung des Druckers.

Der signifikante Unterschied zur seriellen Verbindung: Daten werden über mehrere Adern parallel übertragen. Dies erhöht die Datenrate auf bis zu 16 MBit/s, erfordert dafür jedoch ein vieladriges Kabel und größere Stecker. Eine Gemeinsamkeit beider Verbindungstypen ist die bidirektionale Datenübertragung. Bezogen auf die parallele Schnittstelle heißt das, dass ein Drucker beispielsweise Statusinformationen zurück an den PC senden kann. Hochwertige Kabel können nen Entfernungen von bis zu 30 m überwinden, einfachere Varianten sollten nicht länger als 5 m sein.

Wie die serielle Schnittstelle ist inzwischen auch die parallele Schnittstelle durch den USB-Anschluss abgelöst worden.

USB-Kabel für die Verbindung zwischen PC und Drucker kommen mit USB-Steckern vom Typ A (computerseitig) und Typ B (peripherieseitig) zum Einsatz; mehr dazu im Abschnitt *USB* ab Seite 214.

Bild 74 Parallele Schnittstelle (D-Sub-Stecker, 25-polig); (Quelle: Thomas Schichel).

Bild 75 Parallele Schnittstelle (Centronix-Stecker, 36-polig); (Quelle: Thomas Schichel).

Telefon

Ist der Telefon-Anschluss bei den meisten Laptops Bestandteil des Lieferumfangs – das Modem ist bereits eingebaut –, so ist für PCs ein Modem in der Regel nur als zusätzliche oder nachträgliche Ausrüstung erhältlich. Die interne Variante – eine Steckkarte für den Einbau in den PC – ist nicht nur aus Kostenaspekten günstiger, sie reduziert auch den Kabelverhau hinter dem Computer. Ein extern angeschlossenes Modem benötigt neben der Verbindung zum PC zusätzlich auch eine Stromversorgung! Auf Seite 56 sind in Bild 26 verschiedene Bauformen eines Modems gezeigt.

Der Anschluss des Rechners an eine Telefonsteckdose erfolgt über eine RJ11-Buchse nach amerikanischer Norm (RJ: *Registered Jack,* genormte Buchse). Für den Anschluss an eine deutsche Telefonsteckdose ist dann noch ein zusätzlicher Adapter erforderlich, es sei denn, das Kabel besitzt auf der Gegenseite bereits einen TAE-Stecker. In beiden Fällen ist die richtige Codierung – hier: TAE-N für den Anschluss eines Modems – zu beachten (siehe Bild 24, Seite 54).

Bild 76 RJ11-Stecker (Quelle: Thomas Schichel).

ISDN

Als Alternative zur analogen Modemverbindung zum Telefonnetz kann auch ein ISDN-Anschluss zum Einsatz kommen. Wie bei einem Modem gibt es interne Karten – zum Einstecken in die Hauptplatine des PCs – und externe Geräte. Beim Anschluss an den Haus-internen $ISDN_0$-Bus verhält es sich sogar etwas einfacher als beim Modem: Das ISDN-Kabel besitzt beidseitig denselben RJ45-Stecker. Die Leitungslänge ist in weiten Bereichen unkritisch und kann im Extremfall auch über 100 m betragen.

Bild 77 RJ45-Stecker (ISDN); (Quelle: Thomas Schichel).

Netzwerk

Bereits im Zusammenhang mit dem Einsatz von Computern unterschiedlicher Leistungskategorien – insbesondere in größeren Organisationen und Firmen – wurden Computernetzwerke erwähnt. Aber auch kleine Installationen profitieren davon, wenn mehrere Arbeitsplätze Zugriff auf einen gemeinsamen Drucker oder Internetzugang haben.

Für den Anschluss an ein Netzwerk (LAN, *Local Area Network*) wird in der weit überwiegenden Mehrzahl der Fälle ein Kabel mit RJ45-Steckern verwendet. Auch wenn der Stecker mechanisch dem ISDN-Verbinder gleicht, so ist der Kabelaufbau wesentlich aufwändiger. Für ISDN-Verbindungen reichen zwei Adernpaare aus, die bei längeren Verbindungen verdrillt sein sollten (*twisted pair*). Für Netzwerkkabel existieren verschiedene Normen – im Einsatz weit verbreitet sind unter anderem Kategorie 5 (Cat. 5) bis 100 MHz und Kategorie 6 (Cat. 6) bis 500 MHz. Diese Kabel verfügen über vier verdrillte Adernpaare, die zusätzlich von einem Schirm aus Metallgeflecht und/oder Metallfolie umgeben sind. Darüber hinaus können die Adernpaare jeweils noch über eine eigene Schirmung verfügen. Durch den Schirm wird sowohl die ausgehende Störwirkung auf benachbarte Kabel reduziert als auch die Störanfälligkeit gegen externe elektromagnetische Einstreuungen herabgesetzt. Bei kurzen Verbindungen kann auf die Schirmung verzichtet werden – das Hauptproblem, lange und eng nebeneinander verlaufende Verbindungen, kommt hier nicht zum Tragen.

ISDN oder LAN?

Ein einfacher Kunststoffstecker deutet in aller Regel auf Kabel für ISDN-Verbindungen, ein metallisch geschirmter Stecker mit einer stärkeren Leitung gehört zu einem Netzwerkkabel.

Andere Formen der LAN-Verkabelung wie Koaxialkabel mit BNC-Stecker oder Token-Ring sind heute praktisch kaum noch zu finden.

Bild 78 RJ45-Stecker (LAN);
(Quelle: Thomas Schichel).

Bild 79 BNC-Stecker (Quelle: Thomas Schichel).

USB

Der sich hinter der Abkürzung USB (*Universal Serial Bus*) verbergende Name gibt bereits einen Anhaltspunkt, worum es geht: Ein Verfahren zur *seriellen* Datenübertragung, das den Betrieb *mehrerer* Geräte an einem Anschluss erlaubt. Doch wer nun annimmt, hier käme nur noch ein weiterer Standard – mit wieder neuen technischen Möglichkeiten, aber eben auch neuen Kabeln, Steckern etc. –, der täuscht sich. Ein wesentliches Anliegen ist das Reduzieren der Vielfalt an unterschiedlichen Verbindungen für Peripheriegeräte im PC-Bereich.

Mit einer hohen Datenrate – bei USB 2.0 bis zu 480 MBit/s – eignet sich die Verbindung für ein breites Spektrum an Einsatzmöglichkeiten, zudem bestehen die Kabel aus nur wenigen Adern, sind daher dünn und benötigen lediglich kleine Stecker. Eine weitere Besonderheit: Die für den Betrieb von Tastatur, Maus oder anderen Peripheriegeräten erforderliche Energieversorgung erfolgt ebenfalls über das USB-Kabel. Einzige Randbedingung: Je nach Stromlieferfähigkeit des Anschlusses muss sichergestellt sein, dass die angeschlossenen

Geräte mit einer Versorgungsleistung von maximal je 0,5 W oder 2,5 W betrieben werden können. Über Verteiler (*Hub*) können Strukturen mit bis zu 127 Anschlüssen aufgebaut werden. In einem solchen Szenario kann die Energieversorgung der Peripherie selbstverständlich nicht mehr durch den PC erfolgen; stattdessen ermöglichen die Verteiler durch den Anschluss von Netzteilen eine Einspeisung. Aus Gründen der Signallaufzeit dürfen maximal sechs Ebenen mit Verteilern hintereinander geschaltet werden, aus der Kabellänge von 5 m ergibt sich so eine Distanz von höchstens 30 m.

Zur Steuerung des Datentransfers zwischen den an dem *Bus*[32] betriebenen Geräten und dem PC ist ein Steuergerät (*Host Controller*) erforderlich. In der Regel übernimmt der PC diese Rolle. So erklärt sich auch, dass die Kabel mit unterschiedlichen Steckern an den beiden Enden ausgestattet sind: Typ A für den Anschluss am Computer, Typ B auf der Peripherieseite.

Auf Grund der Übertragung von Steuerdaten und Statusinformationen ist die tatsächliche (Netto-)Datenübertragung deutlich niedriger, als die Angabe von 480 MBit/s vermuten ließe. Zurzeit (Stand: Sommer 2008) steht ein neuer Standard USB 3.0 kurz vor der Verabschiedung. Er sieht in das Kabel integrierte Lichtleiter vor, die eine Datenübertragung von bis zu 5 GBit/s zulassen.

Ausgebremst

Unabhängig vom USB-Standard – es existieren derzeit die Versionen USB 1.0, 1.1 und 2.0 – gibt es drei verschiedene Geschwindigkeitsklassen:

- low speed   1,5 MBit/s,
- full speed   12 MBit/s,
- high speed   480 MBit/s.

Die höchste Übertragungsrate (high speed) steht nur in der Version USB 2.0 zur Verfügung. An einem USB 2.0 Anschluss können prinzipiell Geräte aller Geschwindigkeitsklassen betrieben werden, ohne dass sich dies nachteilig auf die Übertragungsrate auswirkt. An USB 1.1 Anschlüssen steht – auch für High-speed-Geräte – nur eine Datenrate von 12 MBit/s zur Verfügung.

Nur wenn zu viele Geräte der beiden unteren Geschwindigkeitskategorien an einem USB 2.0 Verteiler betrieben werden, der über einen High-speed-Anschluss mit einem PC verbunden ist, kann dies zu einem erheblichen Rückgang der Datenrate zwischen Verteiler und PC führen. Betroffen sind davon jedoch ausschließlich die Geräte der Kategorien low speed oder full speed.

---

32) In der Datentechnik wird mit Bus eine Sammelschiene mit zahlreichen Anschlüssen beschrieben.

Maßgeblich für das Verhalten des Hubs ist die Anzahl der Transaction Translators – einer Komponente, die die langsameren Datenströme von Low-speed- und Full-speed-Geräten gegenüber der High-speed-Verbindung zwischen Verteiler und PC puffert. Ist in der Bedienungsanleitung nichts anderes angegeben, so verfügt der Verteiler (Hub) über einen gemeinsamen Transaction Translator für alle Ports. Lediglich wenn explizit auf einen Transaction Translator *pro Port* hingewiesen wird, kann dieses Problem vermieden werden.

Ein wichtiger Unterschied zur Anbindung von Geräten wie Drucker, Tastatur und Maus über serielle und parallele Schnittstellen betrifft weniger Fragen wie Stecker und Kabel als vielmehr deren Software-seitige Anbindung. Im Abschnitt *Betriebssystem – das Getriebe zwischen Maschine und Programm* wurde bereits angesprochen, dass jedes durch den Computer anzusteuernde Gerät ein entsprechendes Steuerprogramm (*Driver*, Treiber) mitbringen muss. Erst nach der Installation dieser Software sind die Geräte durch den PC ansprechbar. Wird während des laufenden Betriebs ein Kabel von der seriellen oder parallelen Schnittstelle gezogen, so ist in aller Regel ein Neustart des Betriebssystems erforderlich, eine im laufenden Betrieb neu hinzukommende Verbindung wird nicht zwangsläufig erkannt.

Geräte am USB-Anschluss verfügen hier über zwei wesentliche Vorzüge. Durch generische Treiber sind zahlreiche Standardgeräte wie Maus und Tastatur unmittelbar einsatzbereit. Gegebenenfalls notwendige Hersteller-spezifische Software wird automatisch bei der ersten Inbetriebnahme angefordert. Zudem können die meisten Geräte im laufenden Betrieb an- und abgestöpselt werden – ideal für den Datenabgleich mit dem Organizer, das Überspielen von Bildern aus der Digitalkamera oder den Datentransfer von einem Speicherstift (*USB-Stick*).

Reihenfolge

Der USB-Standard wurde ab 1996 eingeführt. Dennoch ist es möglich, dass vereinzelt noch Drucker im Einsatz sind, die lediglich über eine parallele Schnittstelle (Centronix) verfügen – während moderne Rechner, insbesondere Laptops, häufig keine parallele Schnittstelle mehr besitzen.

Die Zubehörindustrie liefert für diesen Fall entsprechende Adapterkabel, wobei es sich allerdings um weit mehr als nur die Anpassung an eine andere Steckernorm handelt: Schließlich wird bei USB, der Name sagt es bereits, eine serielle Datenübertragung vorgenommen.

Unter bestimmten Bedingungen kann es vorkommen, dass jeweils vor dem Beginn des Ausdrucks, eine einzelne Seite mit wenigen Symbolen in der ersten Druckzeile erscheint. Dieses Problem lässt sich beheben, indem der Drucker erst *nach dem Starten* des Windows-Betriebssys- tems eingeschaltet wird. Auch während eines gegebenenfalls notwendigen Neustarts von Windows sollte der Drucker ausgeschaltet sein.

Bild 80 USB-Stecker Typ A (Computer-seitig); (Quelle: Thomas Schichel).

Bild 81 USB-Stecker Typ B (Peripherie-seitig); (Quelle: Thomas Schichel).

Bild 82 USB-Stecker Typ Mini-B (Peripherie-seitig); (Quelle: Thomas Schichel).

Audio

Musik vom PC? – Obwohl den meisten Mini-Lautsprechern kaum mehr als die Wiedergabe von Signaltönen zuzutrauen ist, hat sich inzwischen ein beachtlicher Markt rings um die digitale Speicherung und Wiedergabe von Musik auf beziehungsweise mit dem PC etabliert. Eine Datenbank für die Ablage der einzelnen Titel erspart nicht nur die Suche im CD-Regal, sondern erlaubt den direkten Zugriff auf einzelne Alben, Interpreten oder Titel. Eine manuelle Erfassung ist dazu noch nicht einmal erforderlich – es existieren kommerzielle und auch freie Datenbanken (u. a. http://www.gracenote.com, http://www.freedb.org) im Internet, die über Einträge für die allermeisten Alben verfügen. Mit der entsprechenden Software werden die passenden Daten automatisch zur gerade eingelegten Audio-CD in das eigene Archiv geladen.

Die Variante *PC mit Soundkarte* besticht durch ihre Einfachheit, ist eine entsprechende Funktionalität doch praktisch bei jedem Computer bereits schon auf der Basisplatine von Haus aus gegeben. Da die Archivierung der Musikdaten umfangreichere Speichermedien[33] erfordert, kommen auch externe Festplattensysteme (NAS, *Network Attached Storage*) zum Einsatz. Daneben werden inzwischen auch dedizierte Geräte (*Musik-Server*) angeboten, die einerseits über einen Netzwerkanschluss für den Internetzugang verfügen, andererseits den Kontakt zur Hifi-Anlage suchen, um als Datenlieferanten für hochwertige Verstärker- und Lautsprecherkomponenten zu dienen. Auch hier, die Leserinnen und Leser werden es bereits bemerkt haben, verschwimmen die Grenzen zwischen PC- und Hifi-Technik, zwischen Arbeitsplatz und Wohnzimmer.

Insbesondere für die Übertragung digitaler Signale, aber auch für den Einsatz in räumlicher Nähe von digitalen Geräten eignen sich Glasfaserkabel. Sie sind immun gegen jede elektromagnetische Einstreuung, wie sie in Geräten mit hoher Datenverarbeitungsgeschwindigkeit und Kabeln mit hoher Datenübertragungsrate unvermeidlich sind. Darüber hinaus trennen sie die miteinander verbundenen Geräte galvanisch und vermeiden so zuweilen auftretende Brummschleifen.

Eine im Bereich von PCs, aber auch anderen digitalen Komponenten, wie CD-Player, DVD-Player oder DAT-Rekorder, gebräuchliche Glasfaserverbindung ist S/P-Dif (*Sony/Philips Digital Interface*). Als Stecker wird im Allgemeinen der TOSLINK- (nach dem Erfinder, der Firma Toshiba) oder F05-Stecker verwendet.

33) Für die qualitativ hochwertige Aufzeichnung von Musikdaten im MP3-Format muss mit mindestens 70 MByte pro Stunde gerechnet werden. Unkomprimierte Musikdaten – wie beispielsweise auf Audio-CDs – benötigen ca. 510 MByte pro Stunde.

Bild 83 TOSLINK-(F05-)Stecker.

Daneben stehen auch analoge Ein- und Ausgänge für das Übertragen von Audiosignalen – insbesondere von Mikrofonen sowie Kopfhörern und Lautsprechern – bereit. Bei der Einführung der ATX-Mainboards (Computer-Basisplatine) wurden für die bessere Unterscheidung der Anschlüsse verschiedene Farben festgelegt. Dies ist insbesondere für die analogen Audiosignale von Bedeutung, da hier für drei verschiedene Anschlüsse derselbe 3,5 mm Klinkenstecker verwendet wird – eine Steckerform, die in der Audiotechnik weit verbreitet und beispielsweise auch bei Anschlüssen für Kopfhörer an portable Musikgeräte (Walkman, Discman etc.) gängig ist.

Tabelle 13 Audioanschlüsse am PC.

Verbindung	Farbe	Bemerkung
Kopfhörer, Lautsprecher	grün	Ausgang, stereo
Mikrofon	rosa	Eingang, mono
Audiosignal	blau	Eingang, stereo

Bild 84 Klinkenstecker 3,5 mm (Quelle: Thomas Schichel).

Neben dem aktuell marktbeherrschenden PC – dem technischen Nachfolger des IBM-kompatiblen PCs – hat zumindest eine andere Plattform sich bis heute behauptet: Der Hersteller Apple setzte bei seinen *Macs* (MacIntosh) bis vor kurzem nicht nur andere Mikroprozessoren ein, sondern etablierte auch verschiedene eigene Standards. Erst seit 2006 kommen dieselben Prozessoren zum Einsatz, die auch in praktisch jedem anderen PC zu finden sind. Mit einem Marktanteil nach Stückzahlen von 3,3 % befindet sich Apple derzeit weltweit auf Rang 6 der Computerhersteller[34].

Zu den Standards, an deren Initiierung Apple maßgeblich mitwirkte, zählen unter anderem der bereits auf Seite 104 vorgestellte Zeichensatz *Unicode* sowie eine Schnittstelle zum Anbinden diverser Peripheriegeräte mit dem Namen *FireWire* (später: *IEEE 1394*).

Wie andere technische Errungenschaften auch hat der »heiße Draht« im Laufe der Jahre eine Reihe von Weiterentwicklungen erlebt. Begonnen hat es mit einer 6-poligen Verbindung, die ähnlich wie USB nicht nur Daten übertragen kann, sondern auch zur Energieversorgung der angeschlossenen Geräte dient. Letztere dürfen beim Betrieb am FireWire über eine Eingangsleistung von bis zu 48 W verfügen – weit mehr als die 2,5 W bei USB.

Maximal 63 Geräte lassen sich an einem Bus betreiben. Die Datenrate beträgt nominell 400 MBit/s (*S400*), fällt in Realität jedoch um einiges niedriger aus. Kabelverbindungen dürfen bis zu 4,5 m lang sein, bei geringer Übertragungsrate sogar 14 m. Eine Erweiterung des Standards aus dem Jahre 2002 sieht eine Verdopplung der Datenrate auf 800 MBit/s (*S800*) vor. Die mit einem 9-poligen Stecker versehenen Kabel dürfen bis zu 100 m lang sein. Noch in 2008 soll eine Erhöhung der Datenrate auf 3.200 MBit/s (*S3200*) verabschiedet werden.

Bild 85 Anschluss für FireWire (S400).

34) In den USA beträgt der Marktanteil nach Stückzahlen sogar 8,5 %, damit liegt Apple auf Platz 3 (alle Angaben: Jahresmitte 2008).

Wie bei USB werden angeschlossene Geräte im laufenden Betrieb automatisch erkannt. FireWire benötigt für die Kommunikation aller Geräte untereinander (*Peer-to-Peer*) jedoch keine Kontrollinstanz (*Host*).

Nachwort

Der Rundgang ist nun beendet, zumindest wird an dieser Stelle eine Pause eingelegt. Küche, Bad und Abstellkammer wurden besucht und dabei buchstäblich Licht in das Dunkel gebracht. Auch Büro und Arbeitszimmer erfuhren eine eingehende Betrachtung. Das Wohnzimmer und Teile des Kinderzimmers – und damit die Kapitel über Audio- und Videotechnik – mussten aus Platzgründen jedoch ausgeklammert werden, elektronische Navigationssysteme für Beruf und Freizeit ebenso. Selbst wenn es sich im letzten Fall nur um eine weitere Erscheinungsform von Computern handelt. Schließlich hätte ein Blick in den Keller oder die Garage mit Werkzeugen wie Bohrmaschine und Holzspalter Stoff für weitere Untersuchungen geliefert.

Anhand zahlreicher Hintergrundinformationen zu oftmals kaum wahrgenommenen Alltagsgegenständen wurde die Basis zum Verständnis technischer Zusammenhänge gelegt. Dabei ist es erklärte Absicht des Autors, dass die Freude am Umgang mit all jenen Utensilien nicht auf der Strecke bleibt. – Einmal mehr zeigt sich: *Kaum macht man's richtig, schon funktioniert's!*

Glossar

Brennstoffzelle

Brennstoffzellen liefern, ohne Motor und bewegte Teile, direkt aus einer chemischen Reaktion, Elektrizität. Das Prinzip ist dem einer Batterie ähnlich – nur dass durch die Zufuhr von Wasserstoff ein Auswechseln oder Wiederaufladen nicht mehr erforderlich ist. Für die Reaktion werden Wasserstoff und Sauerstoff benötigt, Letzterer kann auch der Umgebungsluft entnommen werden – genau wie bei der Verbrennung von Holz, Kohle oder Öl. Der große Unterschied: Im Gegensatz zur Verbrennung, die typischerweise erst Wasserdampf für einen Turbinenprozess liefert, wird hier direkt elektrischer Strom

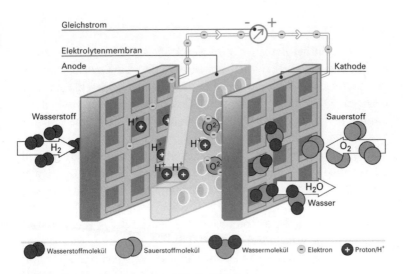

Bild 86 Funktionsprinzip von Brennstoffzellen (Quelle: Deutsche BP AG).

erzeugt – und dabei entstehen keinerlei Schadstoffe oder Abgase, als einziges Nebenprodukt wird reiner Wasserdampf freigesetzt.

Prinzipiell kann der technische Wirkungsgrad einer Brennstoffzelle größer ausfallen als der von konventionellen Verbrennungskraftmaschinen. Nur Gasturbinen mit einer sehr hohen Verbrennungstemperatur liegen auf einem ähnlich hohen Niveau. Dabei ist allerdings zu berücksichtigen, dass Motoren und Gasturbinen lediglich eine Umsetzung von Wärme in Kraft leisten, während in Kraftwerken die Umwandlungskette aus zwei Prozessschritten Wärme → Kraft → Elektrizität besteht. Für die Bestimmung des *elektrischen* Wirkungsgrads müsste für die erste Gruppe also noch der Wirkungsgrad eines zusätzlich erforderlichen Generators einkalkuliert werden, so dass direkt miteinander vergleichbare Zahlen um 4–5 Prozentpunkte niedriger lägen.

Tabelle 14 Wirkungsgrade von technischen Prozessen.

Prozess		Wirkungsgrad
Ottomotor	%	35
Dieselmotor	%	40
Gasturbine	%	45
Kohlekraftwerk	%	35
Kernkraftwerk	%	30
Brennstoffzelle	%	bis 48

Anders als bei den hier zum Vergleich aufgeführten Prozessen wird in Brennstoffzellen nicht der Umweg über die Prozesswärme einer chemischen Reaktion (genauer: Oxidation) eingeschlagen, sondern ein Oxidationsprozess zum Gewinnen von elektrischen Ladungsträgern herangezogen. Dabei lässt sich die Abwärme – ebenso wie bei Kraftwerken – selbstverständlich weiter nutzen. Der *thermische* Wirkungsgrad kann so auf 80 % und mehr gesteigert werden, insbesondere auch durch Blockheizkraftwerke, die über kurze Zuleitungen den Wärmebedarf von Haushalten und Gewerbe decken können.

Ähnlich wie in der Motorentechnik gibt es auch bei Brennstoffzellen eine Reihe verschiedener Entwicklungslinien mit jeweils spezifischen Eigenschaften, die beiden wichtigsten Vertreter seien hier kurz vorgestellt. Festoxid-Brennstoffzellen (*Solid Oxide Fuel Cell*, SOFC) haben eine Betriebstemperatur von 800–1.000 °C. Die Technologie befindet sich noch in der Entwicklung, verspricht aber Systemwirkungsgrade von bis zu 66 %. Derzeit gängige Polymerelektrolyt-Brennstoffzellen (*Proton Exchange Membrane Fuel Cell*, PEM) arbeiten bei 70–200 °C, ihr Wirkungsgrad beträgt maximal 50 %. Stellt der höhere technische Aufwand bei ortsfester Nutzung (Wohnung, Gewerbe, Industrie) keine besonderen Hindernisse dar, so ist beispielsweise für die Antriebseinheit eines Kraftfahrzeugs zu überlegen, ob die intermittierende Nutzung, insbesondere die längeren Betriebspausen, ein Halten der hohen Betriebstemperatur erlauben. Die Leistungsklassen deuten bereits auf bevorzugte Anwendungsfälle hin: Während die PEM-Zelle mit Leistungen von 0,1–500 kW den Bereich mobiler Antriebe und der Versorgung kleiner bis mittlerer Wohn- und Gewerbeeinheiten abdeckt, reicht das Spektrum der SOFC-Zelle bis 100 MW, das entspricht der Größenordnung industrieller Kraftwerke.[35]

Einstweilen ist der zum Betrieb von Brennstoffzellen erforderliche Wasserstoff eine der kritischsten Fragen: Praktisch sämtliche heute gängigen Verfahren zur Wasserstoffherstellung beruhen auf der Verarbeitung von Erdgas oder Erdöl – mithin eben jenen Produkten, deren endliche und absehbare Verfügbarkeit, aber auch mit deren Einsatz einhergehende Kohlendioxid-Emissionen gerade zur Suche nach Auswegen aus dem Ressourcendilemma wie auch der Klimaproblematik motivieren. Schlimmer noch, ausgerechnet die Kohlendioxidemissionen, die durch den Einsatz von Wasserstoff vermieden werden können, nimmt die heute praktizierte Art der Wasserstoffherstellung bereits vorweg!

Die technisch sauberste Lösung zur Gewinnung von Wasserstoff findet sich in der Elektrolyse von Wasser, dem Aufspalten in Wasserstoff und Sauerstoff. Der dafür erforderliche elektrische Energieaufwand ist jedoch erheblich, ca. 4–4,5 kWh/m³ Wasserstoff. Nur unter der Voraussetzung, dass der elektrische Strom für die Elektrolyse aus regenerativen Energien bereitgestellt wird, ist der so erzeugte Wasserstoff tatsächlich ein ökologisch verträglicher Energieträger. Andere Verfahren, wie beispielsweise solar-beheizte Hochtemperaturprozesse, sind ebenfalls in Entwicklung.

35) Mehr als Sonne, Wind und Wasser, Ch. Synwoldt,
    Wiley-VCH, 2008.

Als außerordentlich interessante Option gilt heute die Herstellung von Wasserstoff zur Nutzung überschüssiger elektrischer Energie – beispielsweise für momentane Beiträge aus Windkraft oder Fotovoltaik, die über den aktuellen Bedarf hinausgehen. Wasserstoff wird damit zum Energieträger, der elektrische Energie in chemischer Form speichert. In einem Hydrolyse-Prozess wird Wasser durch elektrischen Strom in seine Bestandteile Wasserstoff und Sauerstoff getrennt. Wasserstoff ist gasförmig oder kann verflüssigt werden und ist so auch über große Strecken transportabel. Der umgekehrte Prozess findet dann in einer Brennstoffzelle statt, dort werden Wasserstoff und Sauerstoff wieder in elektrische Energie umgesetzt – beide Prozesse arbeiten komplett ohne Abgase und ohne Schadstoffe! Das einzige Nebenprodukt ist reines Wasser.

Der so gewonnene Wasserstoff kann sowohl lokal als Energiespeicher für die Zwischenspeicherung elektrischer Energie genutzt werden als auch für mobile Zwecke als Benzinsubstitut in Verbrennungsmotoren – entsprechende Fahrzeuge sind bereits verfügbar – oder als Kraftstoff für mobil eingesetzte Brennstoffzellen dienen. Der weit überlegene Wirkungsgrad von Elektromotoren und die vollständige Abwesenheit jeglicher Schadstoffemissionen sprechen dabei eindeutig für die letztere Variante.

Darüber hinaus ergeben sich auch dezentrale Einsatzszenarien für Anlagen, die bislang mit Erdgas betrieben werden. Die Energiewirtschaft tendiert immer mehr zur lokalen Versorgung durch Bereitstellen von Elektrizität und Wärme direkt beim Verbraucher. Dadurch werden Übertragungsverluste auf ein Minimum reduziert und es besteht gleichzeitig die Möglichkeit, auch die mit der Elektrizitätserzeugung einhergehende Abwärme sinnvoll zu nutzen. Die Größe der An-

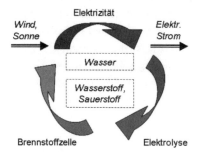

Bild 87 Wasserstoffkreislauf.

lagen variiert entsprechend den Bedarfsanforderungen und deckt Größenordnungen von Ein- und Mehrfamilienhäusern bis hin zu einer Wohnsiedlung, einem Gewerbebetrieb oder ganzen Dörfern ab. In einem solchen Konzept kann die Kombination von Brennstoffzelle und Heizungsanlage zum gleichzeitigen Bereitstellen von Elektrizität und Wärme sehr effizient arbeiten. Die Brennstoffzelle übernimmt dabei zugleich die Rolle des Brenners – die Betriebs- und Abwärme wird so auf sinnvolle Weise ebenfalls energetisch genutzt. Aus einem Netzwerk zahlreicher derartiger Anlagen entstehen virtuelle Kraftwerke, die eine kontinuierliche Versorgung komplett auf der Basis regenerativer Energiequellen ermöglichen. Zudem wird durch das Netzwerk von vielen Einspeisepunkten ein hohes Maß an Ausfallschutz gewährleistet und auch zusätzliche Leistung bereitgestellt, wenn etwa der momentane Bedarf aus der eigenen Anlage nicht gedeckt werden kann. [36]

Energie

Der umgangssprachliche Begriff der Energie impliziert eine Betrachtung ähnlich der eines Vorratsspeichers, aus dem eine Entnahme (*Verbrauch*) möglich sei. Typischerweise resultiert diese Sicht aus der Vorstellung von Rohstofflagern – beispielsweise die fossilen Energieträger Kohle, Erdöl und Gas – und der Ausbeutung entsprechender Vorkommen.

Physikalisch ist dieser Ansatz jedoch nicht zutreffend. Entsprechend den Hauptsätzen der Thermodynamik kann Energie lediglich umgewandelt werden; sie kann weder verbraucht werden noch ist sie erneuerbar – wie es beispielsweise der Name eines entsprechenden deutschen Gesetzes vermuten ließe.

Allgemein ausgedrückt ist Energie die Fähigkeit – im physikalischen Sinn – Arbeit zu verrichten, also die Vorraussetzung, um beispielsweise ein Gewicht zu heben, Reibung zu überwinden oder die Geschwindigkeit eines Fahrzeugs zu verändern.

Es existieren unterschiedliche Energieformen, wie Bewegungsenergie, elektrische Energie oder Wärmeenergie, die jeweils ineinander überführt – aber eben nicht *verbraucht* – werden können. Diese

36) Mehr als Sonne, Wind und Wasser, Ch. Synwoldt, Wiley-VCH, 2008.

Konvertierung geschieht in Maschinen oder chemischen Prozessen. So wandelt eine Wärmekraftmaschine Wärme in mechanische Energie um, wie zum Beispiel in einem Automotor. Ein anderes Verfahren ist die direkte Umformung von chemischer Energie in elektrische Energie, das in Brennstoffzellen zur Anwendung kommt.

Die Maßeinheit der Energie ist 1 J (Joule), im allgemeinen Umgang gebräuchlich ist auch 1 kJ = 1.000 J. Vor 1978 wurde die Einheit 1 cal (Kalorie) verwendet; 1 cal = 4,18 J. Im umgangssprachlichen Gebrauch – zum Beispiel beim Energiegehalt von Lebensmitteln – wurde fälschlicher Weise immer wieder von Kalorien [cal] gesprochen, obwohl in der Regel Kilokalorien [kcal], entsprechend 1.000 cal, gemeint waren.

In der Energietechnik werden vorwiegend die Einheiten 1 kWh (Kilowattstunde) und 1 SKE (Steinkohleneinheit) herangezogen. Eine Steinkohleneinheit entspricht dem Brennwert von 1 kg Steinkohle.

- 1 kWh = 3.600 kJ;
- 1 SKE = 29.308 kJ oder 8,141 kWh.

Der Energieinhalt unterschiedlicher Substanzen variiert stark.

Tabelle 15 Energieinhalt verschiedener Stoffe.

Energieinhalt

Heizöl	kWh/kg	11,8
Steinkohle	kWh/kg	8,1
Braunkohle	kWh/kg	5,2
Holzpellets*[37]	kWh/kg	5,0
Nadelholz (trocken)[38]	kWh/kg	5,0
Laubholz (trocken)	kWh/kg	4,8
Getreide (Weizen)[39]	kWh/kg	4,8
Milch (3,8 % Fett)[40]	kWh/kg	0,77

* Holzpellets sind Presslinge aus Säge- und Hobelspänen.

[37] Schweizerische Vereinigung für Sonnenenergie, Erneuerbare Energien Nr. 1, 2001.
[38] Universität Karlsruhe (TH), Folke Wolff, Biomasse in Baden-Württemberg – ein Beitrag zur wirtschaftlichen Nutzung der Ressource Holz als Energieträger (Dissertation), 2004.
[39] C.A.R.M.E.N. eV, Dr. Ruth Brökeland, Fragen und Probleme der Stroh- und Getreideverbrennung, 2005.
[40] Centrale Marketing-Gesellschaft der deutschen Agrarwirtschaft mbH, Nährwerttabelle für Milch und Milchfrischprodukte.

Es ist notwendig, zwischen Primärenergie und Sekundärenergie zu differenzieren. Denn nur ein Teil des Energieinhalts der Primärenergieträger – fossile Rohstoffe, aber auch Wind und Sonnenstrahlung – ist auch tatsächlich nutzbar. Wird beispielsweise in einem Kraftwerk aus Steinkohle elektrischer Strom gewonnen, so können selbst moderne Anlagen kaum mehr als 40 % des Brennwerts der Kohle (Primärenergie) in elektrische Energie (Sekundärenergie) umsetzen. Analog ist das Raffinieren von Erdöl zu Benzin zu betrachten. Und auch bei der Nutzung der Sekundärenergieträger kann nur ein Teil des Energieinhalts verwertet werden. Moderne PKW-Motoren nutzen nur maximal 35 % des Energieinhalts im Treibstoff, bei Dieselmotoren sind es immerhin bis zu 45 %. Insgesamt wird daher weit mehr Primärenergie benötigt, als beim Verbrauch – zum Beispiel von elektrischer Energie am häuslichen Zählwerk – abgelesen wird. Zudem sind auch die immensen Energieaufwände für Förderung, Transport und Aufbereitung im Vorfeld der eigentlichen Nutzung zu berücksichtigen. Erdöl muss erst mit großem technischem Einsatz zu Benzin, Diesel, Heizöl etc. raffiniert werden, Analoges gilt auch für die Anreicherung von Natururan zu reaktorfähigem Material.

Wie im alltäglichen Leben, so kommt es auch in der Technik nicht allein auf die Tatsache an, dass eine – hier: physikalische – Arbeit verrichtet wird, sondern es interessiert besonders auch der dafür benötigte Zeitaufwand. Einhergehend mit dem umgangssprachlichen Begriff der *Leistung* wird auch der physikalische Begriff der Leistung aus der innerhalb eines Zeitintervalls bereitgestellten oder umgewandelten Energiemenge abgeleitet. Die Maßeinheit ist 1 W (Watt) oder 1 kW (Kilowatt; 1 kW = 1.000 W). Im landläufigen Gebrauch kommt auch heute noch häufig die Einheit Pferdestärke [PS] vor, dabei sind 1,36 PS = 1 kW.[41]

Installierte Leistung

Bei der installierten Leistung handelt es sich um eine Kenngröße, die die maximale elektrische Leistung beschreibt, welche von einer Anlage oder einer Gruppe von Anlagen bereitgestellt werden kann.

41) Mehr als Sonne, Wind und Wasser, Ch. Synwoldt, Wiley-VCH, 2008.

Tabelle 16 Größenordnungen der Leistung.

Leistung		
Großkraftwerk	kW	1.000.000
Industriekraftwerk	kW	100.000
Elektro-Lokomotive	kW	3.000
Mittelklasse-Pkw	kW	90
Waschmaschine	kW	3,3
Schreibtischleuchte	kW	0,06

In der praktischen Bedeutung dient die Größe eher als Vergleichswert, da auf Grund von planmäßigen Wartungsarbeiten und störungsbedingten Ausfällen niemals sämtliche Anlagen unter voller Leistung in Betrieb sind. Dies gilt insbesondere für Wind- und Solaranlagen, bei denen das durch die Witterung oder tageszeitliche Schwankungen bestimmte Primärenergieangebot für die tatsächlich generierte Leistung entscheidend ist. Aber auch der Betrieb von Wasserkraftwerken unterliegt Randbedingungen wie einem niedrigen Wasserpegel im Sommer oder Vereisung im Winter.

Ferner ist zu berücksichtigen, dass Kraftwerke und auch zahlreiche Windenergieanlagen einen nicht unerheblichen Eigenbedarf an elektrischer Energie haben. Dahinter verbirgt sich vor allem die zum Betrieb der elektrischen Generatoren erforderliche Energie (das Magnetfeld zur Erzeugung des elektrischen Stromes wird durch einen elektrischen Wechselstrom erzeugt – siehe Einschub *Elektrodynamisches Prinzip*, Seite 23), sowie natürlich der Betrieb von Leitwarten und Steuereinrichtungen. Bei Windenergieanlagen sind es nicht nur die Generatoren, die für den Eigenbedarf verantwortlich sind, sondern insbesondere auch die Anlaufphase nach einem Stillstand während einer Schwachwindphase oder Flauteperiode – hier wird der Generator kurzzeitig als Elektromotor genutzt.

Die tatsächlich in die Versorgungsnetze eingespeiste Leistung fällt wegen des Eigenbedarfs um 5–10 % geringer aus, als es die Angaben aus der installierten Leistung vermuten ließen. Die Übertragungsverluste in Leitungen und Umspannanlagen liegen mindestens noch einmal in dieser Größenordnung, häufig sogar noch höher (10–15 %). Der nicht gerade überragende Wirkungsgrad von Kraftwerken – siehe Tabelle 14, *Wirkungsgrade von technischen Prozessen*, Seite 226 – wird so weiter geschmälert.

Um von der installierten Leistung zu einer aussagefähigen Größe bezüglich der tatsächlich in die Netze eingespeisten Energie zu gelangen, ist die Kenntnis noch einer weiteren Größe erforderlich: die Anzahl der Volllaststunden. Thermische Kraftwerke, insbesondere solche, die mit Braunkohle und Kernenergie betrieben werden, arbeiten typischerweise als Grundlastkraftwerke. Im Jahresdurchschnitt arbeiten sie mit 80–85 % ihrer Nennleistung (= installierte Leistung). Anders ausgedrückt, dieselbe Menge an Elektrizität würde bereitgestellt werden, wenn die Anlage zu 80 % der Zeit mit Volllast arbeitet und während der restlichen 20 % abgeschaltet ist. Bezogen auf die Dauer eines Jahres – 8.760 Stunden – heißt das rund 7.000 Volllaststunden.

Gasturbinenkraftwerke werden unter anderem wegen der höheren Brennstoffkosten nur für Spitzenlasteinsätze genutzt, sie decken lediglich Lastspitzen ab und erreichen nur wenige Hundert Vollllaststunden.

Bei Windenergieanlagen spielt neben der Auslegung der Anlage vor allem der Standort die entscheidende Rolle. Ein über einen langjährigen Zeitraum und über sämtliche Windenergieanlagen-Standorte in Deutschland gebildeter Mittelwert beträgt 1.650 Vollllaststunden pro Jahr. Küstenstandorte schneiden dabei deutlich besser ab als Anlagen im Binnenland. In Dänemark erreichen zahlreiche Anlagen weit mehr als 2.000 Vollllaststunden pro Jahr. Standorte an der Atlantikküste von Marokko können – bei deutlich höherem Niveau der mittleren Windgeschwindigkeit (11–13 m/s) – sogar über 3.500 Vollllaststunden pro Jahr erreichen.[42] Mit gleichen Anlagen kann an Küstenstandorten in Nordafrika dadurch bis zu 15-fach mehr elektrische Energie bereitgestellt werden als an der deutschen Nordseeküste. Damit sind sowohl der Aufbau von Infrastrukturen über mehrere 1.000 km Entfernung bis nach Zentraleuropa gerechtfertigt als auch die entsprechenden Übertragungsverluste. Letztere liegen in einer Größenordnung von 3–6 % je 1.000 km Distanz.[43]

42) Universität Kassel, ISET/IPP, Gregor Czisch, Potentiale der regenerativen Stromerzeugung in Nordafrika, 1999.

43) Mehr als Sonne, Wind und Wasser, Ch. Synwoldt, Wiley-VCH, 2008.

Internetadresse

Die typische Form einer Internetadresse ist http://www.telekom.de. Technisch wird auch von einer URL, einem *Uniform Resource Locator*, gesprochen.

Eine Internetadresse setzt sich aus folgenden Bestandteilen zusammen:

- Protokoll   *http*
- Rechnername   *www*
- Domainname   *telekom*
- Toplevel-Domain *de*

Existierte in den Anfangstagen des Internet zunächst nur eine begrenzte Anzahl von Toplevel-Domains, die unmittelbar auf die Art der Organisation schließen ließ, so sind in der Zwischenzeit länderspezifische Toplevel-Domains eingeführt worden. Zuständig für die Organisation und Vergabe der Toplevel-Domains ist das ICANN (*Internet Corporation for Assigned Names and Numbers*), das mittelbar dem US-Handelsministerium untersteht.

Tabelle 17 Beispiele für Toplevel-Domains.

Nutzerkreis	TLD	Anmerkung
Kommerzielle Einrichtungen	.com	heute frei
Bildungseinrichtung	.edu	Anerkennung durch US-Erziehungsministerium erforderlich
Regierungsorganisationen	.gov	nur innerhalb USA
Militärische Einrichtungen	.mil	nur innerhalb USA
Netzwerkverwaltung	.net	heute frei
Not-for-profit-Organisationen	.org	heute frei
Deutschland	.de	
Österreich	.at	
Schweiz	.ch	
Liechtenstein	.li	

Weltweit sind aktuell über 140 Millionen Domains registriert, darunter 12 Millionen unter der deutschen Toplevel-Domain *.de*, 1,2 Millionen unter *.ch*, und ca. 750.000 unter *.at*. Domainnamen werden von weltweit fünf Registraren (RIR, *Regional Internet-Registries*) über jeweils landesweit operierende lokale Dienstleister (LIR, *Local Inter-*

net Registries) vergeben. In Deutschland ist das DENIC (*Deutsches Network Information Center*) zuständig für die Vergabe der .de-Domains. Unter einer Domain kann eine beliebige Anzahl von Hosts betrieben werden; meist erhalten die einzelnen Rechner Namen, die auf den Nutzungszweck hinweisen. Im vorgenannten Beispiel deutet der Rechnername *www* darauf, dass es sich hier um einen Webserver handelt. Grundsätzlich ist die Vergabe des Rechnernamens jedoch frei und kann vom Domain-Inhaber – hier: der Deutschen Telekom – beliebig vorgenommen werden.

Seit wenigen Jahren existiert sogar die Möglichkeit, über den ASCII-Zeichensatz hinaus auch länderspezifische Zeichen zu verwenden. Neben lateinischen Schriftzeichen mit Akzenten oder den deutschen Umlauten betrifft dies insbesondere auch nicht-lateinische Zeichensätze wie Arabisch, Persisch, Russisch, Hindi, Griechisch, Koreanisch, Hebräisch, Japanisch, Tamil oder Chinesisch. Es gilt dabei jedoch zu berücksichtigen, in wie weit Internet-Nutzer diese Rechner- oder Domainnamen mit ihrer jeweiligen Tastatur – im nationalen Zeichensatz! – erfassen können.

Das in der URL vorangestellte Protokoll legt fest, welcher Dienst auf dem betreffenden Host angesprochen werden soll. Dabei ist zu beachten, dass jedem Dienst bestimmte Standard-Ports zugeordnet sind. Soll abweichend ein anderer Port verwendet werden, so ist dieser in der Form *protocol://rechner.domain.tld:8080* anzugeben.

Tabelle 18 Beispiele für Standard-Ports.

Dienst	Port	Anmerkung
dns	53	
ftp	20	Datentransfer
	21	Steuerung
http	80	Web
pop3	110	Mails abholen
smtp	25	Mailversand
telnet	23	

Soweit bekannt, können auch Pfadangaben und Dateiname zum direkten Aufruf eines Dokuments herangezogen werden: *protocol://rechner.domain.tld/pfad/datei.erw*.

Dabei ist zu beachten, dass bei Pfad- und Dateinamen gegebenenfalls zwischen Groß- und Kleinschreibung unterschieden wird. Arbeitet der betreffende Rechner mit einem UNIX-Betriebssystem, so sind *Datei.erw* und *datei.erw* zwei unterschiedliche Dateien!

Leistung

Der physikalische Begriff der Leistung ergibt sich aus dem Energieumsatz pro Zeiteinheit. Das Formelzeichen P steht für die englische Bezeichnung *power*.

Leistung, allgemein $\qquad P = \dfrac{E}{t}$
- E Energie,
- t Zeit(intervall).

Leistung einer rotierenden Maschine $\qquad P = 2\pi \times M \times n$
- M Drehmoment,
- n Drehzahl.

Leistung einer Windkraftanlage $\qquad P = c_p \times \dfrac{1}{2} \times \rho \times A \times v^3$
- c_p Leistungsbeiwert,
- ρ Dichte der Luft,
- A Rotorfläche,
- v Windgeschwindigkeit.

In elektrischen Systemen muss zwischen Gleich- und Wechselspannungsbetrieb differenziert werden. In Gleichspannungsnetzen gilt eine einfache Beziehung.

Elektrische Leistung $\qquad P = U \times I$
- U Spannung,
- I Strom.

Anders verhält es sich in Wechselspannungsnetzen, hier unterliegen die elektrischen Größen Strom und Spannung nicht nur periodischen Schwankungen, es muss auch ein gegebenenfalls auftretender Phasenversatz berücksichtigt werden. Aus diesem Grund wird zwischen den Größen Wirk-, Blind- und Scheinleistung unterschieden. Je nachdem, ob sich die Last im Stromkreis kapazitiv, ohmsch oder induktiv verhält, eilt der Strom durch diese Last der Spannung vor, ist mit ihr in Phase oder eilt der Spannung nach.

Tabelle 19 Lasten im Wechselstromkreis.

Lastverhalten	Phase	Beispiel
ohmsch	0	Glühlampe, Heizwicklung, Herdplatte
kapazitiv	< 0	Kondensator, Starkstromkabel (Erdkabel)
induktiv	> 0	Spule, Trafo, Elektromotor, Starkstrom-Freileitung

Die in privaten Haushalten eingesetzten Elektrogeräte haben überwiegend ein ohmsches Verhalten, lediglich Staubsaugermotoren und elektronische Leistungsregler wie Dimmer oder Phasenanschnittsteuerungen in Bohrmaschinen verursachen nennenswerte Blindströme. Energiemengenmesser (*Stromzähler*) geben daher auch ausschließlich über den Bedarf an Wirkleistung Auskunft.

Bei der Auslegung elektrischer Versorgungsnetze greift eine alleinige Betrachtung der Wirkleistung jedoch zu kurz. Gerade in industriellen Anlagen mit leistungsstarken Elektromotoren treten erhebliche Blindströme auf, die zu einer beachtlichen Zusatzbelastung der Übertragungseinrichtungen (Transformatoren, Leitungen) führen können. Die Stromversorger geben daher strenge Richtwerte vor, um die Netze nicht unkalkulierbaren Zuständen auszusetzen. Dementsprechend müssen Stromrichter oder Kondensatoren für eine Kompensation der meist induktiven Blindlasten sorgen, so dass die Elektrizitätsversorgungsnetze im Wesentlichen Wirkleistung übertragen.

Wirkleistung

Wirkleistung

$$P = U \times I \times cos\varphi$$

U Spannung,
I Strom,
φ Phasenwinkel zwischen Spannung und Strom,
Einheit 1 W.

Die Wirkleistung beschreibt den Anteil der Leistung, der sich physikalisch nutzen lässt, beispielsweise zum Antrieb eines Elektromotors oder zum Erhitzen der Heizwendel in einer Glühlampe oder einem Heizelement für einen Föhn oder Elektroherd.

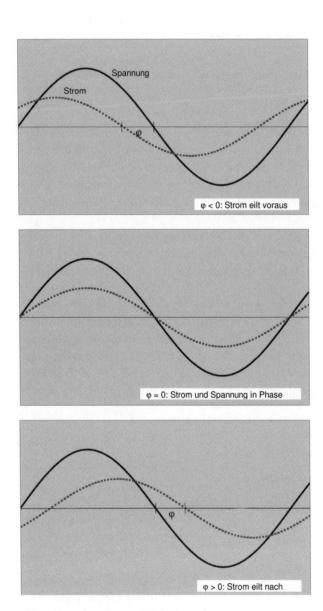

Bild 88 Phasenbeziehung an Wechselstromlast.

Blindleistung

Blindleistung $\qquad\qquad\qquad Q = U \times I \times \sin\varphi$

U	Spannung,
I	Strom,
φ	Phasenwinkel zwischen
	Spannung und Strom,
Einheit	1 var.

Je nach dem Vorzeichen des Phasenwinkels wird von induktiver oder kapazitiver Blindleistung gesprochen.

$\varphi < 0$	kapazitive Blindleistung,
$\varphi > 0$	induktive Blindleistung.

Scheinleistung

Scheinleistung $\qquad\qquad\qquad S = U \times I$

U	Spannung,
I	Strom,
Einheit	1 VA.

Die Scheinleistung ergibt sich aus der geometrischen Summe von Wirk- und Blindleistung.

$$S = \sqrt{P^2 + Q^2}$$

Die in Bild 89 dargestellten Kurven zeigen einen Verlauf, der auf Grund der induktiven Last die horizontale Achse zeitweilig nach unten überschreitet. Hier pendelt die Leistung zwischen der Last und dem Netz und führt damit zu einer zusätzlichen Belastung der Leitungen und Übertragungseinrichtungen.

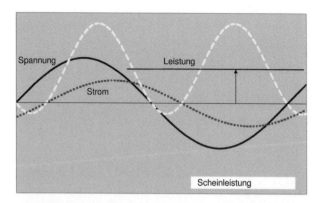

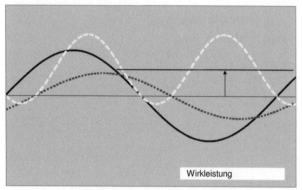

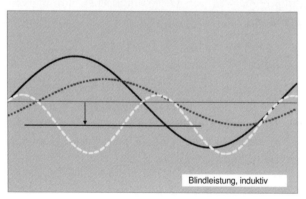

Bild 89 Leistung an induktiver Last.

Präfix

Die in Wissenschaft und Technik für sehr große und sehr kleine Zahlen übliche Darstellung mit Zehnerpotenzen hat gegenüber den Zahlwörtern nicht nur den Vorzug der besseren Lesbarkeit ansonsten eher unübersichtlicher Zahlen, sondern sie ist auch international gültig. Die Verwendung von Zahlwörtern führt leider immer wieder zu Übertragungsfehlern, eine deutsche Billion (10^{12}) unterscheidet sich von der im angelsächsischen Raum gebräuchlichen *billion* (10^9) nicht nur durch die Großschreibung, sondern auch um den Faktor 1.000. Beispiel:
Die Angabe zur Rechenleistung eines Prozessors in Gleitkommaoperationen pro Sekunde (FLOPS, *Floating Point Operations per Second*).

1 billion FLOPS [engl.] → 1 Milliarde FLOPS [deutsch];
1 GFLOPS [engl.]   → 1 GFLOPS [deutsch].

Tabelle 20 Präfixe.

Deutsch				English
Tausend	Kilo	k	10^3	thousand
Million	Mega	M	10^6	million
Milliarde	Giga	G	10^9	billion
Billion	Tera	T	10^{12}	trillion
Billiarde	Peta	P	10^{15}	quadrillion
Trillion	Exa	E	10^{18}	quintillion

Supraleiter

Supraleiter leiten den Strom praktisch ohne Verluste, jedoch tritt dieser Effekt erst unterhalb einer spezifischen Sprungtemperatur ein. Je nach Material liegt das Temperaturniveau nahe am absoluten Nullpunkt (−273,15 °C oder 0 K) oder nur wenige Grad darüber. Erst in den letzten zwei Jahrzehnten ist es gelungen, Stoffe zu finden, die bereits bei deutlich höheren Temperaturen supraleitende Eigenschaften besitzen. Für technische Anwendungen spielt dabei die Temperaturschwelle von 77 K (−196 °C) eine wichtige Rolle: Dies ist die Siedetemperatur von flüssigem Stickstoff, der industriell für die Kühlung auf Tieftemperaturen bereitgestellt wird und die wesentlich aufwändigere Kühlung mit flüssigem Helium erübrigt. Die höchste Temperatur, bei der bisher jemals Supraleitung beobachtet werden konnte, lag bei 138 K (−135 °C).

Da supraleitendes Material praktisch keinen ohmschen Widerstand besitzt, eignen sich diese Stoffe insbesondere für das Übertragen großer Ströme oder den Aufbau starker Magnetfelder. Bereits vergleichsweise kleine Leiterquerschnitte erlauben die Übertragung von Strömen mit mehr als 3.000 A.

Bei Kabelverbindungen zur Energieübertragung sind es weniger die Kosten der Kabel und der zum Anschluss erforderlichen Garnituren, als vielmehr die Tiefbauarbeiten, die für rund 90 % der Gesamtkosten verantwortlich zeichnen. Der höhere technische Aufwand für die Herstellung macht sich entsprechend nur teilweise bemerkbar. Eine Reduzierung der Kabelabmessungen – der Leiterquerschnitt kann durch den Einsatz von Supraleitern deutlich reduziert werden – ist für innerstädtische Verlegung zudem durchaus vorteilhaft. Entscheidend ist jedoch vor allem der Energiebedarf für den Betrieb der Kühlung. Erst wenn die Kühlung weniger Energie benötigt, als durch das Verringern der Übertragungsverluste eingespart wird, geht die Rechnung auf. Supraleitende Kabel sind bereits kommerziell verfügbar.[44] Bei einem flächendeckenden Einsatz supraleitender Kabel könnten die Übertragungsverluste in Elektrizitätsnetzen auf 5–8 % fallen.

Widerstand

In der Elektrotechnik spielt bei der Übertragung von elektrischen Strömen eine Materialeigenschaft eine ganz besondere Rolle: die elektrische Leitfähigkeit. Entsprechend dieser Eigenschaft findet eine Unterteilung in leitfähige, halbleitende und nicht-leitende Stoffe statt; Letztere werden auch als Isolatoren bezeichnet.

Bei der Auslegung von Kabeln und Leitungen zur Stromübertragung ist die Begrenzung von Verlusten ein wesentliches Konstruktionsziel. Die Verluste sind umgekehrt proportional zur Leitfähigkeit – je höher die Leitfähigkeit, desto geringer die Verluste. Zur einfacheren Berechnung wird daher anstelle der Leitfähigkeit meist mit deren Kehrwert, dem Widerstand, gearbeitet.

Ein normiertes Maß für die Verluste in elektrischen Leitern stellt der spezifische Widerstand dar. Bei der Angabe beziehungsweise

44) NKT Cables, HTS Medium-Voltage Cable Systems, 2006.

dem Heranziehen dieser stofflichen Eigenschaft ist zu beachten, dass der betreffende Wert mehr oder weniger stark mit der Temperatur des Leiters schwankt. Der Tabellenwert bezieht sich typischerweise auf 20 °C. Je nach Verhalten bei Temperaturschwankungen wird von Kaltleitern – der spezifische Widerstand *steigt* bei Erwärmung, dazu gehören die meisten Metalle – oder Heißleitern gesprochen – der spezifische Widerstand *sinkt* bei Erwärmung, was beispielsweise bei Halbleitern zu beobachten ist.

Im Bereich sehr niedriger Temperaturen existiert für eine Reihe von Materialien eine Sprungtemperatur, unterhalb derer der elektrische Widerstand de facto gegen null geht. – Mehr dazu im vorherigen Abschnitt *Supraleiter*.

Tabelle 21 Spezifischer Widerstand.

Material		Spez. Widerstand
Silber	Ω m	$15{,}87 \times 10^{-9}$
Kupfer	Ω m	$17{,}86 \times 10^{-9}$
Gold	Ω m	$24{,}4 \times 10^{-9}$
Aluminium	Ω m	$26{,}4 \times 10^{-9}$
Eisen	Ω m	$100{-}150 \times 10^{-9}$
Kohlenstoff	Ω m	$35{,}0 \times 10^{-6}$
Meerwasser	Ω m	$0{,}5$
Silicium	Ω m	$2{,}3 \times 10^{3}$
Porzellan	Ω m	$1{,}0 \times 10^{12}$

Anhand der in Tabelle 21 angegebenen Werte für den spezifischen Widerstand kann allein aus der Leitergeometrie der Widerstand bestimmt werden.

Widerstand
$$R = \rho \times \frac{l}{A}$$

ρ spezifischer Widerstand,
A Leiterquerschnitt,
l Länge des Leiters.

Als Leitermaterial haben Kupfer und Aluminium die größte Bedeutung. Auf Grund der sehr hohen Dichte kommt bei Kupferleitern eine entsprechend hohe Masse zu Stande. Dies stört weniger bei Erdkabeln als bei Freileitungen. Letztere werden daher aus Aluminiumdrähten hergestellt, die zum Erhöhen der Zugfestigkeit auf eine Stahlseele verseilt werden.

Trotz eines vergleichsweise niedrigen elektrischen Widerstands kommt es beim Betrieb von Starkstromkabeln und –leitungen zu einer erheblichen Erwärmung. Die zulässigen Temperaturen liegen je nach Kabeltyp bei 70–90 °C, bei Freileitungen sind es bis zu 80 °C. Dabei ist zu bedenken, dass Freileitungen durch natürliche Luftströmungen gekühlt werden – insbesondere im Winter kommt dieser Effekt zur Wirkung, wenn auch die ebenfalls temperaturbedingte Nachfrage nach Elektrizität höher ist.

Verluste in einem Kabel

Das Beispiel eines 3-phasigen 110 kV Kabels mit einem Leiterquerschnitt von jeweils 400 mm² macht die Dimensionen deutlich: Obwohl der Widerstand bei Raumtemperatur nur wenig mehr als 0,04 Ω/km beträgt, führt die Belastung mit einer Stromstärke von 510 A zu einer Erwärmung auf 90 °C. Die Übertragungsleistung des Kabels erreicht knapp 100 MVA.[45]

Die Verluste durch die Erwärmung von elektrischen Leitern sind stromabhängig. Daraus resultiert das Bestreben, möglichst mit niedrigeren Strömen und hohen Spannungen zu arbeiten. Andererseits steigt der Aufwand für die Isolierung bei hohen Spannungen, so dass es nur wenige Anlagen und Verbindungen mit Spannungen oberhalb 400 kV gibt.

Verlustleistung durch Erwärmung $\qquad P_{verlust} = R \times I^2$

Neben der Erwärmung sind noch andere Effekte zu berücksichtigen. Bei Kabeln handelt es sich dabei um die Restleitfähigkeit der Isolation und dielektrische Verluste innerhalb der Isolierung durch den Wechselspannungsbetrieb. Bei Freileitungen treten Koronaentladungen auf, insbesondere bei sehr hohen Spannungen oberhalb 100 kV.

Anhand dieses kurzen Abrisses wird deutlich, wie die enorm hohen Übertragungsverluste von 10–15 %, bei längeren Verbindungen sogar noch darüber, in den Elektrizitätsnetzen zu Stande kommen. Für die Überwindung großer Distanzen wird daher in der Regel die Hochspannungs-Gleichstromübertragung (HGÜ) gewählt. Aufwand und Verluste gestalten sich dabei wirtschaftlicher als bei der konventionellen Übertragung von Wechselstrom. Die Übertragungsverluste moderner Hochspannungs-Gleichstromverbindungen liegen im Bereich 3–6 % je 1.000 km.

---

45) NKT Cables, Datenblatt Stadtkabel, 2003.

Index

Anmerkung zu den Literaturquellen

Die Inhalte dieser Publikation wurden im Zeitraum Herbst 2007 bis Herbst 2008 recherchiert. Neben den in den Fußnoten angegebenen Fundstellen wurden auch verschiedene allgemein verfügbare Informationen aus Webseiten im Internet einbezogen, darunter

- http://www.dafu.de – Datenfunk-Technologien,
- http://meineipadresse.de – sichere Internet-Nutzung.